Einfluss des Temperatur-Zeit-Verlaufs auf Formtreue und Welligkeit bei der Laserpolitur von Glas

Influence of the Temperature-Time Profile during Laser Polishing of Glass on Form Accuracy and Waviness

Von der Fakultät für Maschinenwesen
der Rheinisch-Westfälischen Technischen Hochschule Aachen
zur Erlangung des akademischen Grades eines
Doktors der Ingenieurwissenschaften
genehmigte Dissertation

vorgelegt von

Manuel Jung

Berichter/in:

Univ.-Prof. Dr. rer. nat. Constantin Leon Häfner
Univ.-Prof. Dr.-Ing. Thomas Bergs

Tag der mündlichen Prüfung: 28. Mai 2025

ERGEBNISSE AUS DER LASERTECHNIK

Manuel Jung

Einfluss des Temperatur-Zeit-Verlaufs auf Formtreue und Welligkeit bei der Laserpolitur von Glas

Bibliografische Information der Deutschen Nationalbibliothek
Die Deutsche Nationalbibliothek verzeichnet diese Publikation in der Deutschen Nationalbibliografie; detaillierte bibliografische Daten sind im Internet über https://portal.dnb.de abrufbar.

Manuel Jung:

Einfluss des Temperatur-Zeit-Verlaufs auf Formtreue und Welligkeit bei der Laserpolitur von Glas

1. Auflage, 2025

Gedruckt auf holz- und säurefreiem Papier, 100% chlorfrei gebleicht.

Wissenschaftsverlag des Instituts für Industriekommunikation und Fachmedien an der RWTH Aachen
Steinbachstr. 25, 52074 Aachen, Deutschland
Internet: www.apprimus-verlag.de, E-Mail: info@apprimus-verlag.de

Druck: CPI Druckdienstleistungen GmbH
Ferdinand-Jühlke-Straße 7 | 99095 Erfurt | Deutschland

ISBN 978-3-98555-302-0

D 82 (Diss. RWTH Aachen University, 2025)

Danksagung

Die vorliegende Dissertation entstand während meiner Tätigkeit als wissenschaftlicher Mitarbeiter am Fraunhofer-Institut für Lasertechnik ILT in Aachen. An dieser Stelle möchte ich die Gelegenheit nutzen, mich bei allen Personen zu bedanken, die direkt oder indirekt zum Erfolg meiner Promotion, dem Entstehen dieser Dissertation sowie dem angenehmen Arbeitsklima am Institut beigetragen haben.

Insbesondere gilt mein Dank Herrn *Professor Dr. rer. nat. Constantin Leon Häfner* für die Überlassung des Themas und die Betreuung der Arbeit. Herrn *Professor Dr.-Ing. Thomas Bergs* danke ich für die Übernahme des Korreferats und Herrn *Professor Dr. Isaac Boxx* für die Übernahme des Vorsitzes der Promotionsprüfung.

Ein besonderer Dank geht ebenfalls an *Edgar Willenborg*, dafür, dass er sich während meiner Promotion stets die Zeit nahm, mir für die gemeinsame Diskussion der Ergebnisse zur Verfügung zu stehen und so wichtige Anregungen und Input zu liefern. Ich danke ihm ebenfalls für die intensive Durchsicht meiner Dissertation und die mir gewährten Freiräume während der Erstellung jener. Danken möchte ich ebenfalls allen Mitgliedern der Gruppe *Laserpolieren* sowie unserer Abteilung *Oberflächentechnik und Formabtrag* für die gemeinsamen Diskussionen, Freizeitaktivitäten sowie das hervorragende Arbeitsklima.

Ich danke ebenfalls all meinen *studentischen Hilfskräften*, *Bachelor*- sowie *Masteranden*, ohne deren Unterstützung die Umsetzung der Dissertation in dieser Form weder zeitlich noch qualitativ möglich gewesen wäre.

An dieser Stelle gilt ebenfalls ein besonderer Dank Herrn *Professor Dr. rer. nat. Reinhart Poprawe*, ohne dessen hervorragende Vorlesungen an der RWTH Aachen und ansteckende Begeisterung für die Lasertechnik ich den Weg in diesen Forschungsbereich vielleicht nicht gefunden hätte.

Abschließend möchte ich ebenfalls ausdrücklich *meiner Familie* danken, die mich fortwährend entlang meines Lebensweges unterstützt hat und mir so unter anderem die Möglichkeit eröffnet hat, einen höheren Bildungsweg anzustreben und dabei stets meinen Interessen nachzugehen.

Herzogenrath, August 2025

Manuel Jung

Inhalt

1 Kurzzusammenfassung

Bei der Laserpolitur wird die Glasoberfläche mittels CO_2-Laserstrahlung erwärmt und im erweichten Zustand durch die Oberflächenspannung eine Materialumverteilung erzeugt. Hierbei werden bereits Rauheiten erreicht, die denen kommerzieller Optiken entsprechen. Gleichzeitig sind die Prozesszeiten im Vergleich zur mechanischen Politur signifikant kürzer. Der industrielle Einsatz der Laserpolitur wird jedoch noch durch auftretende Formfehler sowie Oberflächenwelligkeiten limitiert. In dieser Arbeit werden Ursachen und Einflussgrößen dieser Fehlerbilder durch Untersuchung des Temperatur-Zeit-Verlaufs des Gesamtprozesses aus Vorheizen, Laserbearbeitung und Tempern erarbeitet.

Als kritische Einflussgröße des Formverzugs wird die Homogenität der Energieeinbringung während des Vorheizprozesses identifiziert. Durch Anpassung dieser wird für N-BK7 eine signifikante Reduktion des Formfehlers auf ein Niveau erreicht, das mit kommerziellen Asphären vergleichbar ist.

Die Welligkeit kann in induzierte (durch die Laserpolitur erzeugte) und residuale (unzureichend geglättete) Anteile unterteilt werden. An Quarzglas wird ein temperaturabhängiger Abtragprozess unterhalb der eigentlichen Verdampfungstemperatur nachgewiesen, durch den infolge von Schwankungen der Prozesstemperatur ein ungleichmäßiger Abtrag und folglich eine Welligkeit induziert wird. Diese kann durch eine PID-Regelung reduziert, jedoch nicht vollständig vermieden werden. Da die Reduktion vorhandener Strukturen viskositäts- und somit temperaturabhängig ist, folgt hieraus ein Trade-Off zwischen induzierter und residualer Welligkeit. Für den industriellen Einsatz ist daher die Betrachtung der Laserpolitur innerhalb der Gesamtprozesskette erforderlich.

Ausgehend von diesen Erkenntnissen wird am Beispiel der beiden Materialien N-SF6 und S-FPL53 ein Vorgehen für den Übertrag der Laserpolitur auf weitere Glassorten erarbeitet. Abschließend erfolgt die Betrachtung der Ausheilung von Sub-Surface Damage, der z. B. durch Formgebungsprozesse entsteht. Bereits bei einsetzendem Poliereffekt wird eine Ausheilung in Tiefen nachgewiesen, die die maximale anzunehmende SSD-Tiefe um das bis zu 40-Fache übersteigen.

Durch die vorliegenden Ergebnisse wird somit erstmals die Laserpolitur von Glas mit Form- und Oberflächenqualitäten demonstriert, die denen kommerzieller Optiken entsprechen. Gleichzeitig werden technische Anforderungen für die nächste Generation an Laserpolieranlagen für Glasoptiken definiert.

Abstract

For laser polishing of glass, the glass surface is heated using CO_2-laser radiation, and in the resulting state of reduced viscosity, a redistribution of material is achieved through the inherent surface tension. For laser-polished glass surfaces a roughness comparable to that of commercial optics is already achievable. In addition, the process times – especially for aspheres and freeform optics – are significantly shorter than with mechanical polishing. However, the industrial application of laser polishing of glass is still limited due to form deviations and waviness on the polished surfaces. Therefore, this work aims to develop an understanding of the influencing factors behind these errors by investigating the temperature-time profile of the overall process, consisting of preheating, laser processing, and annealing.

The primary cause of the form deviation is found to be the homogeneity of heat input during the preheating process. By adjusting the preheating process, a significant reduction in shape distortion to a level comparable to commercial aspheres is demonstrated for N-BK7.

The waviness after laser polishing can be separated into induced (caused by the laser polishing process) and residual (insufficiently smoothed) components. For fused silica, a temperature-dependent removal process is observed even below the evaporation temperature. Due to fluctuations in the process temperature, inhomogeneous ablation occurs and as a result a waviness-like structure is induced into the glass surface. By using a PID-based process control, the induced waviness can be reduced, but not fully avoided. As the reduction of existing structures is also determined by the viscosity of the glass and thus by the process temperature, a trade-off between induced and residual waviness is inherent for laser polishing. As a result, when implementing laser polishing in production, it is necessary to evaluate the laser polishing process in the context of the full process chain.

Based on these findings and using the two materials N-SF6 and S-FPL53 as examples, a procedure for transferring laser polishing to other glass types is developed. Finally, the effect of laser polishing on sub-surface damage induced by the form generation process is addressed. In laser polishing, whenever a polishing effect can be observed, the healing depth of SSD already exceeds the maximum observable SSD depth after grinding. For example, for fused silica, depending on the laser parameters, a safety factor of up to 40 is achieved.

Thus, the feasibility of laser polishing of glass with shape accuracy and surface qualities comparable to commercial optics is demonstrated. In addition, insights into the technical requirements for the next generation of laser polishing systems are given.

2 Einleitung

Die Bedeutung des Wirtschaftszweigs der Photonik hat in den vergangenen Jahren stetig zugenommen. Durch die Lasermaterialbearbeitung werden zunehmend konventionelle Fertigungsverfahren abgelöst. Gleichzeitig ist durch neue Trends, wie z. B. Industrie 4.0, autonomes Fahren oder die Quantentechnologien der Bedarf an optischer Sensortechnik und zugehörigen optischen System fortwährend gestiegen. Die eingesetzten Systeme sollen dabei stets kleiner, leichter und gleichzeitig leistungsfähiger werden. Um dies zu erreichen, können komplexe optische Systeme, bestehend aus einer Vielzahl von sphärischen Einzellinsen, durch ein System aus wenigen asphärischen Linsen oder einigen wenigen Freiformoptiken ersetzt werden. [1, 2]

Während sphärische Optiken mit vergleichsweise einfacher Anlagentechnik im Voll- bzw. Linienkontakt geschliffen und poliert werden können, bedarf die Bearbeitung von asphärischen oder Freiformoberflächen einer aufwendigen Anlagentechnik und einer Bearbeitung im Punkt- bzw. Linienkontakt. Hierdurch ist die mechanisch abtragende Herstellung nicht-sphärischer Optiken mit einem hohen Zeit- und Kostenfaktor verbunden, welche mit dem aktuellen Stand der Technik häufig die eines Mehrlinsensystems aus sphärischen Linsen übersteigen. Aus diesem Grund ist die Anwendung von mechanisch gefertigten asphärischen und Freiformoptiken bisher i. d. R. auf kostspielige Sonderlösungen beschränkt. [1, 2]

Alternativ zur mechanisch abtragenden Herstellung können solche Linsengeometrien ebenfalls durch thermisches Umformen erzeugt werden. Hierbei kann eine signifikant kürzere Durchlaufzeit und folglich eine kostengünstigere Linse erreicht werden. Jedoch ist die Herstellung der Formwerkzeuge mit hohen Kosten verbunden (i. d. R. > 20 000 €), da diese in der Oberflächenqualität und Formgenauigkeit der späteren Optik gefertigt werden müssen und nur Standzeiten im Bereich einiger 1000 Optiken erreichen [3, 4]. Zudem werden durch dieses Verfahren nicht die Oberflächenqualitäten und Formgenauigkeiten erreicht, die mit einer abtragenden Fertigung erreichbar sind. Hierdurch ist dieses Verfahren auf großvolumige Märkte beschränkt und nicht für die Herstellung von individualisierbaren Produkten oder Höchstleistungsoptiken geeignet. Gepresste Linsen werden daher z. B. im Automobilbau angewendet (Head-up-Displays, Scheinwerferlinsen etc.). [4, 5]

Bei der konventionellen abtragenden Herstellung von Optiken entfällt bereits für plane Substrate (z. B. Spiegel oder optische Fenster) und sphärische Linsen mit niedrigen optischen Anforderungen ca. die Hälfte der Bearbeitungszeit auf das Polieren [6] Um diese Zeit bei der Herstellung nicht-optischer Glasoberflächen, welche dennoch ein transparentes Erscheinungsbild haben sollen (z. B. Trinkgläser, Glasflaschen etc.), einzusparen, wird die sogenannte Flammpolitur angewendet. Hierbei wird die Oberfläche des Glasbauteils mittels einer Flamme, zumeist eines Wasserstoff-Sauerstoff-Brenners, aufgeheizt. Mit steigender Temperatur sinkt die Viskosität des Glases und dieses kann unter Einwirkung der durch die Oberflächenspannung hervorgerufenen Kraft fließen und eine Glättung der Mikrorauheit erreichen. Da der Energieeintrag hierbei jedoch sehr großvolumig und nur bedingt kontrollierbar stattfindet, wird durch dieses Verfahren ebenfalls eine Veränderung der Bauteilgeometrie hervorgerufen. Diese kann für die individuelle Anwendung gewünscht sein (z. B. Abrunden von Bauteilkanten), ist jedoch für die Optikherstellung ein Ausschlusskriterium. [7]

Durch die Entwicklung der ersten Laserstrahlquellen in den 1960-er Jahren und die fortlaufende Laserforschung wird ein neues Werkzeug in der Industrie etabliert, mit dessen Hilfe ein lokal begrenzter, kontrollierbarer Energieeintrag in verschiedene Materialien möglich ist. Seit Mitte der 1980-er Jahre wird untersucht, wie ein auf der Glättung durch die Oberflächenspannung basierendes Polierverfahren mit dem Einsatz eines Laserstrahls als „Flamme" umgesetzt werden kann. Hierbei wird zumeist eine CO_2-Laserstrahlquelle verwendet, deren Laserstrahlung (λ_{opt} = 10,6 µm) z. B. in Quarzglas bei senkrechtem Einfall zu ca. 80 % in das Material eingekoppelt und bei Raumtemperatur in einer Tiefe von ca. 30 µm absorbiert wird [8]. Hierdurch kann die Oberfläche mit Temperaturgradienten von typischerweise um die 1000 K/s innerhalb weniger Sekunden aufgeheizt und geglättet werden. Hierbei wird ein Erweichen des Materials auf oberflächennahe Schichten begrenzt (optische Eindringtiefe CO_2-Laserstrahlung bei 1800 °C = 4 µm [8]) und der Formverzug durch Materialumverteilung fast vollständig unterbunden. Dabei können durch diese Art der Politur auf optischen Oberflächen Mikrorauheiten erreicht werden, die im Bereich konventioneller Fertigungsverfahren liegen (Sa < 1 nm). Jedoch zeigen bisherige Untersuchungen, dass durch die Laserpolitur ein thermischer Verzug induziert wird, dessen Abhängigkeit von den Prozessbedingungen nicht untersucht ist. Zudem wird durch den Prozess in vielen Untersuchungen eine Welligkeit im Bereich der Ortswellenlänge mittelfrequenter Fehler (MSFE, 80 µm ≤ λ ≤ 2500 µm) induziert. Die Ursache für diese induzierte Welligkeit wird vielfach in Schwankungen der Oberflächentemperatur vermutet, ausführliche Untersuchungen hierzu liegen jedoch nicht vor. Diese beiden Fehlerbilder sind primäre Ursache, warum das Verfahren der Laserpolitur von Glas in der Industrie trotz vieler Vorteile nicht etabliert bzw. auf einzelne Sonderfälle beschränkt ist (z. B. konventionell nicht polierfähige Oberflächen wie Mikrolinsenarrays [9]). Zusätzlich sind in der aktuellen Literatur nur vereinzelt Studien zur Laserpolitur von Glassorten abseits des Quarzglases zu finden. Quarzglas wird allerdings aufgrund hoher Kosten und eines vergleichsweise geringen Brechungsindex nur vereinzelt als Rohmaterial für Optiken im Consumer-Markt verwendet. Durch den im Vergleich zu anderen Glassorten geringeren Ausdehnungskoeffizienten wird Quarzglas jedoch vielfach als Rohmaterial für anspruchsvolle Anwendungen (z. B. in der Lasertechnik) eingesetzt.

In der hier vorliegenden Arbeit werden die Fehlerbilder des Formverzugs und der Welligkeit ausführlich dokumentiert und mögliche Einflussgrößen analysiert. Hierzu wird basierend auf bisherigen Veröffentlichungen eine systematische Analyse der publizierten Ergebnisse durchgeführt und um eigene Untersuchungen ergänzt. Abschließend werden die gesammelten Erkenntnisse auf die Übertragbarkeit auf weitere Glassorten untersucht und ein Einfluss der Werkstoffkennwerte auf das Polierergebnis abgeleitet. Zur Einordnung der erzielten Ergebnisse werden typische Industriestandards verschiedener Optikgüteklassen herangezogen.

3 Grundlagen und Stand der Technik

3.1 Der Werkstoff Glas

Der Werkstoff Glas weist sowohl Eigenschaften eines Festkörpers als auch die Eigenschaften einer Flüssigkeit mit hoher Viskosität auf und wird in der Literatur daher häufig als unterkühlte Flüssigkeit bezeichnet [10, 11]. Die Struktur von Glas ist im Gegensatz zu der Struktur kristalliner Werkstoffe durch das Fehlen einer Fernordnung der Atome geprägt. Eine einheitliche Definition für die Werkstoffklasse „Glas" ist in der Literatur jedoch nicht vorhanden. Das „ASTM International" definiert Glas z. B. in C162 als ein anorganisches Produkt einer Schmelze, welche ohne Kristallisation zu einem festen Zustand erstarrt ist: „a glass is an inorganic product of fusion which has cooled to a rigid condition without crystallization" [12]. Während diese Definition bereits den Begriff des Glases vielfach eingrenzt, befürworten einige Autoren eine genauere Definition anhand weiterer Charakteristika. Zarzycki [13] erweitert die Definition z. B. um die Eigenschaft der Glastransformation (siehe Kapitel 3.1.1).

Im Folgenden sollen die für das Verständnis der in dieser Arbeit präsentierten und diskutierten Ergebnisse relevanten Eigenschaften der Werkstoffgruppe Glas kurz erläutert werden. Für einen tieferen Einblick in die Grundlagen der Materialwissenschaft wird auf die einschlägige Literatur verwiesen (z. B. [10, 14]).

3.1.1 Glastransformation

Als Glastransformation wird der Übergang eines Werkstoffes aus dem Zustand einer unterkühlten Flüssigkeit hin zum amorphen Glaszustand bezeichnet. Dieses Phänomen wird von Hasanuzzaman et al. [10] anschaulich im Vergleich zu einem kristallin-erstarrenden Werkstoff beschrieben. Abbildung 1 zeigt schematisch die Änderung des Volumens über der Temperatur.

Abbildung 1
Schematische Darstellung des Volumen-Temperatur-Zusammenhangs der Kristallisation und Glasbildung. [10]

1: flüssig
2: unterkühlte Flüssigkeit
3: Glas nach schneller Abkühlung
4: Glas nach langsamer Abkühlung
5: Kristall

T_s: Schmelztemperatur
T_g: Glasübergangstemperatur

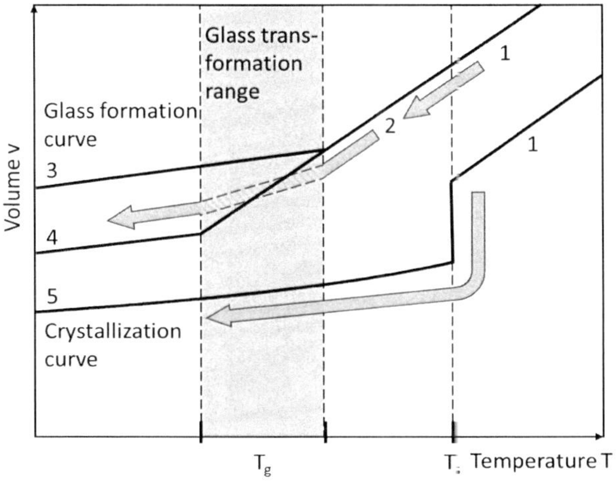

Ein kristallin-erstarrender Werkstoff erfährt beim Unterschreiten der Schmelztemperatur eine rapide Änderung des Volumens durch die Neuanordnung der Atome im Kristallgitter. Das Volumen eines gläsern-erstarrenden Werkstoffes nimmt hingegen bei fortschreitender Abkühlung kontinuierlich ab, der Werkstoff geht in den Zustand einer unterkühlten Flüssigkeit über. Mit sinkender Temperatur wird die Viskosität des Glases erhöht. Folglich wird ab Unterschreiten einer bestimmten Temperatur ein Zustand erzeugt, in dem durch die Viskosität des Glases eine weitere Relaxation verhindert wird. Die Änderungsrate des Volumens entspricht fortschreitend der einer kristallinen Erstarrung. Diese Temperatur wird auch als Glasübergangstemperatur T_g bezeichnet. [10, 15]

Zu beachten ist hierbei, dass die tatsächliche Glasübergangstemperatur keine feste Werkstoffgröße darstellt, sondern in Abhängigkeit der Abkühlrate des Glases in einem Temperaturbereich liegt (siehe Abbildung 1). Wird ein Glas schneller abgekühlt, wird die Struktur bereits bei einem Volumen entsprechend einer höheren Temperatur verfestigt und für das erstarrte Glas wird bei Raumtemperatur eine geringere Dichte sowie ein höheres Volumen gemessen (Ausnahme: Quarzglas mit höherer Dichte/geringerem Volumen [14]). Wird das Glas hingegen langsamer abgekühlt, kann die Struktur des Glases bis in einen tieferen Temperaturbereich relaxiert werden und für das erstarrte Glas wird bei Raumtemperatur eine höhere Dichte und ein entsprechend geringeres Volumen gemessen (Ausnahme: Quarzglas mit geringerer Dichte/höherem Volumen [14]). Dieser Umstand wird auch mit dem Begriff der sogenannten fiktiven Temperatur T_f beschrieben, welche als Temperatur des Schnittpunktes der Volumenänderung der Flüssigkeit und der Volumenänderung des individuellen Glaszustandes definiert ist. Die fiktive Temperatur T_f und die Glasübergangstemperatur T_g einer individuellen Abkühlkurve eines Glasbauteils sind betragsgleich [16]. Die Verwendung der fiktiven Temperatur T_f wird jedoch zur Unterscheidung von der im jeweiligen Werkstoffdatenblatt angegeben Glasübergangstemperatur T_g etabliert, da die fiktive Temperatur T_f von der individuellen Abkühlrate des Herstellprozesses des jeweiligen Glaslieferanten sowie der Charge und Historie des Glases abhängig ist. [10, 16]

3.1.2 Viskosität

Für Gläser kann kein Schmelzpunkt mit diskretem Übergang aus der festen in die flüssige Phase definiert werden, vielmehr wird eine kontinuierliche Abnahme der Viskosität mit steigender Temperatur dokumentiert (vgl. Kapitel 3.1.1) [14]. In Abbildung 2 ist der Verlauf der Viskosität η über der Temperatur T für vier Glassorten (Quarzglas, N-BK7, N-SF6 und S-FPL53) beispielhaft dargestellt.

Abbildung 2 Schematische Darstellung des rechnerischen Verlaufs der Viskosität η über der Temperatur T am Beispiel von Quarzglas, N-BK7, N-SF6 und S-FPL53 [3].

Beispielrechnung der Viskositätswerte in Kapitel 13.2.

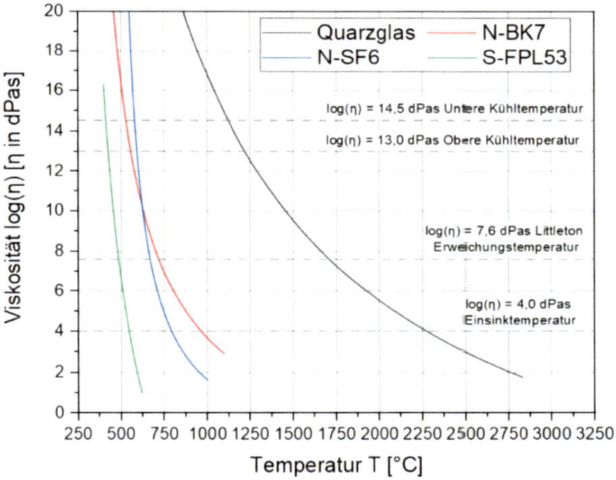

In Abbildung 2 sind mehrere charakteristische Temperaturen eingezeichnet, welche über ihre Viskosität definiert werden:

- Die **Untere Entspannungstemperatur** oder auch **Untere Kühltemperatur** $T_{14,5}$ (log(η) = 14,5 dPas bis 14,7 dPas) ist definiert über die Viskosität, bei welcher noch eine Relaxation von künstlich eingebrachten Spannungen über einen Zeitraum von 15 Stunden auf 10 % des ursprünglichen Niveaus erreicht wird. [15, 17]

- Die **Obere Kühltemperatur** T_{13} (log(η) = 13,0 dPas bis 13,2 dPas) ist typischerweise im Bereich der Glasübergangstemperatur T_g angesiedelt und entspricht der oberen Temperaturgrenze beim Tempern von Gläsern ohne signifikante Formänderung. Definitionsgemäß wird bei dieser Temperatur die Absenkung einer Verspannung des Glases auf 10 % des ursprünglichen Wertes in 15 Minuten erreicht. Typische industrielle Temperprozesse weisen eine maximale Temperatur zwischen unterer und oberer Kühltemperatur auf. Die genauen Temperaturen hängen von gewünschter Dauer des Entspannungsprozesses und der notwendigen Formtreue ab. [10, 15, 17]

- Die **Littleton Erweichungstemperatur** oder auch nur **Erweichungstemperatur** $T_{7,6}$ (log(η) = 7,6 dPas) beschreibt den Punkt der Viskositätskurve an dem das Glas unter dem Eigengewicht signifikant verformt wird. Sie wird über das in DIN ISO 7884-6 beschriebene Verfahren bestimmt und entspricht somit der Temperatur, bei der ein Glasfaden der Länge 235 mm und einem Durchmesser von 0,5 bis 0,75 mm durch die Gewichtskraft eine Längung von 1 mm in 1 Minute erfährt. [15, 17, 18]

- Die **Einsinktemperatur** T_4 ($\log(\eta) = 4$ dPas) entspricht dem zumeist für umformende Glasbearbeitungsverfahren gewählten Arbeitspunkt. An diesem Punkt kann das Glasmaterial mit geringem Kraftaufwand in Form gebracht werden. In der Literatur wird diese Temperatur daher auch als Verarbeitungstemperatur bezeichnet (siehe z. B. DIN ISO 7884-1). Sie ist definiert als die Temperatur, bei der ein Platin-Rhodium-Stäbchen der Masse 0,2 g und des Durchmessers 0,5 mm in 2 Minuten 20 mm tief in das Glas einsinkt. [15, 17, 18]

Der Verlauf der Viskositäts-Temperatur-Kurve eines beliebigen Glases kann anhand der sogenannten Vogel-Fulcher-Tammann-Gleichung (Formel 3.1) bei Kenntnis der stoffspezifischen Konstanten A, B und C berechnet werden. Alternativ kann bei Kenntnis dreier Temperaturen $T_{1/2/3}$ und den zugehörigen Viskositäten $\eta_{1/2/3}$ eine Berechnung der notwendigen Konstanten nach Formeln 3.2 bis 3.4 erfolgen.

3.1
$$\log(\eta) = A + \frac{B}{(T - C)}$$

η: Viskosität bei Temperatur T (T in °C)
A, B, C: stoffspezifische Konstanten berechnet nach Formeln 3.2 bis 3.4

3.2
$$A = \frac{\log(\eta_2) * (T_2 - C) - \log(\eta_1) * (T_1 - C)}{T_2 - T_1}$$

3.3
$$B = (T_1 - C) * (\log(\eta_1) - A)$$

3.4
$$C = T_1 + \frac{(T_2 - T_1) * (T_3 - T_1) * (\log(\eta_3) - \log(\eta_2))}{(T_2 - T_1) * (\log(\eta_3) - \log(\eta_1)) - (T_3 - T_1) * (\log(\eta_2) - \log(\eta_1))}$$

Eine Beispielrechnung für das Glas N-SF6 ist im Anhang (Kapitel 13.2) dargestellt.

3.1.3 Oberflächenspannung

Nach Salmang et al. [19] stammt der Begriff der Oberflächenspannung von früheren Überlegungen, dass das Phänomen, das kleine Tropfen in Kugelgestallt ausgebildet werden, auf einer Spannkraft parallel zur Oberfläche beruhe. Grundsätzlich wird mit der Oberflächenspannung jedoch die Arbeit beschrieben, die zur Vergrößerung einer Oberfläche aufgebracht werden muss. Entsprechend ist die Einheit der Oberflächenspannung J/m² oder N/m.

Diese Arbeit ist abhängig von der Struktur eines Körpers. Die Ionen an der Oberfläche eines Körpers/einer Phase werden mit weniger gleichen Bindungspartnern vernetzt als im Vollmaterial. Hieraus ergeben sich Anziehungskräfte in Richtung des Vollmaterials. Die Ionen an der Oberfläche sind daher in einem Zustand höherer Energie. Diese Energie kann in Körpern mit hoher Beweglichkeit, also primär Flüssigkeiten und Gasen, durch die Bildung eines Volumens mit kleinster geometrischer Oberfläche, also einer Kugel, reduziert werden. In Festkörpern, welche über eine hierfür nicht hinreichende Beweglichkeit der Ionen verfügen, findet hingegen häufig eine Reduktion des Energiezustandes durch Anlagerung von Gasmolekülen aus der Umgebungsatmosphäre statt. [19]

In Abbildung 3 ist die Oberflächenspannung σ für SiO_2 sowie verschiedene Glasgemische mit jeweiligem Anteil an Li_2O, Na_2O und B_2O_3 über der Temperatur aufgetragen.

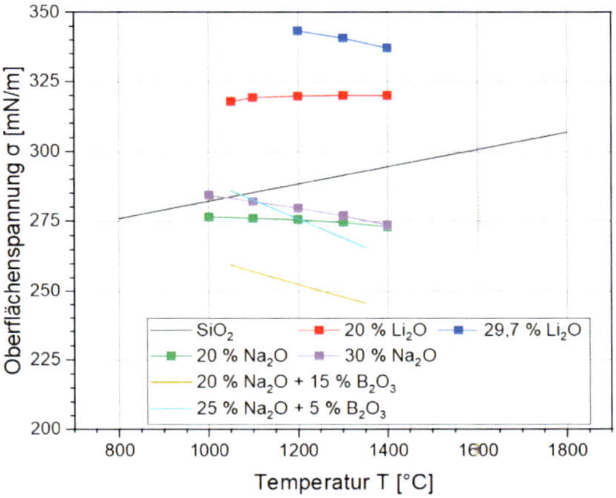

Abbildung 3 Schematische Darstellung des Verlaufs der Oberflächenspannung σ über der Temperatur T für SiO_2 sowie verschiedene Glasmischungen (Restanteil jeweils SiO_2).

Die Stützpunkte bzw. Geradengleichungen entstammen den Messdaten von Shartsis et al. [20], Kingery [21] und Parmelee et al. [22].

Die Oberflächenspannung vieler handelsüblicher Gläser liegt in der Schmelze (Temperatur entsprechend einer Viskosität log(η) = 5 dPas) im Bereich von 300 mN/m und nimmt bei einer Temperatursteigerung um 100 K um ca. 4 mN/m bis 10 mN/m ab [6, 15, 19]. Ein hiervon abweichender Wert kann primär bei Gläsern mit AL_2O_3- oder B_2O_3-Anteil beobachtet werden. Diese Komponenten weisen in der reinen Schmelze eine Oberflächenspannung von 550 mN/m, respektive 80 mN/m auf [19]. Ebenfalls wird für reines Quarzglas (SiO_2, siehe Abbildung 3) ein positiver Zusammenhang zwischen Temperaturanstieg und Oberflächenspannung in der Literatur dokumentiert [21]. Die Oberflächenspannung eines Mehrkomponentenglases wiederum entspricht nicht der anteiligen Summe der Komponenten, vielmehr kann eine Entmischung der Glasschmelze und eine Anreicherung jener Komponenten mit niedriger Oberflächenspannung an der Oberfläche beobachtet werden. Folglich können schon geringe Zusätze von z. B. B_2O_3 oder PbO zu einer erheblichen Reduktion der Oberflächenspannung führen. [15, 19]

3.2 Anforderungen an optische Oberflächen aus Glas

Eine Übersicht über typische Spezifikationsgrößen optischer Oberflächen kann der DIN ISO 10110 entnommen werden [23]. In Anlehnung an diese Norm haben sich weitere, individuelle Spezifikationsgrundlagen für Sonderanwendungen etabliert. Hier sei insbesondere die Arbeit von Aikens [24] und Lawson et al. [25–27] an der National Ignition Facility des Lawrence Livermore National Laboratory zu erwähnen. Diese haben für die Spezifikation der eingesetzten Großoptiken zusätzlich die Kenngröße „RMS Gradient“ eingeführt, welche den RMS-Wert der Steigung des Wellenfrontfehlers beschreibt und nach Lawson et al. einen, im Vergleich zu den in DIN ISO 10110 etablierten Größen, besseren Kennwert für die Fokussierbarkeit einer Wellenfront darstellt. [26]

Handelsübliche Optiken für eine Großzahl an Anwendungsfällen (von Kameraobjektiven bis hin zu Mikroskopobjektiven) können jedoch mit den Kennwerten der DIN ISO 10110 ausreichend klassifiziert werden. Die dabei erreichten Werte und Streuungen sind von Hersteller zu Hersteller verschieden. Sie werden durch die verwendeten Fertigungstechniken und Anzahl an Prozessschritten definiert und entscheiden maßgeblich über den Preis der fertigen Optik.

Zusätzlich werden für komplexere Geometrien (Sphäre -> Asphäre -> Freiform) prozessbedingt größere Abweichungen erzeugt, welche zumeist durch den geometrischen Abbildungsvorteil in der Anwendung ausgeglichen werden. [1, 2] Daher werden die Oberflächenqualitäten von Katalogwaren oft in mehrere Qualitätsstufen eingeteilt. Im Anhang (Kapitel 13.5) sind die Oberflächenkennwerte verschiedenere kommerzieller Anbieter zusammengetragen. Diese sind in Abbildung 4 grafisch zusammengefasst.

Abbildung 4 Zusammenfassung der gefundenen Qualitätsstufen kommerzieller Optiken für Sphären, Asphären und Freiformflächen.

In hellgrau ist der Bereich der Standardqualitätsstufen eingefärbt. In dunkelgrau der Bereich der High-End-Qualitätsstufen.

Anmerkung: Oberflächenrauheit Rq entspricht gemäß Norm einem Ortswellenlängenbereich von 2,5 µm bis 80 µm

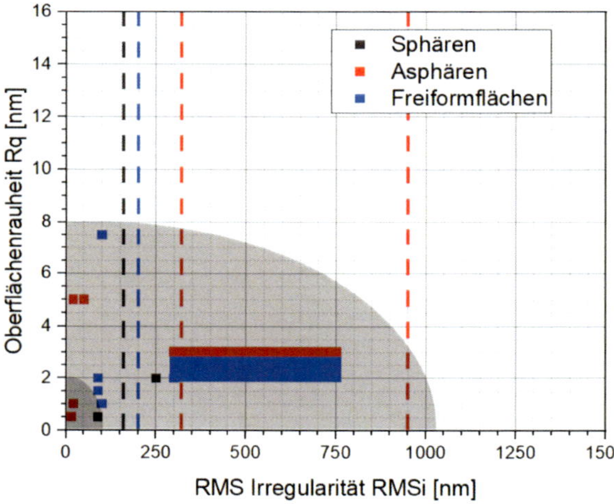

Entsprechend der gefundenen Spanne an Oberflächenqualitäten muss durch die Laserpolitur eine Oberflächenrauheit Rq von ca. 8 nm oder weniger erreicht werden bei gleichzeitigem Erreichen einer RMS Irregularität RMSi von 950 nm oder weniger. Zusätzlich ist für die Passform der Oberflächen ein Wert SAG kleiner 7,5 µm erforderlich. Werden diese Werte gleichzeitig erreicht, kann durch eine Laserpolitur eine Oberflächenqualität vergleichbar kommerzieller Optikspezifikationen erreicht werden. Hierbei gilt zu beachten, dass für die Laserpolitur von Glas, im Gegensatz zur konventionellen Bearbeitung, gemäß Stand der Technik für Sphären, Asphären und Freiformflächen vergleichbare Oberflächenqualitäten erreicht werden [3].

3.3 Thermische Polierverfahren von Glas

3.3.1 Flammpolitur

Die Flammpolitur findet in der glasverarbeitenden Industrie abseits der Optik breite Anwendung. Bei Prozesszeiten von wenigen Sekunden können durch die Mikrorauheit matt erscheinende Glasflächen zu einer Transparenz poliert werden. Hierbei wird durch die Flamme das Glas erhitzt. Die Viskosität des Glases wird dabei mit zunehmender Temperatur gesenkt, bis durch die Oberflächenspannung eine ausreichende Triebkraft für eine Glättung der Mikrorauheit erzeugt wird. Die Glättung erfolgt hierbei durch Materialumverteilung, statt, wie in der mechanischen Bearbeitung üblich, durch Abtrag der Rauheitsspitzen. [28, 29]

Eine Anwendung der Flammpolitur von Glas im Bereich der Optikfertigung ist jedoch bisher nicht dokumentiert. Aufgrund der unkontrollierten, breitbandigen Energieeinbringung und der damit verbundenen Schmelztiefen von mehreren mm sowie der häufig mit bloßem Auge sichtbaren Formänderung ist die geforderte Oberflächengüte nicht erreichbar.

Der Prozess der Flammpolitur wird in der gefundenen wissenschaftlichen Fachliteratur häufig mit Erfahrungswerten betrieben und das Prozessergebnis nicht genauer spezifiziert (Beschränkung auf Transparenz ohne Angabe von Rauheit und Formtreue). Lediglich Übertragungsuntersuchungen auf neue Anwendungsfälle sind wissenschaftlich dokumentiert, z. B. die Ausheilung von sogenanntem „Scratchitti“: auf Fensterscheiben eingeritzte Beschädigungen. Diese dokumentieren die Prozessfähigkeiten (Ausheilung von Defekten und Reduktion von Mikrorauheiten) sowie die möglichen Fehlbilder (Rissbildung, Deformation, Blasenbildung). Als Ergebnis dieser Untersuchungen wird ebenfalls festgehalten, dass bei der Flammpolitur die Wahl des Gasgemisches einen Einfluss auf die Prozessgeschwindigkeit und Qualität hat. Im Vergleich der Gasgemische aus Acetylen-Sauerstoff und Propan-Sauerstoff, wird beim schneller und heißer brennenden Acetylen-Sauerstoff ein Prozess mit höherer Prozessgeschwindigkeit ermöglicht. Gleichzeitig ist jedoch eine größere Schwankung der Prozessergebnisse und eine gestiegene Anzahl an Einbränden auf der Oberfläche zu verzeichnen. [28, 29]

3.3.2 Laserpolitur

Ähnlich der Flammpolitur wird auch bei der Laserpolitur durch eine Energieeinbringung in die Glasoberfläche die Oberflächentemperatur systematisch erhöht und daraus folgend eine Reduktion der Viskosität bewirkt. Durch die im Zustand niedriger Viskosität folgende Reduktion der freien Oberflächenenergie (vgl. Kapitel 3.1.3) erfolgt eine kontinuierliche Abnahme der lokalen Höhenunterschiede und somit eine Reduktion der Rauheit und folglich eine Ausbildung einer geglätteten Oberfläche. [30]

Im Gegensatz zur Flammpolitur mit Gasbrennern, bei der die Energieeinbringung sowohl über heiße Gase als auch über ein breites Spektrum an thermischer Strahlung erfolgt, kann bei der Laserpolitur der Einflussbereich und die Eindringtiefe der Energieeinbringung über Wellenlänge und Strahlformung gesteuert werden. Gleichzeitig werden bei der Laserpolitur höhere Energiedichten erreicht, z. B. für Prozessparameter von Richmann [3] (Laserleistung P_L bis 1 kW, Strahldurchmesser d_L = 6,7 mm) werden Laserintensitäten von bis zu 2,836 kW/cm² erreicht. Für Gasbrenner liegen die Werte hingegen bei einem typischen Maximum von 0,155 kW/cm² (Wasserstoff-Sauerstoff-Premixbrenner) bzw. 0,027 kW/cm² (Methan-Sauerstoff-Premixbrenner) [29]. Aus diesen Gründen und dem vergleichbaren Wirkprinzip kann die Laserpolitur auch als eine Präzisionsflammpolitur bezeichnet werden.

Bisherige Arbeiten zur Laserpolitur von Glas

Seit den frühen 1980-er Jahren ist eine Vielzahl von Veröffentlichung zur Politur von Glasoberflächen mit Laserstrahlung erfolgt. Tabelle 1 enthält eine nicht abschließende Übersicht. Neben den Autoren und Veröffentlichungsdaten werden ebenfalls die verwendeten Glassorten aufgeführt.

Tabelle 1 – Auswahl verschiedener Veröffentlichungen zur Laserpolitur von Glasoberflächen.

Autor und Zugehörigkeit	**Glassorten**	**Veröffentlichungsjahr**
P. A. Temple et al., Michelson Laboratory	Quarzglas	1982 [31]
Y. M. Xiao et al., University of Southern California	Quarzglas, Zerodur, BK7, Pyrex	1983 [30]
C. Buerhop et al., Universität Erlangen-Nürnberg	Floatglas, Bleiglas	1990 [32]
F. Laguarta et al., Universitat Politecnica de Catalunya	B-270, BK7, TRC-33	1994 [33]
P. Wiechell et al., Laser Zentrum Hannover e.V.	N-BK7	2005 [34]
K. Hecht, TU Ilmenau	Quarzglas (HSQ300)	2012 [6]
A. Richmann, Fraunhofer Institut für Lasertechnik Aachen	Quarzglas (Suprasil 3002, Suprasil 402, Suprasil 2), N-BK7	2013 [3]
S. Heidrich, Fraunhofer-Institut für Lasertechnik Aachen	Quarzglas	2014 [35]
C. Weingarten et al., Fraunhofer-Institut für Lasertechnik Aachen	Quarzglas, N-BK7, S-TIH6	2017 [36]
S. Schwarz et al., Technische Hochschule Aschaffenburg	Quarzglas	2018 [37]

Erste Untersuchungen zur Laserpolitur von Glasoberflächen erfolgen 1982 durch Temple et al. am Lawrence Livermore National Laboratory. Temple et al. verwenden eine 75 W CO_2-Laserstrahlquelle um Quarzglasoberflächen rasternd zu bearbeiten. Da die Versuche an bereits mechanisch polierten Oberflächen durchgeführt werden, wird keine Veränderung der Rauheit nachgewiesen. Die Spuren der mechanischen Politur in Form von Oberflächenriefen sind nach der Bearbeitung jedoch unverändert vorhanden, während Mikrorisse und andere Defekte der mechanischen Politur unterhalb der Substratoberfläche entfernt bzw. ausgeheilt werden. [31]

Xiao et al. veröffentlichen eine der ersten Arbeiten über die Laserpolitur von Glassorten abseits von Quarzglas. Die Forschergruppe untersucht die Laserpolitur von BK7, Quarzglas, Zerodur und Pyrex. Das verwendete Probenmaterial wird auf bis zu 400 °C vorgeheizt. Xiao et al. können für BK7 und Zerodur keine Prozessparameter ohne Rissbildung finden. Für Pyrex können sie anhand einer mit 600-er Schleifpapier angerauten und auf 350 °C vorgeheizten Probe einen Poliereffekt in Form einer Rauheitsreduktion nachweisen. [30]

Laguarta et al. veröffentlichen ab 1994 mehrere Studien zur Laserpolitur von BK7, B-270 und TRC-33. Die mechanisch geschliffenen Proben werden hierzu in einem Reinraumofen auf bis zu 700 °C, aber mindestens auf T_g vorgeheizt [33]. Bei späteren Arbeiten zur Skalierbarkeit der Laserpolitur auf größere Flächen weisen Laguarta et al. eine induzierte Welligkeit nach, welche nach ihrer Hypothese ähnlich der induzierten Welligkeit bei der Laserpolitur von Metallen, aus dem Gradienten der Oberflächenspannung zwischen Bearbeitungszone und Umgebungsmaterial resultiert. [38–40]

Im Rahmen des Forschungsprojektes „Innovatives Produktionsverfahren zur Politur von Glasoberflächen (InProGlas)“ untersuchen Wiechell et al. die Laserpolitur von Glasoberflächen aus N-BK7. Ein besonderes Augenmerk dieser Forschungsarbeit liegt in der zur Vorheizung der Proben verwendeten Mikrowellentechnik und der zugehörigen Regelung der Probentemperatur. Die Bearbeitung der Proben erfolgt bei Vorheiztemperaturen von 400 °C, 450 °C und 500 °C. Bei der Bearbeitung wird eine hohe Welligkeit in Ortwellenlängen entsprechend dem Strahldurchmesser (I/e^2 = 9 ± 0,5 mm) festgestellt. Wiechell et al. ziehen aus diesen Ergebnissen die Erkenntnis, dass eine Laserpolitur von Gläsern für optische Anwendungen nicht möglich sei. [34]

Hecht untersucht in ihrer Dissertation von 2012 die Laserpolitur von Quarzglas mit Hochleistungs-CO_2-Laserstrahlquellen. Hierzu verwendet sie eine Bearbeitungsstrategie, bei der der Laserstrahl über einen Galvanometerscanner schnell entlang einer Linie ausgelenkt wird und einen Quasi-Linienfokus bildet. Hierdurch kann das Probenmaterial homogen entlang der Scanlinie erwärmt werden. Der Quasi-Linienfokus wird schließlich mit im Vergleich zur Scangeschwindigkeit langsamer Vorschubgeschwindigkeit über die Probenoberfläche bewegt. Diese Prozessstrategie findet auch weiterhin ihre Anwendung, mitunter auch in der hiesigen Arbeit. Eine ausführlichere Darstellung der Prozessstrategie ist in Kapitel 5.6.1 gegeben. In ihrer Versuchsreihe erreicht Hecht einen Ra-Wert von ca. 5 nm (Ausgangszustand 400 nm, Messfeld 100 x 100 μm^2). Laut Hecht wird die Form und Welligkeit der Proben durch die neue Bearbeitungsstrategie nicht bzw. nur minimal beeinflusst [6].

In ihrer 2013 veröffentlichten Dissertation untersucht Richmann ebenfalls die Laserpolitur von Quarzglas mit Laserleistung im Kilowattbereich unter Anwendung eines Quasi-Linienfokus. Richmann verwendet in ihrer Arbeit bereits eine auf einem Pyrometer basierende Regelung der Laserleistung, um eine möglichst konstante Prozesstemperatur einzustellen. Hierdurch kann eine Bearbeitung knapp unter der Verdampfungstemperatur und folglich minimaler Viskosität erfolgen. Richmann erreicht auf diese Weise eine Mikrorauheit von Ra < 1 nm. Erst ab einer Ortswellenlänge $\lambda = \sim 100$ µm kann in den Versuchsreihen ein charakteristischer Anstieg des Ra-Wertes beobachtet werden. Richmann stellt bei der Laserpolitur von mechanisch polierten Oberflächen fest, dass durch die Laserpolitur in diesem Bereich eine Erhöhung der Ra-Werte stattfindet. Ursächlich hierfür kann eine unzureichende Stabilität der Prozessregelung sein. Den Formverzug bestimmt Richmann an 20 x 20 x 3 mm^3 Quarzglasproben zu PV 5,2 µm. Richmann untersucht ebenfalls die Ausheilung von Tiefenschädigungen (SSD) durch die Laserpolitur. Hierzu werden geschliffene Oberflächen im sog. Kalotest auf SSD überprüft. Für laserpolierte Oberflächen wendet Richmann hingegen lediglich eine Überprüfung per Durchlichtmikroskopie an. Da diese nur Indizien für SSD nachweisen könnte, diese jedoch ausbleiben, ist ein Ausheilen der SSD in der Laserpolitur nach Richmann wahrscheinlich, aber nicht nachgewiesen. [3]

In Anlehnung an die Ergebnisse von Richmann veröffentlichen Weingarten et al. 2017 Ergebnisse zur Laserpolitur von N-BK7 und S-TIH6 unter Verwendung der gleichen Versuchsanlage. Für die Versuchsreihe wird, im Vergleich zu den Untersuchungen von Richmann die Prozesstemperatur auf 900 °C reduziert, um eine Viskosität vergleichbar derer von Quarzglas bei 2200 °C zu erreichen ($\log(\eta)$ = 4 dPas). Hierdurch wird mit beiden Materialien eine Mikrorauheit Ra < 1 nm erreicht. Ähnlich den Ergebnissen zu Quarzglas zeigt die ortswellenlängenaufgelöste Rauheit bei beiden Materialien einen charakteristischen Knick bei ca. 100 µm Ortswellenlänge. Im Vergleich zu Quarzglas ist der Anstieg der Rauheit bei dieser Ortswellenlänge jedoch um mehrere Größenordnungen größer. Zusätzlich dokumentierten Weingarten et al. für N-BK7 und S-TIH6 eine induzierte Welligkeit, während sie für Quarzglas primär Residuen aus dem Schleifzustand nachweisen können. Messwerte zur Welligkeit und der Form sind jedoch nicht vorhanden. [36, 41]

In Abbildung 5 sind die Messwerte aus dem SdT der Laserpolitur von Glas in Relation zu denen kommerzieller Optiken aufgetragen. Da keine Messwerte zu RMSi m Stand der Technik auffindbar sind, sind nur die Oberflächenrauheiten Rq als horizontale Linien aufgetragen.

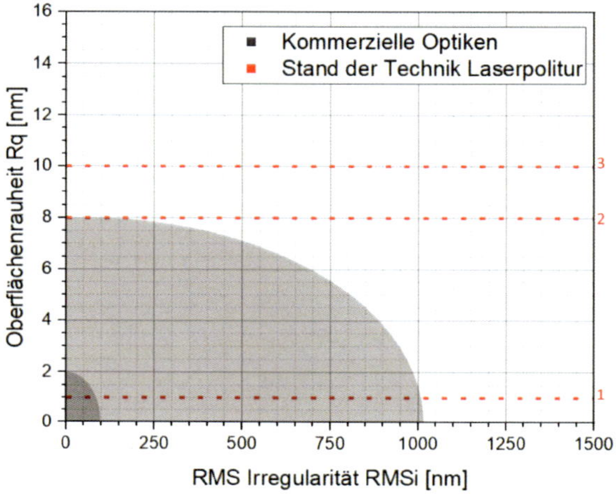

Abbildung 5
Ergänzung Abbildung 4 um die Werte aus dem Stand der Technik der Laserpolitur.

1: Richmann [3]
2: Hecht [6]
3: Laguarta et al. [38]

Anmerkung: Richmann gibt die Oberflächenrauheit als Rq an, misst jedoch Weißlicht-interferometrisch und wertet flächig aus. Daher entsprechen die angegebenen Werte einer Oberflächenrauheit Sq.

Die Messwerte von Richmann [3] und Hecht [6] werden mit Quarzglas erzielt. Richmann verwendet ebenfalls N-BK7 Proben, macht jedoch keine Angaben zur erzielten Rauheit. Ebenfalls wird die Oberflächenrauheit flächig gemessen (Sq) jedoch als Linienmessung Rq angegeben. Da Sq ≥ Rq und die Abgrenzung nach unten erfolgt, ist dieser Fehler in der Auswertung an dieser Stelle nicht weiter relevant. Die aufgetragenen Messwerte von Laguarta et al. [38] werden mit TRC-33 erzielt. Bei der Politur von kleineren Flächen (Ø10 mm) auf B-270 werden ebenfalls Oberflächenrauheiten Rq = 0,89 nm genannt.

Wie aus dieser Auswahl an Vorarbeiten ersichtlich ist, werden für die Bearbeitung kleinerer Flächen bereits Ergebnisse vergleichbar einer konventionellen Politur erreicht. Jedoch stoßen bisherige Untersuchungen zum Übertrag des Prozesses auf eine vollflächige Politur von optischen Systemen auf Probleme im Bereich des Formverzuges und der Rauheit im Bereich mittlerer und langwelliger Ortswellenlängen. Aus diesem Grund sind in neueren Veröffentlichungen zur Laserpolitur eine Vielzahl an Ergebnissen zur laserbasierten Fertigung von Mikrooptiken vorhanden (z. B. Heinrich 2014 [35], Weingarten [42], Schwarz et al. [9, 37]).

Schwarz et al. von der Technische Hochschule Aschaffenburg demonstrieren in mehreren Publikationen, dass die Laserpolitur in Kombination mit einem Ultrakurzpulsabtrag verwendet werden kann, um klassisch nicht bzw. nur schwer fertigbare optische Komponenten herzustellen. Bisher liegt der Fokus ihrer Arbeit auf der Fertigung von sogenannten Axicon-Optiken aus Quarzglas. Dabei wird der Abtrag mit einem 1030 nm Femtosekundenlaser realisiert und anschließend mit einem CO_2-Laser poliert. Die hergestellten Optiken erreichen in Messungen der transmittierten Wellenfront eine Abbildungsqualität vergleichbar mit handelsüblichen Axicon-Optiken. [9, 37]

3.4 Defizite im Stand der Technik

Im Stand der Technik finden sich seit den 1980-er Jahren eine Vielzahl von Veröffentlichungen zur Laserpolitur von Glaswerkstoffen. Bei Betrachtung der veröffentlichten Ergebnisse lassen sich jedoch drei Lücken erkennen, die in direktem Zusammenhang zu den in Kapitel 3.2

genannten Anforderungen der Endanwendung und der daraus resultierenden bisher fehlenden Umsetzung der Laserpolitur in der Optikindustrie stehen:

1. Fokussierung der Untersuchungen und Auswertung auf den Submillimeterbereich und entsprechend Ortswellenlängen $\lambda << 1$ mm. Hieraus folgt ein Fehlen an Messwerten und untersuchten Wirkzusammenhängen der induzierten Welligkeit.

2. Aus selbigem Grund fehlen im Stand der Technik Messungen, Untersuchungen und Erkenntnisse zum Ursprung des Formverzugs.

3. Aufgrund der Fokussierung vieler Arbeiten auf Quarzglas fehlen grundlegende Erkenntnisse zur Übertragbarkeit auf weitere Glasmaterialien.

3.4.1 Fehlende Daten und Erkenntnisse zur Welligkeit und Formverzug

In bisherigen Untersuchungen werden die erzielten Ergebnisse vielfach, wie im Stand der Technik ersichtlich, anhand der Mikrorauheit bewertet (Ortswellenlänge $\lambda << 1$ mm). Dies ist zum Teil schlicht durch die geringe Messfeldgröße der verwendeten Messtechnik bedingt und auf das Vorgehen in der Entwicklung konventioneller Polierverfahren mit Flächenkontakt d >> 1 mm geschuldet. Bei diesen Verfahren ist eine geringe Mikrorauheit vielfach ein Indikator für einen erfolgreichen Politurprozess. Wie einige Forschungsgruppen bereits bei Versuchen des Upscalings der Laserpolitur nachgewiesen haben, ist dies jedoch für den laserbasierten Prozess nicht zwangsläufig der Fall [38–40]. Vielmehr ist eine Glättung der Mikrorauheit bei der Laserpolitur das erste einsetzende Phänomen und eine erfolgreiche Politur anderer Frequenzanteile ohne signifikante Reduktion der Mikrorauheit nicht möglich. Dies ist auf das abweichende Wirkprinzip der Laserpolitur zurückzuführen. Eine Glättung wird hier durch Materialumverteilung statt Materialabtrag erzielt. Entsprechend ist ein Ausgleich von Rauheitsprofilen mit hohem lokalem Gradienten der Steigung, namentlich die Mikrorauheit, durch deutlich stärkere Triebkräfte bedingt als die Glättung von Profilunterschieden mit geringeren lokalen Gradienten der Steigung, wie Welligkeit und Form. Insbesondere bei Vergleich der erzielten Kennwerte im Bereich der Mikrorauheit mit den typischen Anforderungen für Consumer Optiken und High-End Asphären (siehe Abbildung 5) ist erkennbar, dass die Werte über einen großen Bereich bereits den Anforderungen genügen. Jedoch sind gerade mittelfrequente Rauheiten und der Formverzug vielfach außerhalb der Spezifikationen. Eine Anpassung der Prozessparameter anhand der Mikrorauheit ist daher für die tatsächliche industrielle Anwendbarkeit des Prozesses nur von untergeordneter Rolle. Vielmehr muss der Prozess an Flächen und Probengrößen echter optischer Systeme erprobt und das Prozessergebnis vollumfänglich ausgewertet werden, um das Defizit zwischen Stand der Technik und industrieller Anforderung zu schließen.

Ein fundamentales Defizit zwischen erreichbarer Oberflächenqualität und Anwendungsanforderungen ist die Welligkeit der Oberfläche. Richmanns Arbeit [3] enthält hierzu grundlegende Untersuchungen in Form einer Aufschlüsselung der Ra-Werte der laserpolierten Oberfläche nach Ortswellenlänge für Ortswellenlängen $\lambda \leq 1$ mm. Auch Weingarten et al. [36, 41] verwenden diese Darstellungsmethode. Dabei ist jeweils eine charakteristische Ortswellenlänge im Bereich $\lambda \approx 100$ µm zu erkennen, ab welcher ein sprungartiger Anstieg der gemessen Ra-Werte erkennbar ist. Da Weingarten et al. sowie Richmann die gleiche Versuchsanlage verwenden ist nicht ersichtlich, ob diese charakteristische Ortswellenlänge prozess- oder anlagenbedingt induziert wird. Andere Arbeiten berichten jedoch ebenfalls von einer Oberflächenwelligkeit, welche vielfach mit einer „Orangenhaut" beschrieben wird. Einzelne Veröffentlichungen, z. B. Weingarten et al. [36, 41], spekulieren, dass diese Orangenhaut auf den Schleifzustand zurückzuführen ist. Zusätzlich zu dieser Orangenhaut wird bei der großflächigen Bearbeitung mittels Linienfokus oder Quasi-Linie, entsprechend dem Stand der Technik, eine Welligkeit senkrecht zur Vorschubrichtung dokumentiert. Über den Ursprung dieser wird vielfach spekuliert. Frühe Veröffentlichungen wie z. B. von Laguarta et al. [38] sehen einen Zusammenhang zum Temperaturgradienten und daraus resultierender unterschiedlicher Oberflächenspannung in Vorschubrichtung, ein Phänomen, dass z. B. bei der Laserpolitur von Metallen dokumentiert ist. In neueren Versuchsreihen, wie z. B. von Hecht [6], Richmann [3] oder Weingarten et al. [36, 41] wird diese Welligkeit auf eine lokale Abweichung der Maximaltemperatur in Vorschubrichtung zurückgeführt. Diese Abweichung kann zum einen ein Überschreiten der Verdampfungstemperatur mit rapidem Materialabtrag zur Folge haben, zum anderen, kann auch bereits eine Abweichung um wenige Kelvin und damit verbunden eine Änderung des Dampfdrucks der Schmelze zum Materialabtrag durch Verdunstung führen. Dies hinterlässt Täler, welche durch Materialumverteilung innerhalb der Interaktionszeit nicht mehr geschlossen werden können und als Welligkeit zurückbleiben.

Neben der Welligkeit ist insbesondere bei Untersuchungen zu Glassorten abseits des Quarzglases, wie z. B. N-BK7 ein signifikanter Formverzug beim Übertrag auf die vollflächige Politur im Stand der Technik dokumentiert. Auch dieser liegt außerhalb der Anwendungsanforderungen. Da in den Parameterstudien jedoch vielfach ein Fokus auf die Mikrorauheit gelegt wird, sind Messungen dieses Formverzuges im Stand der Technik häufig nur für die „best-practice“ Parameter vorhanden. Richmann [3] bestimmt den Formverzug von sphärischen N-BK7 Linsen mit 23,8 mm Durchmesser und 12,8 mm Krümmungsradius (Mittendicke nicht angegeben) mittels Profilometer zu „mehreren 100 µm“, wobei gezeigte Messdaten der best-case Proben ein PV von 53,1 µm aufweisen. Um den Stand der Technik hinsichtlich der Formtreue einordnen zu können, werden daher neue Substrate bearbeitet und vermessen, wobei die Prozessparametern aus der Veröffentlichung von Weingarten et al. [36] verwendet werden. Die neuen Messpunkte sind in Abbildung 6 aufgeführt. Die Bearbeitung erfolgt auf den in dieser Arbeit verwendeten Plan-Plan-Substraten aus N-BK7 mit Durchmesser 30 mm und Dicke 5 mm.

Abbildung 6 Ergänzung Abbildung 5 um neue Werte, welche an Proben ermittelt werden, welche mit den Prozessparametern aus der Veröffentlichung von Weingarten et al. [36] bearbeitet werden. Durchmesser 30 mm und Dicke 5 mm.

1: Richmann [3]
2: Hecht [6]
3: Laguarta et al. [38]

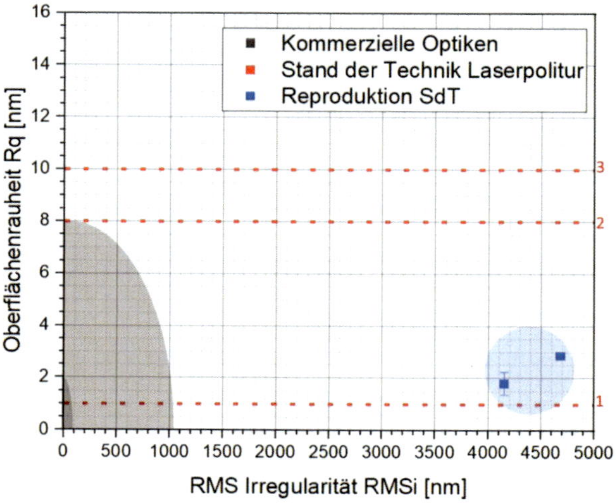

Durch die ergänzten Messwerte wird deutlich, dass zwischen den typischen industriellen Anforderungen und der erreichten Formtreue (nicht-sphärischer Anteil) eine Diskrepanz von einem Faktor von 5 und mehr liegt. Entsprechend den fehlenden Messwerten im Stand der Technik ist ebenfalls eine genaue Untersuchung zum Einfluss verschiedener Prozessbedingungen auf den Formverzug im Stand der Technik nicht vorhanden. Anzumerken sei jedoch, dass die Glassorten wie N-BK7 oder S-TIH6 im Vergleich zu Quarzglas mitunter in den thermischen Eigenschaften Unterschiede aufweisen und z. B. bedingt durch eine geringere Temperaturschockbeständigkeit (N-BK7 im Vergleich zu Quarzglas um Faktor 10 geringer) ein Vorheizprozess bei allen bisherigen erfolgreichen Bearbeitungen notwendig ist. Daher wird im Stand der Technik vielfach ein thermischer Verzug, mitunter durch induzierte Spannung, als mögliche Ursache in Betracht gezogen. Zusätzlich wird in einigen Veröffentlichungen ein Temperprozess nach der Bearbeitung zur Reduktion der thermischen Spannungen eingesetzt. Richmann [3] kann an Quarzglas zeigen, dass hierdurch eine weitere Änderung der Form erfolgt. Sie stellt die Hypothese auf, dass durch den Temperprozess der Formverzug teilrevidiert wird. Eine Übertragung, auf die deutlicher vom Formverzug betroffene Glassorten wie z. B. N-BK7 ist jedoch nicht dokumentiert.

3.4.2 Fehlende Erkenntnisse zum Übertrag auf weitere Glassorten

In Tabelle 1 sind die verwendeten Glassorten der zitierten Veröffentlichungen aufgeführt. Ein Großteil der bisherigen Forschungen wird an Quarzglas durchgeführt. Abseits von Quarzglas werden nur vereinzelte Untersuchungen zur Übertragung des Prozesses auf weitere Glassorten durchgeführt. Dabei ist ebenfalls ein Fokus auf N-BK7 ersichtlich. Abseits dieser beiden Gläser sind nur wenige Veröffentlichungen dokumentiert. Diesen Untersuchungen stehen über 300 verschiedene optische Gläser in den Glaskatalogen der Glasschmelzen gegenüber (z. B. Schott AG: über 120 Glassorten [43], Ohara Corporation: über 150 Glassorten [44], CDGM Glass: über 240 Glassorten [45]). Allgemeine Veröffentlichungen, welche einen Zusammenhang zwischen Glaszusammensetzung und/oder Werkstoffkennwerten und den Prozessparametern bzw. -ergebnissen untersuchen, fehlen bisher gänzlich im Stand der Technik. Während N-BK7 als ein Standardglas der Optikfertigung angesehen werden kann, hat Quarzglas aufgrund des geringen Brechungsindexes und der hohen Materialkosten nur begrenzte Anwendung in der Optikfertigung. Da optische Systeme jedoch zumeist aus einer Kombination verschiedener Optikmaterialien mit unterschiedlichen optischen Eigenschaften bestehen, ist für eine industrielle Anwendung der Laserpolitur ein Verständnis der Wirkzusammenhänge für die Übertragung des Prozesses auf weitere Glassorten ebenso wichtig, wie die Lösung der in Kapitel 3.4.1 genannten offenen Fragestellungen.

4 Arbeitshypothesen und Ablauf der Arbeit

4.1 Arbeitshypothesen

Die Laserpolitur als Oberflächenfinish ist aus Sicht der OEM der Optikindustrie ein Konkurrenzverfahren zur konventionellen Fertigung. Bei der Bewertung des Verfahrens ist daher neben (Kosten-)Effizienz und time-to-market Betrachtungen, fundamental die erreichbare Oberflächenqualität und Formtreue zu berücksichtigen. Wie aus dem Stand der Technik zur Laserpolitur (Kapitel 3.3.2) ersichtlich, sind Details bezüglich Effizienz und Prozesszeiten bereits ausführlich behandelt. Durch eine Laserpolitur kann im Vergleich zur mechanischen Bearbeitung eine Reduktion der Prozesszeiten um Faktoren größer 10 erreicht werden. Offen sind jedoch Fragen zum Formverzug und zur induzierten Welligkeit der Laserpolitur. Vielfach wird ein thermischer Zusammenhang vermutet, jedoch nicht detailliert untersucht. Die zentrale Arbeitshypothese der vorliegenden Arbeit ist daher:

1. ***Wenn der Temperatur-Zeit-Verlauf des Gesamtprozesses (bestehend aus Vorheizen + Laserbearbeitung + Tempern) bei der Laserpolitur von Glas gezielt verändert wird, dann können der Formfehler und die Welligkeit im Vergleich zum Stand der Technik weiter reduziert werden.***

Ein weiterer wichtiger Punkt für die industrielle Nutzung der Laserpolitur von Glas ist das Verständnis der Übertragbarkeit auf weitere Glassorten. Aus diesem Grund wird als zweites Forschungsthema der Zusammenhang zwischen Prozessparametern und Ergebnis in Relation zu den Werkstoffkennwerten betrachtet. Hierbei gilt daher die Arbeitshypothese:

2. ***Wenn der Stand der Technik zur Laserpolitur von Quarzglas und N-BK7 sowie die Erkenntnisse zum Temperatur-Zeit-Verlauf berücksichtigt werden, dann kann anhand der Werkstoffeigenschaften der Umfang an notwendigen Experimenten zum Übertrag der Laserpolitur auf weitere Glassorten reduziert werden.***

4.2 Ablauf der Arbeit

Die experimentellen Untersuchungen zur Beantwortung der wissenschaftlichen Fragestellung können in vier Kapitel gegliedert werden. Ergänzt werden diese durch eine Zusammenstellung der Gesamtergebnisse als Abschluss der hier vorliegenden Arbeit. In Abbildung 7 ist die Vorgehensweise als Ablaufdiagramm dargestellt.

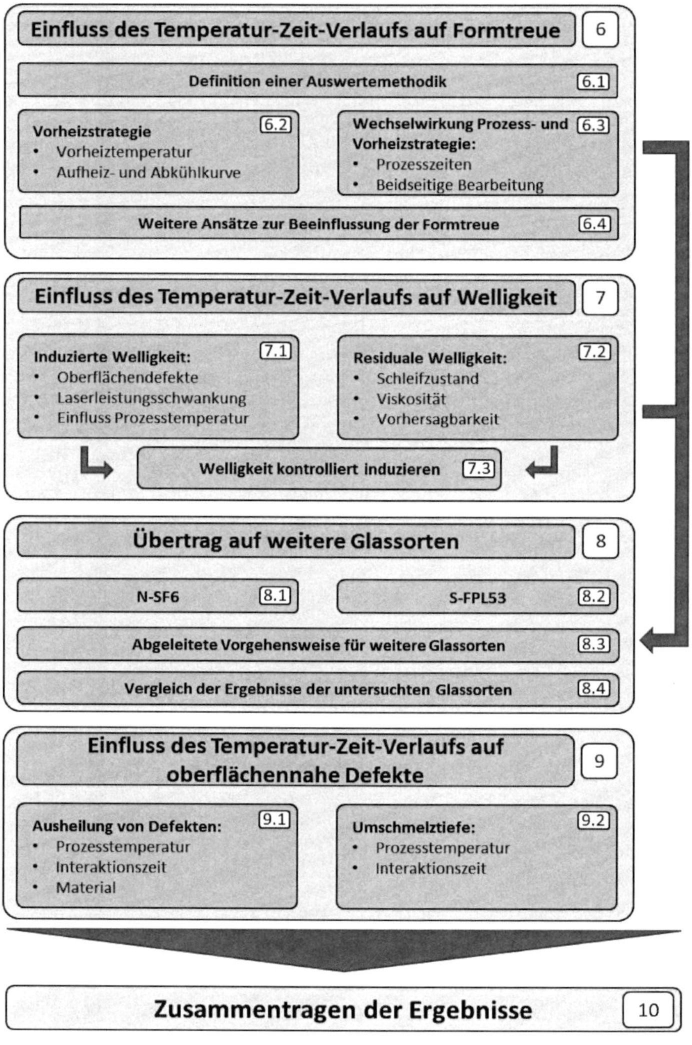

Abbildung 7
Ablaufdiagram der Vorgehensweise zur Überprüfung der Arbeitshypothesen mit den entsprechenden Kapitelnummern

Nach erfolgter Einsicht des Standes der Technik und Formulierung der Arbeitshypothesen werden in Kapitel 5 die für die Versuchsdurchführung verwendete Anlagen- und Messtechnik sowie die untersuchten Glassorten vorgestellt. Dies wird ergänzt durch die Beschreibung des experimentellen Vorgehens hinsichtlich Probenreinigung, Regelungstechnik sowie Bearbeitungsstrategien.

Die Darstellung der erarbeiteten Ergebnisse beginnt in Kapitel 6 mit der Beschreibung der Auswertemethodik der Formtreue, da bei der Laserpolitur andere Oberflächendefekte und Fehlerbilder zu erwarten sind als bei der konventionellen Politur. Die Untersuchungen werden an N-BK7 durchgeführt und sind thematisch in die Prozessschritte Vorheizen (Kapitel 6.2) und Laserbearbeitung (Kapitel 6.3 ff) unterteilt. Hierbei wird im Kapitel 6.3 zwischen der einseitigen und beidseitigen Laserpolitur sowie der Wechselwirkung aus Temperatur-Zeit-Verlauf des Vorheizschrittes und des Laserpoliturschrittes unterschieden. In Kapitel 6.4 werden abschließend weitere Ansätze zur Beeinflussung der Formtreue untersucht. Dies umfasst die Substrataufnahme, die mehrfache Bearbeitung der Substrate sowie das Vorhalten des Formverzugs bei der Formgebung.

In Kapitel 7 werden die Ergebnisse zur Formtreue durch Untersuchungen zur Welligkeit ergänzt. Hierbei wird entsprechend der Wirkmechanismen zwischen induzierter Welligkeit (Kapitel 7.1) und residualer Welligkeit (Kapitel 7.2) unterschieden. Die induzierte, sprich aus dem Prozess resultierende, Welligkeit wird hierbei hinsichtlich der Einflussfaktoren und möglicher Korrekturmechanismen untersucht. Für die residuale Welligkeit, sprich unvollständig geglättete Welligkeit des Ausgangszustands werden die Einflussfaktoren der Reduktion sowie Möglichkeiten der Vorhersagbarkeit untersucht. Hierbei soll erarbeitet werden, wie die residuale Welligkeit minimiert werden kann und mit welchen Möglichkeiten schon aus dem Ausgangszustand eine Abschätzung der Oberflächenbeschaffenheit nach der Laserpolitur getroffen werden kann. In Kapitel 6.3 wird anschließend basierend auf den erarbeiteten Ergebnissen der Ausblick auf die gezielte Beeinflussung der Welligkeit z. B. für die spätere Anwendung in Form einer destruktiven Interferenz mit vorhandener Welligkeit untersucht.

Mithilfe der Ergebnisse aus Kapitel 6 und 7 wird anschließend der Übertrag der Laserpolitur auf weitere Glassorten untersucht (Kapitel 8). Diese Untersuchungen werden am Beispiel von N-SF6 (Kapitel 8.1) und S-FPL53 (Kapitel 8.2) durchgeführt. Abschließend wird anhand der gesammelten Ergebnisse eine Vorgehensweise für den Prozessübertrag auf weitere Glassorten vorgeschlagen (Kapitel 8.3) und die Ergebnisse der beiden in Kapitel 8 untersuchten Glassorten mit den Ergebnisse zu Quarzglas und N-BK7 der Kapitel 6 und 7 verglichen (Kapitel 8.4).

Ergänzend zu den Untersuchungen zu Formtreue, Welligkeit und Werkstoffvielfalt wird in Kapitel 9 die Wechselwirkung der Laserpolitur mit Oberflächendefekten (z. B. Mikrorisse), wie sie z. B. bei der Formgebung durch Schleifen entstehen, untersucht. Hierbei liegt der Fokus der experimentellen Untersuchungen auf dem Einfluss der zuvor festgelegten Prozessparameter auf die Ausheiltiefe. Neben der Untersuchung an geschliffenen Oberflächen (Kapitel 9.1) wird experimentell die Umschmelztiefe anhand künstlicher Risse (Kapitel 9.2) untersucht. Hieraus wird ein Sicherheitsfaktor für die vollständige Beseitigung von oberflächennahen Defekten erarbeitet.

Abgeschlossen wird die vorliegende Arbeit in Kapitel 10 durch das Zusammentragen und Verknüpfen der erarbeiteten Ergebnisse. Basierend hierauf wird ein Ausblick für weiteren Forschungsbedarf erarbeitet.

5 Labortechnik, Methodik und Werkstoffe

5.1 Anlagentechnik

5.1.1 Versuchsaufbau „Glaspol“

Für die in dieser Arbeit vorgestellten Versuchsreihen wird zum Teil dieselbe Versuchsanlage verwendet, welche auch für die Untersuchungen durch Richmann [3], Heidrich [35] und Weingarten et al. [36, 41] verwendet wird. Dieser Aufbau ist in Abbildung 8 dargestellt.

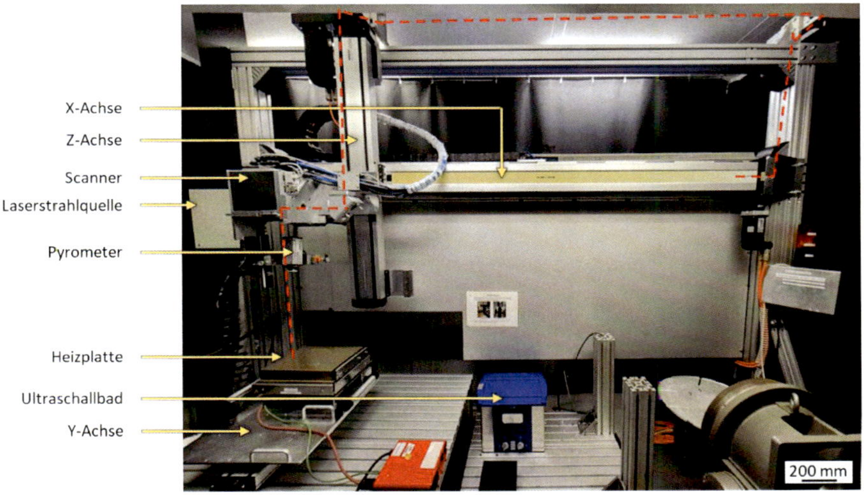

Abbildung 8 - Versuchsaufbau „Glaspol“. Strahlengang in rot schematisch angedeutet.

Der Versuchsaufbau besteht aus einem Profilgestell mit daran montierter X- und Z-Achse. Zusätzlich zu diesem Grundaufbau befindet sich auf dem Arbeitstisch eine Y-Achse zur Positionierung der Substrate. Die Laserstrahlquelle befindet sich hinter dem Profilgestell. Die Laserstrahlung wird über insgesamt sieben Spiegel in den Galvanometerscanner umgelenkt. Dabei wird linear polarisierte Laserstrahlung durch Verwendung eines λ/4-Spiegels zirkular polarisiert. Für die Bearbeitung der Substrate erfolgt der Vorschub durch Bewegung des Scanners in x-Richtung, die Substrate ruhen. Der gesamte Versuchsaufbau ist von einer Flowbox umgeben. Durch diese wird die Anlagenluft entsprechend einer Reinraumklassifizierung ISO 6 filtriert. Die Versuchsanlage wird im weiteren als „Glaspol“ bezeichnet. Sofern nicht anders angegeben, werden alle Versuche auf dieser Versuchsanlage durchgeführt.

Laserstrahlquelle

Als Laserstrahlquelle der Versuchsanlage „Glaspol“ wird eine DC-angeregte CO_2-Laserstrahlquelle der Baureihe „Blade 1500 SemiSealed“ (El.En. Group, Florenz, Italien) Baujahr 11/2008 verwendet. Die Ausgangsleistung der Laserstrahlquelle beträgt nominell 1,5 kW bei einem M^2 von 1,1 und einem Rohstrahldurchmesser von 17 mm. Am Strahlausstritt liegt eine linear vertikale Polarisation der Laserstrahlung vor.

Nominell liegt die Stabilität der Ausgangslaserleistung bei ±3 % (PV 6 %) über 24 h. Durch altersbedingte Verschlechterung der Elektroden- und Spannungsversorgungsqualität liegt die Laserleistungsstabilität im, für die hier durchgeführten Versuchsreihen relevanten Zeitfenster bei durchschnittlich ca. 5 % (PV-Wert der Laserleistungsschwankung für eine Messzeit von 5 Minuten, siehe Kapitel 13.3). Für einzelne Messungen (Ausreißer) liegt die Schwankung PV bei bis zu 19,71 % der mittleren Laserleistung. Diese Ausreißer sind primär durch ein Überschwingen zu Beginn der Messung mit anschließendem Abfall gekennzeichnet. Die Wiederholbarkeit der eingestellten Laserleistung bei fester Ansteuerspannung liegt über alle Versuche bei PV bis zu 22,34 %. Aus diesem Grund wird die Ansteuerspannung vor jedem Versuch durch Messung der Laserleistung neu bestimmt. Die Unsicherheit der Laserleistung ist hierdurch auf die kurzeitige Schwankung beschränkt.

Scannertechnik

Die Versuchsanlage „Glaspol“ ist mit einem Galvanometerscanner des Typs „hurrySCAN30“ (SCANLAB GmbH, Puchheim, Deutschland) ausgestattet. Dieser ist mit einer F-Theta-Linse mit Brennweite f = 450 mm ausgerüstet. Durch den Galvanometerscanner kann bei Defokussierung des Laserstrahls auf die im Stand der Technik gebräuchlichen 8 mm Strahldurchmesser eine Scangeschwindigkeit von bis zu 10 m/s erreicht werden. Diese Scangeschwindigkeiten sind für die homogene Ausprägung der in Kapitel 5.6 beschriebenen Quasi-Linie- und Quasi-Tophat-Scanstrategie wichtig. In Abbildung 9 ist der Galvanometerscanner im montierten Zustand an der Versuchsanlage dargestellt.

Abbildung 9
Montierter Scanner der Versuchsanlage „Glaspol“, darunter montiert das Pyrometer

Unter dem Galvanometerscanner ist die Messtechnik der Prozesstemperaturregelung angebracht. Hierdurch kann ein minimaler Winkelversatz der Messung, sowie ein konstanter lateraler Versatz zwischen Mess- und Prozesspunkt sichergestellt werden. Die Messtechnik ist in Kapitel 5.3.1 bzw. 5.3.2 im Detail beschrieben. Neben der Messtechnik wird die Austrittsoptik des Scanners durch einen Crossjet vor aufsteigenden möglichen Abtragprodukten geschützt. Die hierfür verwendete Druckluft wird in einem vierstufigen Filter mit Filtergrößen ab 0,01 µm gereinigt. Die Düsen des Crossjets sind auf eine möglichst laminare Strömung bei niedrigen Strömungsgeschwindigkeiten ausgelegt. Hierdurch werden Verwirbelungen an der Messtechnik und dem Galvanometerscanner und dadurch entstehende Staubaufwirbelungen reduziert.

5.1.2 Versuchsaufbau „KOALA"

Im Laufe der durchgeführten Arbeit wird ein zweiter Versuchsaufbau aufgebaut. Dieser Aufbau ist in Abbildung 10 dargestellt.

Abbildung 10 - Versuchsaufbau „KOALA". Strahlengang in rot schematisch angedeutet. Laserstrahlquelle nicht sichtbar.

Der Versuchsaufbau besteht aus einem Profilgestell mit daran montierter X- und Z-Achse. Im Gegensatz zur Versuchsanlage „Glaspol" ist die Optik stillstehend und die Substrataufnahme bewegt. Die Laserstrahlquelle befindet sich hinter dem Profilgestell und ist in Abbildung 10 nicht sichtbar. Der Laserstrahl wird über insgesamt drei Spiegel in den Galvanometerscanner umgelenkt. Dabei wird der linear polarisierte Laserstrahl durch Verwendung eines λ/4-Spiegels zirkular polarisiert. Das Pyrometer ist baugleich zum Pyrometer der Versuchsanlage „Glaspol" und am Schlitten der Z-Achse montiert. Hierdurch ist die Messfleckgröße unabhängig vom Arbeitsabstand (Defokussierung des Laserstrahls) und gleichzeitig wird ein konstanter lateraler Messabstand in X-Y-Ebene zur Interaktionszone des Laserstrahls bei Bewegung der X-Achse sichergestellt (siehe auch Kapitel 5.3.1). Der Arbeitsraum wird vollständig vom Profilgestell umschlossen. Seitlich an das Profilgestell ist eine Fan-Filter-Unit (FFU) angeflanscht. Durch diese wird der Arbeitsraum durch gereinigte Luft auf Überdruck gebracht, um Staubpartikel von der Wechselwirkungszone fernzuhalten. Durch den horizontalen Luftstrom wird, im Vergleich zur Versuchsanlage „Glaspol", eine geringere Verwirbelung erzielt. In der Versuchsanlage „Glaspol" ist der Scanner stets zwischen FFU und Arbeitszone platziert und Verwirbelungen an diesem sind die Folge. In der Versuchsanlage „KOALA“ ist die Optik getrennt vom Arbeitsraum stillstehend über diesem montiert und der Laserstrahl wird durch eine runde Öffnung unterhalb des Scanners in die Prozesskammer geleitet. Zusätzlich ist der Vorraum der Anlage von einer Flowbox umgeben. Die Versuchsanlage wird im weiteren als „KOALA“ bezeichnet.

Laserstrahlquelle

Als Laserstrahlquelle der Versuchsanlage „KOALA“ wird eine RF-angeregte CO_2-Laserstrahlquelle der Baureihe „DC020“ (Coherent Inc., Kalifornien, USA) Baujahr 05/2022 verwendet. Der Rohstrahl der Laserstrahlquelle hat eine nominelle Laserleistung von 2 kW bei einem M^2 von 1,05 und einem Rohstrahldurchmesser von 20 mm. Am Strahlausstritt liegt eine lineare Polarisation der Laserstrahlung im Winkel 45° zur Horizontalen vor.

Nach Herstellerangaben liegt die Stabilität der Ausgangslaserleistung bei ±2 % (PV 4 %). Die gemessene Schwankung der Laserleistung liegt bei ca. 2,5 % (PV-Wert der Laserleistungsschwankung für eine Messzeit von 5 Minuten, siehe Kapitel 13.3). Für einzelne Messungen liegt die Schwankung PV bei bis zu 2,97 % der mittleren Laserleistung. Die Spannweite PV der mittleren Laserleistungen bei gleichem Ansteuersignal über die Dauer der Arbeit beträgt 7,4 % für 1 V (entspricht minimale Laserleistung von 10 %) und zwischen 2,9 % und 4,2 % für Ansteuersignale zwischen 1,5 V und 10 V (Gemessen in 0,5 V Schritten). Für die Versuchsdurchführung wird das Ansteuersignal der Laserleistung vor jedem Versuch durch Messung der Laserleistung neu bestimmt.

Scannertechnik

Die Versuchsanlage „KOALA“ ist mit einem Galvanometerscanner des Typs „intelliSCAN30“ (SCANLAB GmbH, Puchheim, Deutschland) ausgestattet. Dieser ist mit einer F-Theta-Linse mit Brennweite f = 450 mm ausgerüstet. Bei Defokussierung des Laserstrahls auf 8 mm Strahldurchmesser kann durch den Galvanometerscanner eine Scangeschwindigkeit von bis zu 15 m/s erreicht werden. Durch die seitlich montierte Fan-Filter-Unit und die räumliche Trennung von Scanner und Prozesskammer entfällt die Notwendigkeit eines zusätzlichen Crossjets. Die für die Kühlung der Scannerspiegel notwendige Druckluft wird mit einer zur „Glaspol“ baugleichen, vierstufigen Filtergruppe (Filtergrößen ab 0,01 µm) gereinigt.

5.2 Vorheiztechnik

5.2.1 Heizplatten

Für alle Versuche dieser Arbeit werden Heizplatten des Typs „PZ 28-3TD“ (Harry Gestigkeit GmbH, Düsseldorf, Deutschland) verwendet. Die Auflageflächen der Heizpatten bestehen aus Titan, die maximale Temperatur beträgt 600 °C und die Heizleistung wird herstellerseitig mit 2000 W angegeben. Zur Ansteuerung der Heizplatten werden Zweipunktregler sowie Programmregler eingesetzt. In Abbildung 11 sind eine Heizplatte sowie die beiden Reglertypen dargestellt.

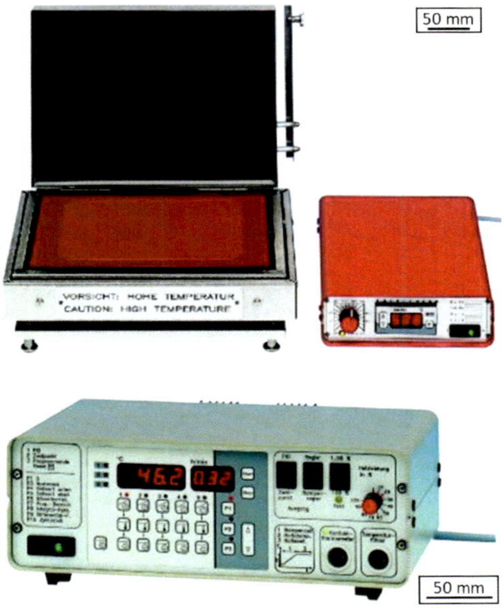

Abbildung 11 Verwendete Vorheiztechnik. Oben: Heizplatte (links) und Zweipunktregler (rechts) Unten: Programmregler [46]

Mit dem Zweipunktregler kann die Heizplatte nur auf eine feste Temperatur eingestellt werden und heizt bis zu dieser mit maximaler Heizleistung auf. Der Abkühlprozess kann nicht kontrolliert werden. Ein Abkühlen der Heizplatte ist durch Ausschalten des Reglers möglich und erfolgt entsprechend der natürlichen Wärmestrahlung und Wärmeleitung des Isolationsmaterials.

Mit dem Programmregler kann hingegen ein Temperatur-Zeit-Verlauf mit bis zu fünf Abschnitten, jeweils bestehen aus Aufheiz-/Abkühlzeit, Solltemperatur und Haltezeit, festgelegt werden. Dies erlaubt neben einer schonenden Aufheizung auch die gezielte Festlegung der Abkühlkurve.

5.2.2 Tempern

Um thermische Spannungen aus den Gläsern zu lösen, wird vereinzelt ein Temperschritt nach der Laserpolitur durchgeführt. Hierfür wird ein Ofen des Modells „ME17/13" (Arnold Schröder Industrieöfen GmbH, Flörsheim am Main, Deutschland) mit einer Regelanlage des Typs „TC507" (Bentrup Industriesteuerungen, Fernwald, Deutschland) verwendet. Die verwendeten Temperkurven sind, sofern in den einzelnen Kapiteln nicht anders beschrieben, in Abbildung 12 für die einzelnen Glassorten dargestellt.

Abbildung 12
Verwendete Temperzyklen der verschiedenen Glassorten

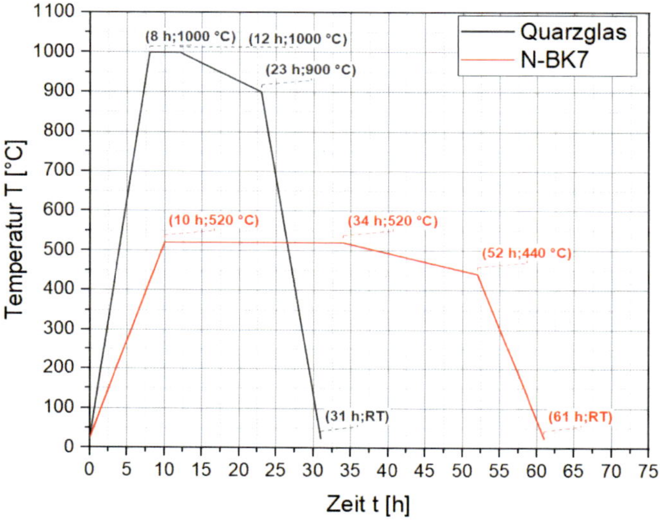

Diese Temperkurven basieren auf vorangegangenen Arbeiten und Erfahrungswerten am Institut hinsichtlich einer Reduzierung des durch die Spannungsdoppelbrechung hervorgerufenen Gangunterschiedes auf < 5 nm/cm.

5.3 Messtechnik

5.3.1 Pyrometrie

Die Prozesstemperatur wird mit einem Pyrometer des Typs „PYROSPOT DT 10G" (DIAS Infrared GmbH, Dresden, Deutschland) gemessen. Hierzu ist das Pyrometer unterhalb des Scanners angebracht (vgl. Abbildung 9). Der Messtemperaturbereich beträgt 500 °C bis 2500 °C. Die Messunsicherheit wird mit 0,6 % vom Messwert (mind. 1 K) angegeben. Die Wiederholbarkeit liegt laut Datenblatt bei 0,3 % (mind. 0,5 K). Die rauschäquivalente Temperaturdifferenz wird mit 0,2 K angegeben (gemessen für eine Umgebungstemperatur von 23 °C und Messobjekt bei 700 °C). Der Messfleck des Pyrometers hat einen Durchmesser von ca. 2,92 mm bei einem Arbeitsabstand von 350 mm. Das Pyrometer verfügt über einen Pilotlaser mit dessen Hilfe der Messfleck auf das Messobjekt justiert werden kann. Hierzu wird die Lage des Pyrometers über Feinschrauben an der Justagehalterung verstellt. Über die Anzeige einer Linearachse der Justagehalterung (Genauigkeit 0,1 mm) kann der Versatz zwischen Bearbeitungslaserstrahl und Pyrometermessfleck in Vorschubrichtung eingestellt werden. Dies dient dazu, die maximale Temperatur der Prozesszone zu messen. Durch die Relativbewegung der Laserstrahlung zur Probenoberfläche (vgl. Kapitel 5.6) ist die Zone höchster Temperatur nicht im Zentrum der Laserstrahlung, sondern im Ort des Equilibriums zwischen Energieeintrag und Energieableitung durch Wärmestrahlung und -leitung. Dieser Punkt liegt bezogen auf die Vorschubrichtung hinter dem Zentrum des Laserstrahls. Der genaue Abstand variiert in Abhängigkeit des Laserstrahldurchmessers und der Relativgeschwindigkeit.

5.3.2 Thermographie

Neben dem in Kapitel 5.3.1 beschriebenen Pyrometer wird an der Versuchsanlage „Glaspol" ebenfalls eine Thermographiekamera zur Regelung der Laserleistung eingesetzt. Zusätzlich kann anhand der Thermographieaufnahmen nicht nur die zeitliche, sondern auch die örtliche Homogenität der Temperaturverteilung bestimmt werden.

Hierzu wird eine Kamera vom Modell „VarioCam HR head 640" (Infratec GmbH, Dresden, Deutschland) verwendet. Die Kamera verfügt über einen Sensor mit 640 x 480 Pixel, welcher für Messungen im langwelligen infraroten Spektralbereich (LWIR) von 7,5 bis 14 µm ausgelegt ist. Zum Schutz des Sensors vor zurückgestreuter Laserstrahlung wird die Kamera mit einem Bandpassfilter λ = 8,3 µm und einem CaF_2-Schutzglas (Dicke 10 mm) ausgestattet. Die Optik des Kamerasystems ist zusätzlich am Fraunhofer ILT zur Verkleinerung des Arbeitsabstandes und Erhöhung der lateralen Auflösung überarbeitet worden. Durch diese Anpassung kann bei einem Arbeitsabstand von 350 mm ein Pixelpitch von ca. 150 µm erreicht werden. Durch diesen Umbau ist der Messbereich des Sensors jedoch auf 440 x 200 Pixel beschränkt. Der kalibrierte Temperaturmessbereich beträgt 100 °C bis 2250 °C bei einer spezifizierten Messunsicherheit von ±2 % vom Messwert. Die rauschäquivalente Temperaturdifferenz wird mit 0,03 K angegeben (gemessen für ein Messobjekt bei 30 °C). In Abbildung 13 ist das Thermographiesystem im montierten Zustand an der Versuchsanlage „Glaspol" dargestellt.

Abbildung 13
Montiertes Thermographie-system

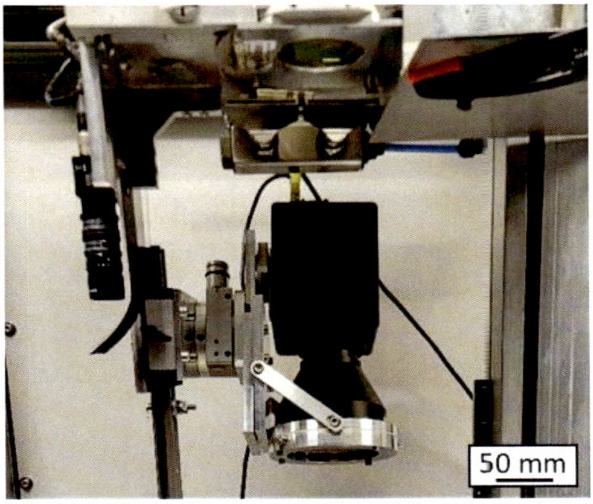

Im montierten Zustand wird durch das Thermographiesystem das Pyrometer ersetzt (vgl. Abbildung 9). Eine gleichzeitige Messung mit beiden Systemen ist nur möglich, wenn das Pyrometer auf einem zusätzlichen Stativ montiert und auf einen Fixpunkt der Substratoberfläche ausgerichtet wird. Das Thermographiesystem wird in Vorschubrichtung mit der gleichen Geschwindigkeit bewegt wie die Quasi-Linie. Die Prozesszone ist somit bezogen auf das Kamerabild stillstehend.

5.3.3 Topographiemesstechnik

Die Oberflächen der in dieser Arbeit bearbeiteten Proben werden mit einem Weißlichtinterferometer Modell „NexView NX2" (Zygo Corporation, Berwyn, USA) vermessen. Das verwendete Messgerät ist in Abbildung 14 abgebildet.

Abbildung 14
Verwendetes
Weißlicht-
interferometer

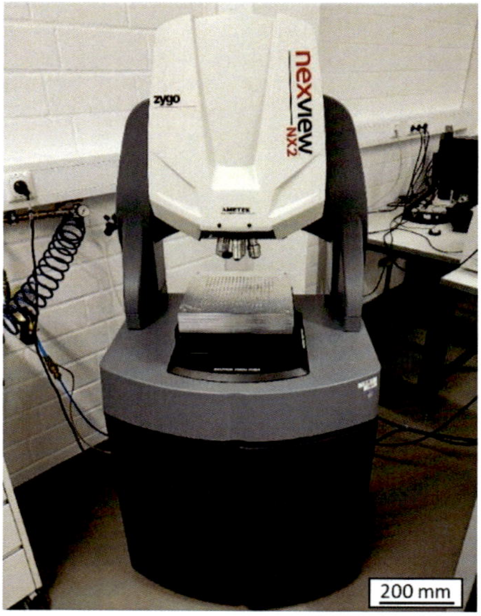

Das verwendete Modell verfügt neben einem Objektivrevolver (Vergrößerungen 1,4x, 5x, 20x, 50x) ebenfalls über einen internen Zoomobjektivrevolver (0,5x, 1x, 2x). Hierdurch können Oberflächenaufnahmen mit Vergrößerungen von 0,7x bis 100x auf den 1600 x 1200 Pixel² großen Sensor abgebildet werden. Die Messungen in dieser Arbeit erfolgen aufgrund höherer Messgeschwindigkeit mit einer Auflösung von 1000 x 1000 Pixel². Der Pixelpitch beträgt dabei 90 nm bis 12,68 µm, wobei die optische Auflösung laut Herstellerangaben maximal 0,34 µm beträgt. Die Wiederholbarkeit der Messung von Sq liegt laut Angaben des Herstellers bei 0,005 nm, die Wiederholbarkeit der Oberflächentopographie bei 0,06 nm. Die Aufnahmen in dieser Arbeit erfolgen mit folgenden Messeinstellungen:

Tabelle 2 – Messeinstellungen des Weißlichtinterferometers

Messmethode	CSI CSI-Rough (Stitch)	**Scanning auto light**	An
Oversampling	An	**Vergrößerungen**	
	Aus (Stitch)	1,4x * 0.5x	Stitch
Scanlänge	Angepasst	1,4x * 1x	Eine Aufnahme
Abzug Systemfehler	An	5,5x * 1x	Drei versetzte Aufnahmen
Autofokus	An	20x * 1x	Drei versetzte Aufnahmen
Autotilt	Aus	50x * 2x	Drei versetzte Aufnahmen

Die Messungen erfolgen mit den genannten Vergrößerungen an drei charakteristischen Stellen der Substrate: dem Einlaufbereich des Laserstrahls am Substratanfang, der Substratmitte sowie am Auslaufbereich des Laserstrahls. An jeder dieser Positionen erfolgt die Aufnahme entsprechend der in Tabelle 2 genannten Vergrößerungen und Messanzahlen (außer Stitch). Als Versatz dient dabei die 1,5-fache Messfeldgröße. Hierdurch wird ein Überlappen einzelner Aufnahmen auch nach Korrektur der lokalen Neigung der Oberfläche vermieden.

Durch die Aneinanderreihung mehrere Aufnahmen kann ebenfalls ein größerer Messausschnitt z. B. zur Bestimmung des Formfehlers aufgenommen werden. Hierbei wird durch die Messsoftware von Zygo (Zygo MX Version 7.5.0.2) automatisch ein Fit der Überlappung mehrerer Teilaufnahmen durchgeführt. Die Überlappung für alle in dieser Arbeit vorgestellten Ergebnisse des sog. Stitchings wird zu 35 % gewählt.

Die Auswertung der Messdaten erfolgt mit der Software MetroPro (Zygo Corporation, Berwyn, USA) in der Version 9.1.2 64-bit. Als Kennwert für die Rauheit der Oberflächen werden der Mittenrauwert Sa, der quadratische Mittenrauwert Sq sowie die Peak-Valley-Höhe „swedish height" H verwendet. H ist als Peak-Valley-Höhe zwischen den oberen 5 % und den unteren 10 % eines Profils definiert. Dieser Wert wird im Rahmen dieser Arbeit für Formmessungen dem PV-Wert vorgezogen, da durch letzteren, durch die Anfälligkeit der Laserpolitur für Einbände durch Staub sowie die ausgeprägte Verrundung von Kanten, der Formverzug nicht korrekt dargestellt wird. Vereinzelt wird für die Betrachtung lokaler Höhenunterschiede auf den PV-Wert zurückgegriffen, z. B. bei der Betrachtung von einzelnen Wellenzügen. Zusätzlich wird entsprechend der DIN ISO 10110-5 Norm der RMSt-, RMSi- und RMSa-Wert zur quantitativen Bewertung des Formverzuges herangezogen. Der RMSt-Wert entspricht dem Sq nach Abzug der Best-Fit-Ebene, der RMSi-Wert dem Sq nach Abzug einer Best-Fit-Sphäre sowie der RMSa-Wert dem Sq nach Abzug einer (rotationssymmetrischen) Best-Fit-Asphäre. Die Werte RMSi und RMSa geben somit einen Aufschluss über den asphärischen bzw. Freiformanteil im Formverzug. Alle im Rahmen dieser Arbeit angegeben Ortswellenlängen einer Filterung entsprechen den Cut-Off-Wellenlängen einer FFT-Filterung der Oberfläche mit Gauß-Cut-Off. [23]

5.4 Regelungssoftware

Die Prozessregelung und Protokollierung der Pyrometer- und Thermographiedaten erfolgen mit am Fraunhofer ILT entwickelten eigenen Softwarelösungen. Für die Prozessregelung via Pyrometer kommt eine bestehende Softwarelösung der Programmierumgebung LabVIEW (National Instruments, Austin, Texas) zum Einsatz. Die Kommunikation zwischen Pyrometer und Software erfolgt digital. Die Kommunikation zwischen Software und Laserstrahlquelle erfolgt über ein I/O-Interface Model „USB-6211" (National Instruments, Austin, Texas) über ein 0-10 V Analogsignal. Die Regelung zwischen gemessener Temperatur und Ansteuerungssignal der Laserleistung erfolgt über einen digitalen PID-Regler. Zur Verbesserung der Regelungsqualität ist der Start der Regelung an eine Temperaturschwelle T_{Start} gebunden. Bei Prozessstart wird bis zum Überschreiten von T_{Start} mit konstanter Laserleistung gearbeitet. Hierdurch werden Regelungsfehler durch die zum Prozessstart vorhandene, signifikante Differenz zwischen Prozesstemperatur (Solltemperatur) und Raumtemperatur/Vorheiztemperatur (Isttemperatur) vermieden. Zusätzlich kann zum weiteren Abfangen des Überschwingens bei Überschreiten der Temperaturschwelle T_{Start} ein Offset der Laserleistung eingestellt werden.

Die Prozessregelungssoftware der Thermographiekamera setzt selbiges Prinzip um. Die Datenerfassung erfolgt über ein vom Hersteller bereitgestelltes Software Development Kit (SDK). Als Eingangstemperatur für den PID-Regelungskreis wird durch eine Bildverarbeitung der Zentralpunkt der Quasi-Linie bzw. der Zentralpunkt der Probenoberfläche im Fall der Quasi-Tophat-Bearbeitung ermittelt. In Abbildung 15 ist schematisch der Algorithmus zur Bildauswertung dargestellt.

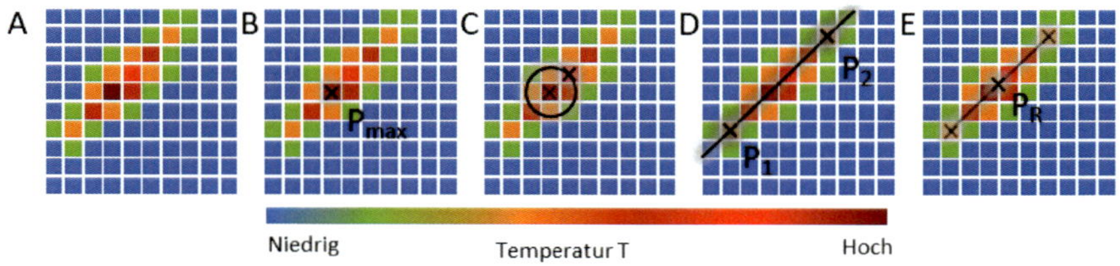

Abbildung 15 – Schematische Darstellung des Algorithmus zur Bestimmung der für die PID-Regelung relevanten Temperatur, mit Ort der maximalen Temperatur (P_{max}), Hilfspunkte P_1 und P_2 und Regelpunkt P_R.

Ausgehend vom Punkt der höchsten Temperatur im Messbild P_{max} wird die Richtung des geringsten Temperaturabfalls bestimmt (Abbildung 15 B und C). In dieser Richtung wird ein virtueller Verlauf der Quasi-Linie aufgespannt. Die Quasi-Linie wird dabei durch die Position P_1 und P_2 begrenzt, an der die Temperatur erstmals einen Schwellfaktor relativ zur höchsten Messtemperatur unterschreitet (Abbildung 15 D). Der Regelpunkt P_R ist anschließend als Mittelpunkt zwischen diesen beiden Endpunkten P_1 und P_2 definiert (Abbildung 15 C). Zur Reduktion der, durch Rauschen hervorgerufenen Schwankungen, wird als Eingangstemperatur des PID-Reglers nicht die Temperatur des Pixels am Regelpunkt P_R, sondern eine Mittelung der Temperaturwerte in einem Radius von 2 px um den Regelpunkt P_R verwendet. Zur ausführlichen Dokumentation und Auswertung der Versuche und der Prozessregelung werden sämtliche, sich auf der Strecke zwischen den Endpunkten P_1 und P_2 befindlichen Messwerte sowie die Lage der Messpunkte im gesamten Messbild zusätzlich zu den eigentlichen Regelparametern (Regeltemperatur, Solltemperatur, Laserleistung etc.) digital protokolliert.

Um den Einfluss der Temperaturschwankungen, z. B. durch Schwankungen der Laserleistung ausführlich untersuchen zu können, ist zudem die Möglichkeit gegeben einen Offset der Laserleistung bei festen Prozesszeiten einzustellen. Hierdurch kann z. B. die Sprungantwort des Prozesses und der Regelung, aber auch die möglicherweise resultierende Abbildung einer Sinus-Schwingung der Laserleistung auf das Oberflächenprofil untersucht werden. Die genaue Parametrisierung und Auswertung der thermographiebasierten Prozessregelung wird in Kapitel 7 ausführlicher behandelt.

5.5 Probenvorbereitung

Aus dem Stand der Technik ist bekannt, dass durch Schmutzpartikel auf der Oberfläche der Glasproben während des Laserpolierprozesses ein verändertes Absorptionsverhalten und durch Verdampfung Oberflächendefekte hervorgerufen werden können (siehe z. B. Richmann [3]). Durch die Reinigung des Probenmaterials soll sichergestellt werden, dass keine Schleifmittelresiduen und keine Reste der Transportverpackung in den Laserpolierprozess eingebracht werden. Die Reinigung ist dabei in 3 Schritte unterteilt: eine manuelle Vorreinigung, eine Ultraschallreinigung, gefolgt von einer manuellen Nachreinigung.

Im Rahmen der Vorreinigung wird die Probenoberfläche mit Isopropanol benetzt und unter Verwendung eines Reinluftsprays von groben, nicht anhaftenden Staubpartikel befreit. Anschließend werden alle Probenoberflächen mit, mit Isopropanol benetzten Optiktüchern „Lensx 90“ (Berkshire International LTD, Norfolk, Großbritannien) mit leichtem Druck abgerieben und anschließend abgezogen.

Die Proben werden anschließend in deionisiertem Wasser in einem Ultraschallbad des Typs „Elmasonic S 100 H“ (Elma Schmidbauer GmbH, Singen, Deutschland) für 30 min bei 45 °C gereinigt. Für die Reinigung von Quarzglas wird zusätzlich ein Reinigungsmitttel des Typs „Hellmanex 3“ (Hellma GmbH & Co. KG, Müllheim, Deutschland) dem deionisiertem Wasser zu 1 % zugemischt. Nach der Reinigung im Ultraschallbad wird das Probenmaterial mit deionisiertem Wasser abgewaschen und mit gereinigter Druckluft getrocknet.

Abschließend wird direkt vor der Bearbeitung bzw. dem Vorheizen der Proben die Probenoberfläche erneut mit Isopropanol und den „Lensx 90“-Tüchern abgezogen, um letzte mögliche Staubablagerungen aus der Anlagenluft zu entfernen.

5.6 Bearbeitungsstrategien

Entsprechend den im Stand der Technik festgehaltenen Ergebnissen der Prozessentwicklung zur Laserpolitur von Glas kann eine Bearbeitung mit mäanderförmiger Bearbeitungsstrategie als nicht geeignet angesehen werden (siehe Kapitel 3.3.2). In Anlehnung an die Arbeiten von Hecht [6] und Richmann [3] wird daher auch im Rahmen dieser Arbeit die Quasi-Linien-Strategie als primäre Bearbeitungsstrategie angewendet. Die Grundlagen dieser Bearbeitungsstrategie sind in Kapitel 5.6.1 dargestellt.

Zusätzlich wird die Erweiterung der Quasi-Linien-Strategie in die zweite Dimension in Form der Quasi-Tophat-Strategie betrachtet. Die Grundlagen der Quasi-Tophat-Strategie sind in Kapitel 5.6.2 erörtert.

5.6.1 Quasi-Linien-Strategie

Bei der Quasi-Linien-Strategie (Abbildung 16) wird der Laserstrahl auf Strahldurchmesser $d_L > 1$ mm defokussiert und mittels eines Scannersystems (Galvanometerscanner oder Polygonscanner) mit hoher Scangeschwindigkeit ($v_{scan} > 5000$ mm/s) entlang einer Linie ausgelenkt. Diese Linie wird anschließend mit niedriger Vorschubgeschwindigkeit $v_{feed} = 0{,}5$ mm/s bis 20 mm/s über die Glasoberfläche bewegt. Die Bewegungsrichtung erfolgt hierbei senkrecht zur Scanrichtung der Quasi-Linie. Entsprechend erfolgt die Bearbeitung, z. B. bei einer typischen Linienlänge von 50 mm, einer Scangeschwindigkeit von 8000 mm/s und einer Vorschubgeschwindigkeit von 1 mm/s mit einem rechnerischen Spurversatz von 6,25 µm. Für einen Strahldurchmesser von 8 mm entspricht dies einem Überlapp von 99,92 %.

Da Glas mit einer Wärmeleitfähigkeit in der Größenordnung von 1 W/m*K nur eine geringe Wärmeleitfähigkeit aufweist, erlaubt dieses Vorgehen das Glasmaterial entlang der Scanbahn homogen aufzuheizen. Wird die Quasi-Linie mittels Thermographie aufgenommen, kann in Richtung der Quasi-Linie für Quarzglas (Substratdurchmesser 30 mm) bei einer Scangeschwindigkeit von 8000 mm/s, einem Strahldurchmesser von 8 mm und einer Linienlänge von 45 mm eine Schwankung der Prozesstemperatur von ca. 10 K am Rand der Quasi-Linie und ca. 5 K im Zentrum der Quasi-Linie gemessen werden. Diese gemessene Schwankung entspricht einer Überlagerung aus der Schwankung der Laserleistung und der Messungenauigkeit der Thermographiekamera mit dem eigentlichen Effekt des Abkühlens der Position zwischen zwei Laserstrahlüberfahrten. Die durch die Nutzung einer Quasi-Linien-Strategie statt eines homogenen Linienfokuses hervorgerufene Temperaturschwankung kann daher als im einstelligen Bereich angesehen werden.

Bei Verwendung der Quasi-Linien-Strategie wird die Länge der Scanbahn so gewählt, dass diese die zu bearbeitende Fläche an ihrer breitesten Stelle beidseitig um mindestens den halben Strahldurchmesser übersteigt. Hierdurch wird verhindert, dass die Bereiche unbestimmter Scangeschwindigkeit, in denen die Spiegel des Galvanometerscanners abgebremst und in die Gegenrichtung beschleunigt werden auf der Substratoberfläche abgebildet werden. Die Quasi-Linien-Strategie ist in Abbildung 16 schematisch dargestellt.

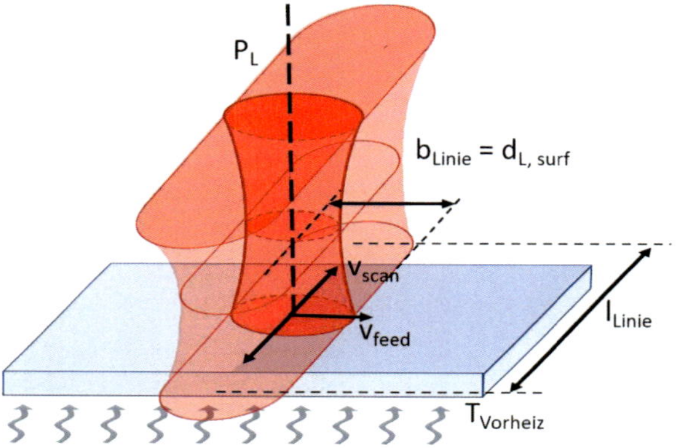

Abbildung 16 Schematische Darstellung der Quasi-Linien-Strategie mit Laserleistung P_L, Linienbreite b_{Linie}, Linienlänge l_{Linie}, Scangeschwindigkeit v_{scan}, Vorschubgeschwindigkeit v_{feed} und Vorheiztemperatur $T_{Vorheiz}$.

Die Breite des Quasi-Linienfokus entspricht hierbei dem (i. d. R. defokussierten) Strahldurchmesser an der Probenoberfläche. Die Intensitätsverteilung des Quasi-Linienfokus kann für die verwendeten gaußförmigen Rohstrahlen in Scanrichtung mit Ausnahme der Umkehrpunkte als konstant angenommen werden. In Vorschubrichtung entspricht die Intensitätsverteilung einer Gaußkurve.

5.6.2 Quasi-Tophat-Strategie

Wird die Quasi-Linien-Strategie zusätzlich zur Oszillation in Quasi-Linien-Richtung durch eine Oszillation in Vorschubrichtung ergänzt, wird von einer Quasi-Tophat-Strategie gesprochen [47]. Die Oszillationsgeschwindigkeit in Vorschubrichtung wird hierbei möglichst hoch gewählt, um die durch die Quasi-Tophat-Strategie aufgespannte Fläche homogen zu erwärmen. Jedoch ist die Homogenität des Temperaturfeldes innerhalb der aufgespannten Fläche durch die Oszillationsgeschwindigkeit limitiert. Ist die Oszillationsgeschwindigkeit in Vorschubrichtung zu hoch gewählt bzw. der Überlapp zweier Scanbahnen zu gering, wird zwischen den Scanbahnen ein Temperaturgradient und möglicherweise eine resultierende Welligkeit induziert.

Da die Quasi-Tophat-Strategie einen Tophat-Strahl annähern soll, ist eine möglichst homogene Intensitätsverteilung elementarer Bestandteil der Quasi-Tophat-Strategie. Im Fall der im Rahmen dieser Arbeit angewendeten Quasi-Tophat-Strategie soll die gesamte Substratoberfläche homogen aufgeheizt werden. Aufgrund der zuvor genannten Punkte wird der Strahldurchmesser zum Maximum der verwendeten Anlagentechnik gewählt, dies entspricht einem Strahldurchmesser von 21 mm bei einem Arbeitsabstand zwischen Scanner und Substratoberfläche von ca. 1060 mm. Hierdurch werden zwei Effekte erzielt:

1. Durch den physischen Laserstrahl wird eine möglichst große Fläche abgedeckt und folglich der Abstand zweier Scanbahnen zur Erreichung eines bestimmten Überlapps vergrößert. Folglich wird die Oszillationsgeschwindigkeit in Vorschubrichtung gesteigert.

2. Da ein Galvanometerscanner die Auslenkung des Laserstrahls durch eine Winkeländerung erzielt, kann die Scangeschwindigkeit eines Galvanometerscanners als proportional zum Arbeitsabstand angenommen werden. Insofern wird durch Vergrößerung des Arbeitsabstandes die Scangeschwindigkeit erhöht. Folglich wird die Zeit für das vollständige Abscannen eines Quasi-Tophat-Durchgangs reduziert und hierdurch die Homogenität der Temperaturverteilung innerhalb des Quasi-Tophat-Felds verbessert.

Für den Strahldurchmesser von 21 mm und einem Scanfeld von 50 x 50 mm² (entspricht einer homogen beleuchteten Fläche von 30 x 30 mm²) wird ein Spurabstand von 2,5 mm als geeigneter Spurabstand bestimmt. Für größere Spurabstände kann eine erhöhte induzierte Welligkeit nachgewiesen werden. Kleinere Spurabstände resultieren in einer erhöhten Scandauer einer Überfahrt und folglich in einem inhomogeneren Temperaturfeld. In Abbildung 17 ist die Bahnplanung für eine einzelne Überfahrt der Quasi-Tophat-Strategie für die genannten Parameter schematisch dargestellt.

Abbildung 17
Darstellung einer einzelnen Quasi-Tophat-Überfahrt für ein 50 x 50 mm² Scanfeld mit 2,5 mm Spurabstand.

Falschfarbendarstellung entsprechend der Scanabfolge (blau -> rot)

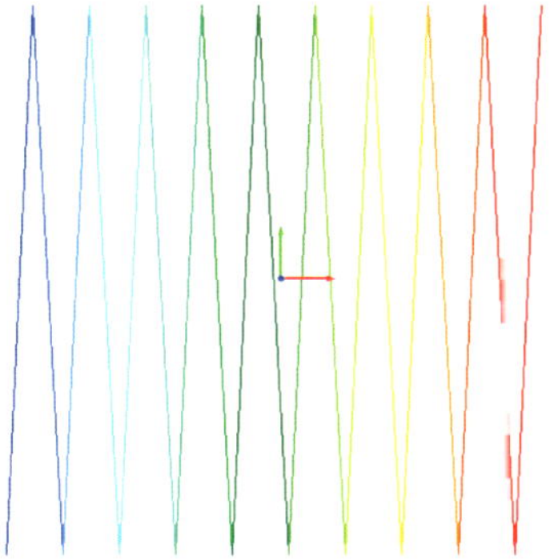

Ausgehend von einer einzelnen Überfahrt wird die Quasi-Tophat-Strategie durch wiederholtes Abscannen erzielt. Da die verwendete Laserstrahlquelle jedoch einen Laserstrahl mit annäherndem Gauß-Profil auskoppelt, wird durch wiederholtes Abscannen der in Abbildung 17 dargestellten Bahnplanung eine Inhomogenität erzeugt. Um diesem Effekt entgegenzuwirken, wird die Bahnplanung nach jeder Überfahrt um einen zufälligen Versatz zwischen 0 mm und dem halben Spurversatz, zufällig in positive oder negative X-Richtung verschoben. In Abbildung 18 sind zwei zufällige Überfahrten dargestellt.

Abbildung 18
Darstellung zweier Quasi-Tophat-Überfahrten für ein 50 x 50 mm² Scanfeld mit 2,5 mm Spurabstand.

Falschfarben-darstellung entsprechend der Scanabfolge (blau -> rot)

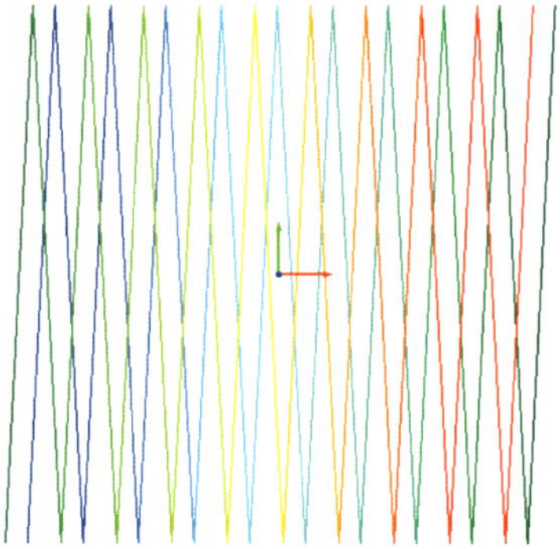

Durch Einführung des zufälligen Versatzes wird die Homogenität des Temperaturfeldes in Vorschubrichtung verbessert. Jedoch ist weiterhin zu beachten, dass während die Scangeschwindigkeit 10 – 15 m/s beträgt, für eine Scanfeldgröße von 50 mm in Scanrichtung und einen Spurversatz von 2,5 mm gilt, dass die theoretische Vorschubgeschwindigkeit zu

5.1
$$v_{feed} = \frac{v_{scan}}{a} * dx = \frac{10000\,\frac{mm}{s}}{50\,mm} * 2{,}5\,mm = 500\,mm/s$$

bestimmt werden kann. Die Vorschubgeschwindigkeit beträgt folglich nur 5 % der Scangeschwindigkeit. Der Laserstrahl wird also in y-Richtung mit 20-facher Geschwindigkeit der x-Richtung ausgelenkt. Dies hat zur Folge, dass zwischen X- und Y-Richtung weiterhin eine Inhomogenität gegeben ist. Durch Einführung einer Rotation des Scanfeldes kann diese Inhomogenität reduziert werden. Um hierbei den Überlapp an Rotationen zu minimieren, wird die Rotation pro Überfahrt zu 37° gewählt. Hieraus resultiert, dass jede Rotationsrichtung erst nach 180 Überfahrten bzw. 360 Überfahrten bei Berücksichtigung der Vorschubrichtung wiederholt wird. In Abbildung 19 ist ein Ansatz mit 37° Rotation dargestellt.

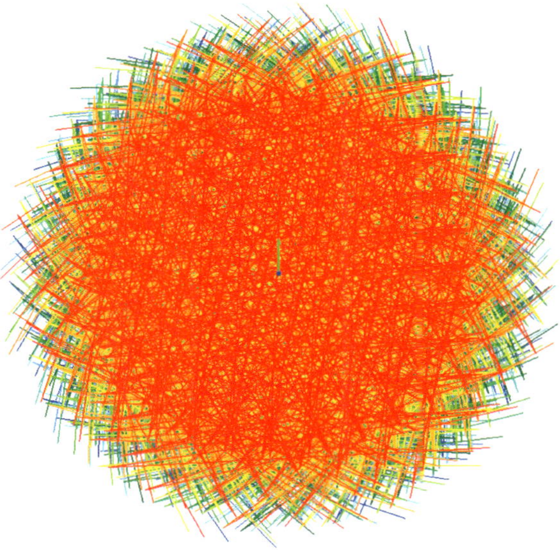

Abbildung 19
Darstellung einer Quasi-Tophat-Strategie für ein 50 x 50 mm² Scanfeld mit 2,5 mm Spurabstand mit einer Rotation von 37° bei 180 Überfahrten.

Falschfarbendarstellung entsprechend der Scanabfolge (blau -> rot)

Durch die Rotation des Scanfeldes nach jeder Überfahrt wird die, in jeder Überfahrt sicher abgescannte Fläche von einer quadratischen Fläche 50 x 50 mm² zu einer Kreisfläche Ø50 mm reduziert. Unter Berücksichtigung der auch in der Quasi-Tophat-Strategie vorhanden Umkehrpunkte beträgt die Fläche homogener Bearbeitung Ø30 mm.

Jedoch ist durch die verwendete Hardware ein weiterer, bisher nicht berücksichtigter Umstand gegeben: die Bewegung des Laserstrahls in der Bearbeitungsebene wird durch einen Galvanometerscanner erzielt. Dieser besteht aus zwei Galvanometerspiegeln, einem für die Auslenkung in X-Richtung und einem für die Auslenkung in Y-Richtung. Hierbei wird die Bewegung in Y-Richtung auf den Spiegel der X-Richtung abgebildet. Dies bedeutet, dass der Spiegel der X-Richtung signifikant größer sein muss als der Spiegel der Y-Richtung, welcher vom unbeweglichen Rohstrahl getroffen wird. Als Folge hat der Spiegel der X-Richtung ein höheres Massenträgheitsmoment und Bewegungen in X-Richtung unterliegen einer geringeren maximalen Scangeschwindigkeit sowie Beschleunigung als Bewegungen in Y-Richtung.

In der Funktionsweise der verwendeten RTC-Scannerkarten und SCANLAB-Scanner ist hierbei ebenfalls zu berücksichtigen, dass eine vorgegebene Scangeschwindigkeit, die die maximale Scangeschwindigkeit übersteigt, nicht zu einer Anpassung der Scangeschwindigkeit führt. Vielmehr werden dem Scanner von Seiten der RTC-Karte Spiegelpositionen entsprechend der rechnerischen Sollposition vorgegeben. Entsprechend werden dem Scanner Positionen vorgegeben, die mit maximaler Scangeschwindigkeit bzw. Beschleunigung nicht erreicht werden können. Die Abweichung wird dabei entlang einer Scanbahn zunehmend größer, bis die interne Berechnung der RTC-Karte am Umkehrpunkt ankommt und Positionen in Gegenrichtung gesendet werden. Da die RTC-Karte ab diesem Zeitpunkt bereits die Bewegungspositionen in Gegenrichtung an den Scanner sendet, wird der Scanner von der RTC-Karte bereits zur Scanrichtungsumkehr aufgefordert, bevor dieser das Ende der ersten Scanbahn erreicht hat.

Als Folge wird die Scanbahn nicht nur mit einer geringeren Scangeschwindigkeit abgescannt, sondern vielmehr wird das Scanfeld durch die vorzeitige Scanrichtungsumkehr in einer Richtung gestaucht. Hierdurch werden die Umkehrpunkte nicht vollständig außerhalb der Substratoberfläche abgebildet und in der Folge eine inhomogene Aufheizung der Substrate bewirkt.

Um diesen Effekt zu vermeiden kann die Scangeschwindigkeit auf das Maximum des X-Richtungsspiegels reduziert werden. Mit ca. 5 m/s ist diese jedoch deutlich geringer als das Maximum der Y-Richtung. Alternativ können in der Quasi-Tophat-Strategie jene Rotation ausgelassen werden, in welchen die Scanrichtung überwiegend in X-Richtung verläuft. Anhand von Vorversuchen wird dieser Bereich zu ±22,5° bestimmt. Wird bei der Rotation der Einzelüberfahrt innerhalb der Quasi-Tophat-Strategie ein Winkel innerhalb dieser 45° erreicht, wird die Überfahrt weiterrotiert, bis ein Winkel außerhalb dieses Bereiches erreicht wird. In Abbildung 20 ist die aus diesen Überlegungen folgende Scanstrategie dargestellt.

Abbildung 20
Darstellung einer Quasi-Tophat-Strategie für ein 50 x 50 mm² Scanfeld mit 2,5 mm Spurabstand mit einer Rotation von 37° bei 10000 Überfahrten und blockiertem 45° Scanbereich um die X-Richtung.

Falschfarbendarstellung entsprechend der Scanabfolge (blau -> rot)

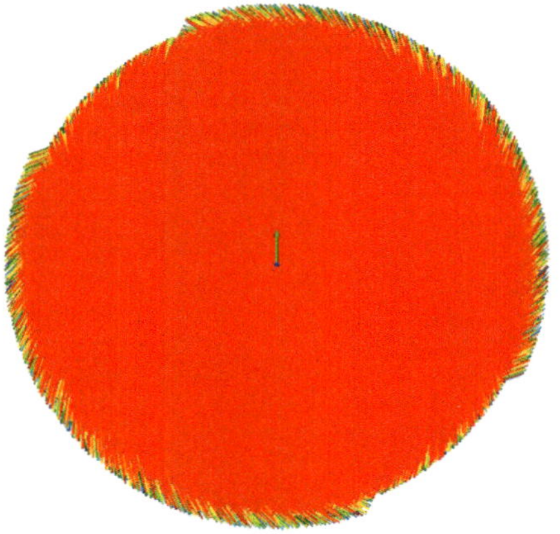

Dass die ausgelassenen Scanbahnen nicht symmetrisch zur Y- bzw. X-Achse erscheinen, ist der zugrundeliegenden Scanabfolge geschuldet. Die Scanbewegung beginnt stehts in einer Ecke des quadratischen Bearbeitungsfelds mit Bewegungsrichtung in die im Uhrzeigersinn angrenzende Ecke (siehe Abbildung 17). Hierdurch sind die ausgelassenen Start- und Endpunkte um ca. 45° versetzt zum Achssystem und nicht symmetrisch zu diesem angeordnet.

Wird während der Durchführung dieser Quasi-Tophat-Strategie z. B. für N-BK7 ein Pyrometer auf das Zentrum der Substrate ausgerichtet, wird eine sichtbar oszillierende Temperatur gemessen. Die Substratoberfläche wird also trotz dieser Anpassungen nicht kontinuierlich erwärmt, sondern vielmehr periodisch aufgeheizt und wieder abgekühlt, wobei die mittlere Temperatur zunehmend ansteigt. Aus diesem Grund ist eine Laserleistungsregelung zur Stabilisierung der Temperatur nur begrenzt möglich. Stattdessen wird das Pyrometersignal zum Beenden der Heizphase angewandt. Das Substrat wird mit konstanter Laserleistung und ausgeführter Quasi-Tophat-Scanstrategie aufgeheizt, während die Prozesstemperatur im Zentrum der Substratoberfläche mittels Pyrometer erfasst wird. Wird die Zieltemperatur überschritten, wird über die Pyrometrieregelung die Laserleistung auf 0 W abgesenkt. Zu erwähnen ist, dass die Einführung einer Haltephase ebenfalls möglich wäre, jedoch im Rahmen dieser Arbeit nicht untersucht wird.

5.7 Untersuchte Glassorten

Für die im Rahmen dieser Arbeit vorgestellten Ergebnisse werden die Glassorten Quarzglas (SK1300), N-BK7, S-FPL53 und N-SF6 verwendet. Quarzglas und N-BK7 sind zwei Glassorten, welche in der Laserpolitur von Glas in einer Vielzahl an Veröffentlichungen verwendet werden und daher geeignet sind, den Stand der Technik bezüglich Formverzug und Welligkeit zu reproduzieren und anschließend zu erweitern. Die Glassorten S-FPL53 und N-SF6 werden anhand ihrer Glasübergangstemperatur und Änderungsrate der Viskosität jenseits der Glasübergangstemperatur ausgewählt. In Tabelle 3 ist ein Überblick über eine Auswahl der Werkstoffkennwerte gegeben. Ein vollständiger Überblick über die Werkstoffkennwerte und die chemische Zusammensetzung ist im Anhang (Kapitel 13.1) dargestellt.

Tabelle 3 – Auswahl an Werkstoffkennwerten [48–51]

Glassorte		Quarzglas (SK1300)	N-BK7	S-FPL53	N-SF6
Untere Kühltemperatur $T_{10^{14,5}}$ [°C]		1060			
Glasübergangstemperatur T_g [°C]			557	426	589
Obere Kühltemperatur $T_{10^{13}}$ [°C]		1160	557		593
Erweichungstemperatur $T_{10^{7,6}}$ [°C]		1700	719		669
Ausdehnungsgrenze A_t [°C]			609	456	
Spezifische Wärmekapazität c_P [J/(g*K)]		0,734	0,858		0,69
Wärmeleitfähigkeit k [W/(m*K)]		1,1	1,114	0,857	0,96
„Länge" $\Delta T^{3,0\text{-}7,6}$ [K] (berechnet)		785	366	82	189
Ausdehnungskoeffizient α [10^{-7}/°C]	-30 – 70 °C		71	145	90
	100 – 300 °C			169	
	0 – 200 °C	5.5			
	20 – 300 °C		83		103

Wie aus Tabelle 3 ersichtlich ist, werden von den verschiedenen Herstellern unterschiedliche Stützstellen des thermischen Verhaltens verwendet. Anhand der vorhandenen Angaben und unter Verwendung der in Abbildung 115 dargestellten berechneten Verläufe der Temperatur-Viskositäts-Kurven können jedoch folgende Einordnungen bzgl. der verwendeten Glassorten getroffen werden:

Quarzglas weist sowohl die höchste Glasübergangstemperatur auf als auch die „höchste" Länge (Temperaturdifferenz zwischen $\log(\eta) = 3,0$ dPas und $\log(\eta) = 7,6$ dPas [52]). Dies bedeutet, dass für das Erweichen des Quarzglases hohe Temperaturen erforderlich sind und die Viskosität mit der Prozesstemperatur, im Vergleich zu den anderen betrachteten Glassorten, eine geringere Änderungsrate aufweist.

S-FPL53 kann von den betrachteten Glassorten als jene angesehen werden, die sowohl die geringste Glasübergangstemperatur hat als auch das „kürzeste" Glas ist. Die Temperaturdifferenz zwischen $\log(\eta) = 3,0$ dPas und $\log(\eta) = 7,6$ dPas liegt bei 82 K und damit einen Faktor 9,6 unter der Länge von Quarzglas. Zudem ist S-FPL53 ein Glas auf Basis von Fluoriden. Die anderen untersuchten Glassorten sind oxidbasiert und frei von Fluoriden (vgl. Tabelle 41).

N-BK7 und N-SF6 sind von den ausgewählten Glassorten durch die Besonderheit ihrer jeweiligen Temperatur-Viskositäts-Kurve gekennzeichnet. N-SF6 hat mit 589 °C im Vergleich zu N-BK7 mit 557 °C die höhere Glasübergangstemperatur, da N-BK7 jedoch ein „längeres" Glas ist und N-SF6 ein „kurzes" Glas (366 K bzw. 189 K) schneiden sich die Viskositätsverläufe bei ca. 624 °C bei einer Viskosität von $\log(\eta_{624\,°C}) = \sim 10,2$ dPas. Entsprechend kann für N-SF6 bei Prozesstemperatur ein steilerer Verlauf der Viskositäts-Temperatur-Kurve angenommen werden als für N-BK7.

6 Einflussgrößen des Formverzugs bei der Laserpolitur optischer Gläser

Der Formverzug optischer Gläser nach einer Laserpolitur ist im Stand der Technik ein wesentliches Hindernis der industriellen Umsetzung dieser Technologie. Die Mechanismen, durch die der Formverzug hervorgerufen wird, zu verstehen, erfordert eine Betrachtung des gesamten Prozessablaufes der Laserpolitur. Hierbei muss beachtet werden, dass optische Gläser, abseits des Quarzglases, im Stand der Technik mehrere thermische Prozessschritte durchlaufen, welche jeweils einen Teileinfluss auf den am Prozessende gemessenen Formverzug haben können. Diese Prozessschritte lassen sich in folgende Gruppen gliedern: der Vorheizvorgang bestehend aus Aufheiz-, Halte- und Abkühlphase, die eigentliche Laserpolitur sowie ein gegebenenfalls nachgelagerter Temperschritt ebenfalls bestehend aus Aufheiz-, Halte und Abkühlphase.

6.1 Auswertemethodik

Um den Formverzug der laserpolierten Substrate zu quantifizieren, werden primär die Kennwerte Swedish Height H, RMS Irregularität RMSi und rotationsvariante RMS Irregularität RMSa verwendet (siehe Kapitel 5.3.3). Die Bestimmung der Messwerte erfolgt gemäß DIN ISO 10110 durch die verwendete Messsoftware. In Abbildung 21 ist beispielhaft die Oberflächentopographie der Rückseite eines beidseitig laserpolierten Substrats aufgetragen und in die verschiedenen Anteile der Formabweichung im Vergleich zu einer Ebene aufgeteilt. Die Best-Fit-Sphäre und -Asphäre sind hierbei rechnerische Ergebnisse aus der Differenz der gemessenen Daten und der durch die Messsoftware gefilterten Daten.

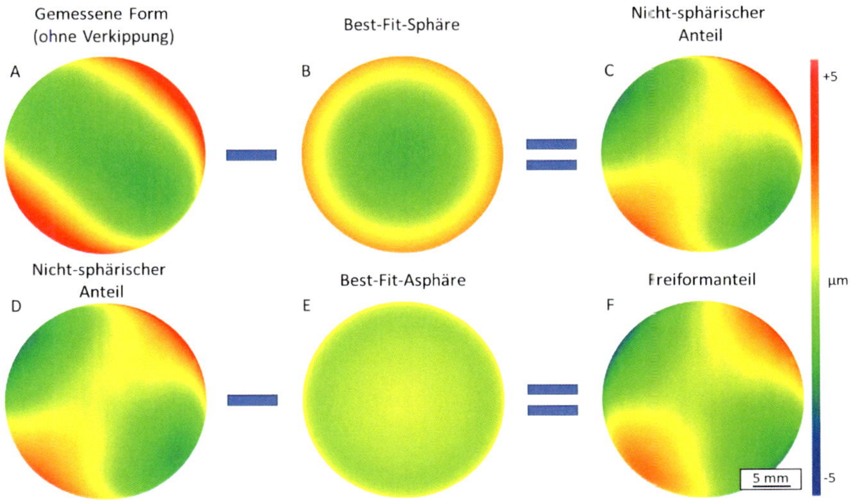

Abbildung 21 - Falschfarbendarstellung der Oberflächentopographie der Rückseite eines beidseitig laserpolierten Substrats aus N-BK7 aufgeteilt in die betrachteten Formfehlerbilder: Gemessene Form, Best-Fit-Sphäre, nicht-sphärischer Anteil des Formfehlers, Best-Fit-Asphäre und Freiformanteil. Best-Fit-Asphäre und Freiformanteil mittels Zernike-Polynome 8-ter Ordnung angenähert. Dargestellt sind die zentralen Ø27 mm. Prozessparameter entsprechend Tabelle 9 mit t_h = 10 h, t_p = 60 min, Position 3 und 180° Rotation.

Der Formverzug der beidseitig laserpolierten Substrate wird durch einen sphärischen (Abbildung 21 B) und einen Freiformanteil (Abbildung 21 F) dominiert. Der asphärische Anteil (Abbildung 21 E) ist signifikant geringer und wird überwiegend durch die Kantenverrundung zum Rand des ausgewerteten Messbereiches bestimmt. Die Messwerte für das hier abgebildete Substrat und die jeweiligen Teilmessungen sind in Tabelle 4 aufgetragen.

Tabelle 4 – Auswertung des Formverzugs zu Abbildung 21

	Gemessene Form	**Best-Fit-Sphäre**	**Nicht-sphärischer Anteil**	**Best-Fit-Asphäre**	**Freiform-anteil**
Formverzug H [µm]	4,98	3,31	3,65	0,66	3,53
Rauheit RMS [µm]	1,64 (≙ RMSt)	1,12	1,18 (≙ RMSi)	0,21	1,16 (≙ RMSa)

Im Weiteren werden die Messwerte der gemessenen Form verwendet. Vereinzelt wird, mit entsprechender Kennzeichnung, auch auf die Messwerte des nicht-sphärischen Anteils Bezug genommen. Im Anhang Kapitel 13.6 sind zur Veranschaulichung die Oberflächentopographien und Messwerte beispielhaft für ein rein vorgeheiztes Substrat, die einseitige Bearbeitung und die beidseitige Bearbeitung dargestellt.

6.2 Einfluss der Vorheizstrategie

Ein Teil der im Kapitel 6.2 vorgestellten Ergebnisse entstammt der Masterarbeit „Einflussgrößen des thermischen Formverzugs bei der Laserpolitur von N-BK7" von Luxuan Cai am Lehrstuhl für Lasertechnik der RWTH Aachen. Die Abschlussarbeit wurde durch den Autor inhaltlich und fachlich betreut.

Die Bearbeitung von optischen Gläsern, wie z. B. N-BK7, mittels Laserpolitur erfordert gemäß dem Stand der Technik (siehe Kapitel 3.3.2) eine Vorheizung um die Höhe der entstehenden thermisch induzierten Spannungen im Vergleich zur Bearbeitung ohne Vorheizung zu verringern. Für N-BK7 werden im Stand der Technik Vorheiztemperaturen von 400 °C bis 600 °C angewendet, wobei ausschließlich Bearbeitungen bei 600 °C Vorheiztemperatur erfolgreich ohne Rissbildung durchgeführt werden konnten.

Das Vorheizen ist bei der Laserbearbeitung ein eigener thermischer Prozess. Als solcher wird durch das Vorheizen möglicherweise ein eigener thermischer Verzug in das Glas induziert. Um den Einfluss des Vorheizens auf den Formverzug zu untersuchen, werden mechanisch polierte Plan-Plan-Substrate mit einem Durchmesser von 30 mm und einer Dicke von 15 mm auf den in Kapitel 5.2 beschriebenen Heizplatten mit unterschiedlichen Aufheiz- und Abkühlkurven vorgeheizt. Um die Umstände einer Laserbearbeitung nachzubilden, wird nach dem Aufheizen der Substrate und einer 30-minütigen Haltezeit der Deckel der Heizplatten für 1 Minute geöffnet und die Substrate der Umgebungsluft und dem entstehenden Temperaturgradienten zwischen Umgebungsluft und Heizplatte ausgesetzt. Dies entspricht der für die Laserbearbeitung notwendigen Zeit inkl. Zeit zum Starten und Beenden des Prozesses durch den Maschinenbediener.

Als Referenz für die weitere Variation wird die Vorheizung nach Weingarten et al. verwendet (siehe [36]). Die Referenzsubstrate werden auf 600 °C mit dem Zweipunktregler aufgeheizt. Die Aufheizzeit beträgt dabei ca. 20 Minuten. Die Haltezeit bei dieser Temperatur beträgt eine Stunde inkl. des einminütigen Öffnens des Heizplattendeckels nach 30 Minuten. Die Abkühlung erfolgt unkontrolliert bei geschlossenem Heizplattendeckel durch Abschalten des

Heizelements. In Abbildung 22 ist die Oberflächentopographie eines solchen Referenzsubstrates vor und nach den Vorheizversuchen sowie nach einem Temperschritt dargestellt.

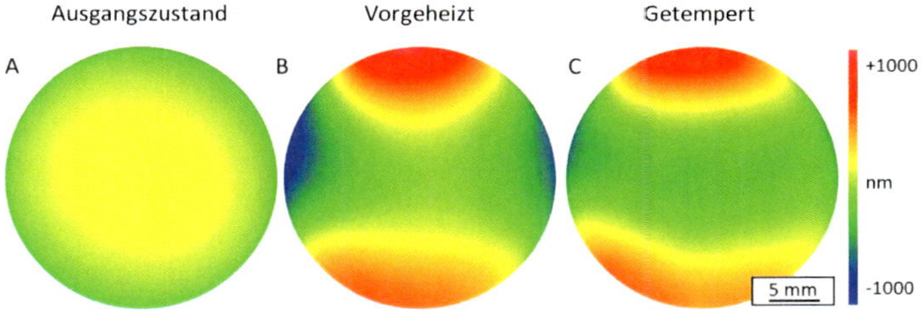

Abbildung 22
Falschfarbendarstellung der Oberflächentopographie eines Referenzsubstrats aus N-BK7 vor (A) und nach (B) den Vorheizversuchen sowie nach dem Temperschritt (C). Aufheizen auf 600 °C mit Zweipunktregler.

Die Form der Referenzsubstrate ist im Ausgangszustand sphärisch mit einem durchschnittlichen H-Wert von 297 nm ± 6,5 nm. In der Messung nach den Vorheizversuchen kann ein zylindrischer Formverzug festgestellt werden. Dieser Formverzug wird durch den Temperschritt nur marginal beeinflusst. Der Formverzug nach den Vorheizversuchen beträgt H = 1054 nm ± 47,9 nm und nach dem Temperschritt H = 996 nm ± 270 nm. Die Orientierung des zylindrischen Formverzuges variiert von Substrat zu Substrat in einem Bereich von -5° bis 45° zur Richtung des Heizplattendeckels (bezogen auf die Krümmungsrichtung des Zylinders). Ein Zusammenhang mit dem simulierten Bearbeitungsprozess durch Öffnen des Heizplattendeckels im heißen Zustand ist anzunehmen. Durch den beim Öffnen entstehende Unterdruck und daraus resultierende Luftstrom wird möglicherweise eine inhomogene Abkühlung der Substratoberfläche entsprechend der Strömungsrichtung induziert.

6.2.1 Einfluss der Vorheiztemperatur

Um den Einfluss der Vorheiztemperatur auf den Formverzug von N-BK7 zu bestimmen, müssen weitere Einflussgrößen, wie Aufheiz-/Abkühlrate möglichst konstant und der Temperaturgradient innerhalb der Substrate möglichst klein gehalten werden. Aus diesem Grund werden die Substrate dieser Versuchsreihe mit dem Programmregler bearbeitet und die Aufheizphase auf 1 Stunde sowie die Abkühlphase auf 10 Stunden festgesetzt.

Aus dem Stand der Technik ist bekannt, dass für die Laserpolitur von N-BK7 eine Vorheizung notwendig ist, um Spannungsrisse während des Prozesses zu vermeiden. Ebenfalls ist aus dem Stand der Technik bekannt, dass Temperaturen größer 500 °C hierfür notwendig sind, weshalb die Untersuchung im Bereich 500 °C bis 600 °C erfolgt. Durch einen zusätzlichen Datensatz bei 460 °C werden die Ergebnisse nach unten abgesichert. In Abbildung 23 ist der im zentralen Bereich (Ø27 mm) gemessene Formverzug anhand der Kennzahl Swedish Height H aufgetragen. Dargestellt sind die Werte des Ausgangszustandes, nach dem Vorheizversuch sowie nach einem Temperschritt.

Abbildung 23
Swedish Height H der vorgeheizten Substrate aus N-BK7 in Abhängigkeit der Vorheiztemperatur.

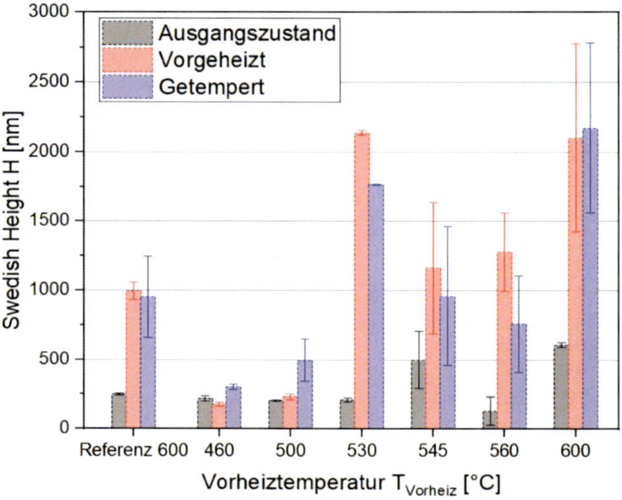

Bei einer Vorheiztemperatur $T_{Vorheiz} = 600$ °C wird durch die verlängerte Aufheiz- und Abkühlphase im Vergleich zur Referenz ein größerer Formverzug in die Oberfläche eingebracht. Bei der Vorheiztemperatur $T_{Vorheiz} = 600$ °C wird für N-BK7 die obere Kühltemperatur $T_{13} = 557$ °C um rechnerische 43 K überschritten. Entsprechend kann ein Formverzug durch Erweichen des Glases und Fließen induziert werden. Die Abweichung zur Referenz bei gleicher Vorheiztemperatur kann insofern auf die längere Interaktionszeit und dadurch bedingtes längeres Fließen zurückgeführt werden. Zudem wird durch den Temperschritt (siehe Abbildung 12) sowohl beim Referenzsubstrat als auch beim Versuchssubstrat bei $T_{Vorheiz} = 600$ °C keine signifikante Änderung von H hervorgerufen. Dies ist darauf zurückzuführen, dass hier bereits im Vorheizprozess mögliche Spannungen durch das Überschreiten von T_{13} gelöst werden.

Bei den weiteren Substraten mit Vorheiztemperaturen $T_{Vorheiz} < 600$ °C kann eine Änderung des Formverzugs zwischen dem Zustand nach dem Vorheizversuch und nach dem Temperschritt festgestellt werden. Hierbei wird für die Substrate bei Vorheiztemperaturen von $T_{Vorheiz} = 530$ °C, $T_{Vorheiz} = 545$ °C und $T_{Vorheiz} = 560$ °C eine Reduktion des Formverzuges hervorgerufen, während für die Substrate bei $T_{Vorheiz} = 460$ °C und $T_{Vorheiz} = 500$ °C der Formverzug zunimmt. Eine mögliche Erklärung kann aus dem Verhalten beim Vorheizen abgeleitet werden: die untere Kühltemperatur für N-BK7 beträgt $T_{14,7} = 529$ °C (rechnerisch). Entsprechend wird bei $T_{Vorheiz} = 460$ °C und $T_{Vorheiz} = 500$ °C eine z. B. aus dem Schleifen vorhandene Spannung nicht signifikant abgebaut. Dies führt dazu, dass der Formverzug zwischen Ausgangszustand und Vorheizen im Rahmen der Streuung als unverändert angenommen werden kann. Nach dem Temperschritt werden diese Spannungen jedoch gelöst und hierdurch eine größere Änderung durch Überlagerung mit den gelösten Spannungen des Vorheizschrittes induziert. In Abbildung 24 sind beispielhaft der Ausgangszustand, der vorgeheizte sowie der getemperte Zustand von Substraten aus N-BK7 bei $T_{Vorheiz} = 500$ °C, $T_{Vorheiz} = 530$ °C und $T_{Vorheiz} = 545$ °C dargestellt.

Abbildung 24
Falschfarbendarstellung der Oberflächentopographie von Substraten aus N-BK7 bei $T_{Vorheiz}$ = 500 °C, $T_{Vorheiz}$ = 530 °C und $T_{Vorheiz}$ = 545 °C. Jeweils Ausgangszustand oben, vorgeheizt mittig und getempert unten.

Dargestellt sind die zentralen Ø27 mm.

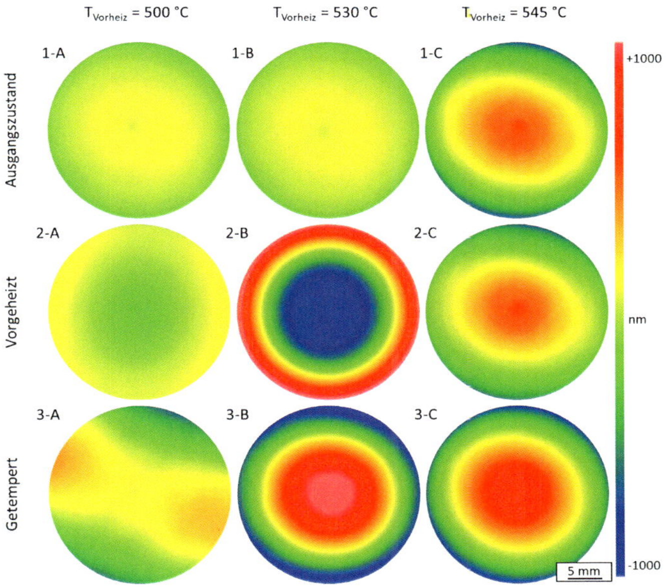

Im Vergleich zu Abbildung 23 ist erkennbar, dass nicht nur der Betrag des Formverzuges eine Änderung mit steigender Vorheiztemperatur erfährt, sondern ebenfalls die Richtung des Verzuges verändert wird. Dabei wird bei $T_{Vorheiz}$ = 500 °C und $T_{Vorheiz}$ = 530 °C im Vorheizversuch ein konkaver Formverzug der ursprünglich leicht konvexen Oberfläche erzeugt, während bei $T_{Vorheiz}$ = 545 °C die konvexe Form unverändert bleibt. Auffällig ist, dass bei $T_{Vorheiz}$ = 530 °C im Temperschritt der konkave Formverzug zu einem konvexen umgeformt wird, welcher im Betrag das Ergebnis bei $T_{Vorheiz}$ = 545 °C noch übersteigt. Dies deutet auf die Bildung von besonders hohen Spannungen bei einer Vorheiztemperatur $T_{Vorheiz}$ = 530 °C hin.

Neben diesen aufgezeigten Phänomenen ist im direkten Vergleich mit der Oberfläche der Referenzsubstrate (siehe Abbildung 22) ersichtlich, dass die angepasste Vorheiztemperatur sowie die Änderungen an der Aufheiz- und Abkühlrate zu einem sphärischen statt eines zylindrischen Formverzuges führen. Hierbei gilt zu beachten, dass für die Endanwendung ein sphärischer Formverzug zu bevorzugen ist, da durch einen solchen primär eine Änderung der Brennweite erfolgt. Durch einen zylindrischen Formverzug wird hingegen eine Bildverzerrung erzeugt. Eine Änderung der Brennweite kann während des Zusammenbaus eines optischen Systems berücksichtigt und weitestgehend kompensiert werden. Für komplexe Abbildungsfehler (z. B. Astigmatismus, Koma etc.) ist dies zumeist nicht ohne grundlegende Anpassungen möglich. Aus diesem Grund ist in Abbildung 25 die RMS Irregularität RMSi der verschiedenen Vorheiztemperaturen aufgeführt. Die RMSi gibt den quadratischen Mittelwert der Oberflächenunregelmäßigkeiten nach Abzug einer Best-Fit-Sphäre an und ist damit ein Maß für den nichtsphärischen Formverzug.

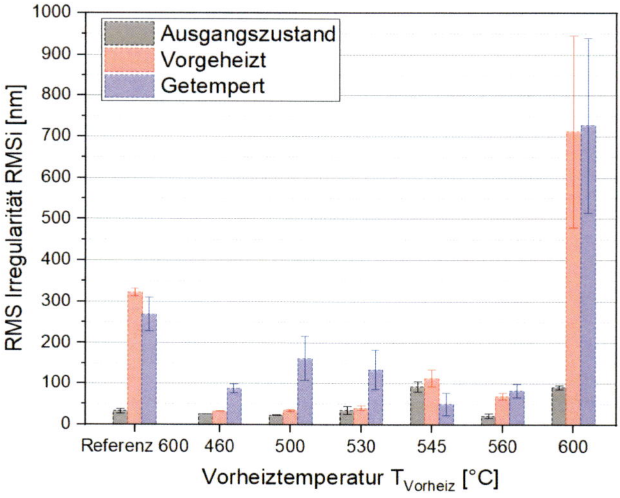

Abbildung 25
RMS Irregularität RMSi der vorgeheizten Substrate aus N-BK7 in Abhängigkeit der Vorheiztemperatur.

Im Vergleich mit dem absoluten Formverzug aus Abbildung 23 ist zu erkennen, dass nun der angepasste Prozess für alle Vorheiztemperaturen bis $T_{Vorheiz}$ = 560 °C geringere Fehleranteile produziert. Lediglich für $T_{Vorheiz}$ = 600 °C wird durch das Überschreiten der oberen Kühltemperatur T_{13} (siehe Abbildung 2) ein größerer, nicht-sphärischer Fehler induziert.

Für Vorheiztemperaturen $T_{Vorheiz}$ = 500 °C und $T_{Vorheiz}$ = 530 °C wird durch den Temperschritt eine signifikante Erhöhung des nicht-sphärischen Formverzugs induziert. Hierbei kann dieser Effekt ggf. ebenfalls auf vorhandene Spannungen des Ausgangszustands zurückgeführt werden. Zudem ist zu beachten, dass durch mögliche Temperaturgradienten während der Vorheizphase eine ungleichmäßige Spannung induziert bzw. die Spannungen inhomogen abgebaut werden.

6.2.2 Einfluss der Abkühlrate

Neben der Vorheiztemperatur wird der Formverzug beim Vorheizen möglicherweise ebenfalls durch die Abkühlrate beeinfluss. Durch die Abkühlrate, insbesondere im Bereich der Glasübergangstemperatur, wird die Relaxation bzw. Erstarrung vorhandener interner Spannungen beeinflusst (siehe Kapitel 3.1.1 und 3.1.2). Zudem können durch einen bei der Abkühlung entstehenden Temperaturgradienten zusätzliche thermische Spannungen ins Material eingebracht werden. In Abbildung 26 ist der Formverzug als Swedish Height H für Substrate mit Vorheiztemperaturen $T_{Vorheiz}$ = 530 °C bis 560 °C für verschiedene Abkühlzeiten aufgetragen.

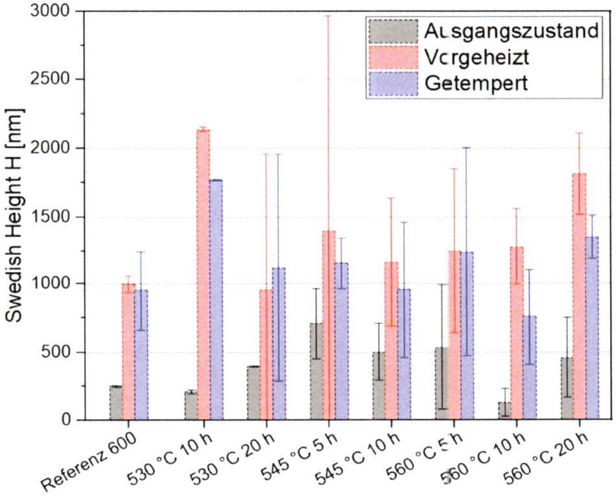

Abbildung 26
Swedish Height H der vorgeheizten Substrate aus N-BK7 in Abhängigkeit der Vorheiztemperatur und Abkühlzeit.

Die Abkühlzeit t_{cd} = 5 Stunden entspricht hierbei einer Abkühlrate von ca. 1,7 K/min. Für t_{cd} = 10 Stunden gilt ca. 0,85 K/min und für t_{cd} = 20 Stunden entsprechend ca. 0,43 K/min. Für den beim Abkühlen nicht geregelten Referenzvorheizprozess kann im Bereich der Glasübergangstemperatur eine Abkühlrate ~8,5 K/min gemessen werden (siehe Anhang 13.4). Zum direkten Vergleich enthält Abbildung 26 ebenfalls die Daten aus Abbildung 23 (10 h Abkühlzeit). Für $T_{Vorheiz}$ = 530 °C führt eine längere Abkühlzeit zu einer verringerten Verformung der Substrate bei deutlich erhöhter Streuung. Dies ist darauf zurückzuführen, dass durch die längere Zeit bei hohen Temperaturen mehr Spannungen abgebaut werden können. Die Streuung ist auf die begrenzte Versuchsanzahl mit deutlichen Unterschieden zurückzuführen: Während einige Substrat keine Änderung der Form erfahren, weisen einzelne Substrate die bereits aus Abbildung 24 (B) bekannte Geometrieänderung mit leicht abgeschwächter Absoluthöhe auf.

Ähnliches ist bei einer verkürzter Abkühlzeit bei $T_{Vorheiz}$ = 545 °C sowie $T_{Vorheiz}$ = 560 °C zu beobachten: Die Geometrie eines Substrats wird nicht beeinflusst und entspricht Abbildung 24 (C). Die Geometrie des zweiten Substrats ist nach dem Vorheizen konkav ausgeprägt und wird nach dem Tempern in einen konvexen Zustand überführt, vergleichbar zu Abbildung 24 (B). Entsprechend deutlich ist die Streuung ausgeprägt. Dies kann möglicherweise auf die höhere Abkühlrate und einen entsprechend nicht vollständig stattfindenden Abbau von Spannungen sowie entstehenden Temperaturgradienten zurückgeführt werden. Ein Zusammenhang mit der Positionierung der Substrate auf der Heizplatte kann hierbei nicht festgestellt werden. Möglicherweise liegen die Unterschiede bereits in der Streuung des Ausgangszustandes begründet.

Bei $T_{Vorheiz}$ = 560 °C und einer verlängerten Abkühlzeit t_{cd} = 20 Stunden tritt ein zu $T_{Vorheiz}$ = 530 °C entgegengesetzter Effekt auf: Durch die längere Verweilzeit bei hohen Temperaturen ist ein deutlicherer Verzug nach dem Vorheizen zu verzeichnen. Dieser bleibt ebenfalls nach dem Temperschritt ausgeprägter, als dies bei t_{cd} = 10 Stunden der Fall ist. Dies stimmt ebenfalls mit den Ergebnissen des Referenzsubstrats überein. Durch die schnellere Abkühlung ist bei den höheren Vorheiztemperaturen ein geringerer Formverzug zu verzeichnen als bei gleicher Vorheiztemperatur und langsamerer Abkühlung. In Abbildung 27 ist die RMSi der Substrate unterschiedlicher Abkühlzeit aufgetragen.

Abbildung 27
RMS Irregularität RMSi der vorgeheizten Substrate aus N-BK7 in Abhängigkeit der Vorheiztemperatur und Abkühlzeit.

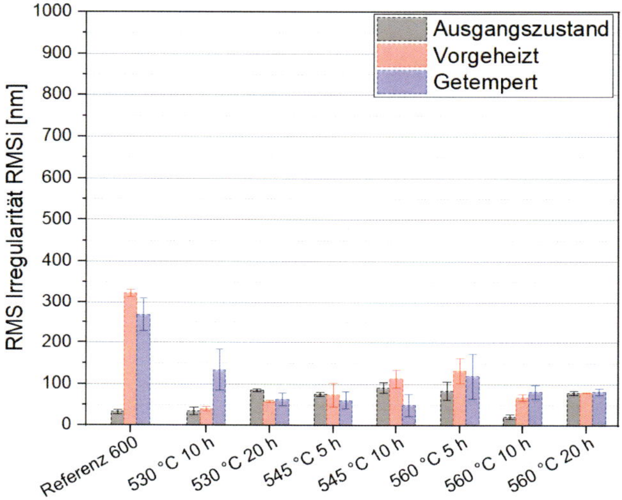

Anhand der RMSi kann für die untersuchten Temperaturen und Abkühlraten kein signifikanter Unterschied im Rahmen der Streuung festgestellt werden. Jedoch wird für alle Substrate ein im Vergleich zum Referenzvorheizverfahren um ca. 66 % niedrigerer Wert der RMSi gemessen. Von den untersuchten Vorheizparametern ist daher die Vorheiztemperatur $T_{Vorheiz}$ = 545 °C mit einer Abkühlzeit t_{cd} = 10 Stunden als Parametersatz mit der geringsten und gleichmäßigsten Formänderung zu wählen. Die weiteren Bearbeitungsversuche werden daher, sofern nicht anders angegeben mit diesem Parametersatz vorgeheizt.

6.3 Wechselwirkung Prozess- und Vorheizstrategie

6.3.1 Einfluss der Bearbeitungsreihenfolge

Neben der Vorheiztemperatur und der Abkühlrate welche als Prozessparameter für alle auf einer Heizplatte bearbeiteten Substrate als gleich angesehen werden können, muss bei der Laserpolitur der Substrate eine Reihenfolge ausgewählt werden. Sofern mehr als ein Substrat pro Heizplatte bearbeitet wird, sind den Substraten unterschiedliche Haltezeiten vor bzw. nach der Bearbeitung zuzuordnen. Der Einfluss dieser Unterschiede wird im Folgenden untersucht. Für die Durchführung dieser Versuche werden Substrate aus N-BK7 mit einem Durchmesser von 30 mm und einer Mittendicke von 5 mm verwendet. Die Substrate sind mechanisch poliert. Im Ausgangszustand wird eine Formabweichung von einer perfekten Ebene H = 483 nm ± 120 nm gemessen. Der RMSi wird zu 96,2 nm ± 35,5 nm und RMSa zu 88,5 nm ± 42,4 nm bestimmt.

Das Vorheizen der Substrate erfolgt nach dem in Kapitel 6.2 identifizierten Vorgehen. Wenn nicht anders angegeben, werden alle Messwerte nach der Laserpolitur ohne Temperschritt angegeben. Die Bearbeitung der Substrate erfolgt mit der Quasi-Linien-Strategie. In Tabelle 5 sind die Prozessparameter zusammengefasst.

Tabelle 5 – Prozessparameter zur Untersuchung des Einflusses der Bearbeitungsreihenfolge

Laserleistung P_L [W]	600	**Scanlinienlänge l_{Linie} [mm]**	50
Strahldurchmesser d_L [mm]	8	**Vorheiztemperatur $T_{Vorheiz}$ [°C]**	545
Bearbeitungsstrategie	Quasi-Linie	**Aufheizzeit t_{hu} [h]**	1
Scangeschwindigkeit v_{scan} [m/s]	10	**Abkühlzeit t_{cd} [h]**	10
Vorschubgeschwindigkeit v_{feed} [mm/s]	8	**Pausenzeit t_P [min]**	30

Die Prozesstemperatur wird im Rahmen dieser Untersuchungen nicht zur Regelung der Laserleistung eingesetzt. Stattdessen wird die Prozesstemperatur durch ein stillstehendes Pyrometer mittig auf der Substratoberseite gemessen und der Maximalwert dokumentiert.

Die Bearbeitung der Substrate erfolgt dabei jeweils in Batches zu vier Substraten. Im Weiteren werden die Positionen der Substrate wie in Abbildung 28 dargestellt nummeriert. Der Abstand zwischen den Substraten beträgt jeweils 90 mm (Mittelpunkt zu Mittelpunkt).

Abbildung 28 Schematische Darstellung der Bezeichnung der Positionen der Substrate auf der Heizplatte. Skizze nicht maßstabsgetreu.

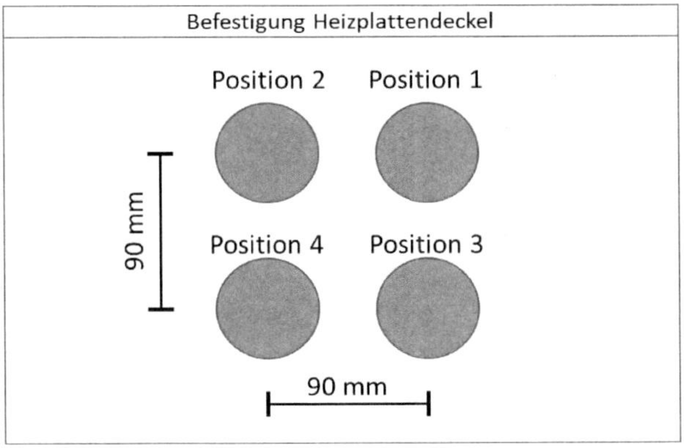

Wenn nicht anders angegeben, wird die Bearbeitungsreihenfolge der Substrate entsprechend dieser Nummerierung gewählt. Die laserpolierte Seite wird im weiteren als Front, die unbearbeitete Seite als Rückseite bezeichnet. Zwischen zwei aufeinanderfolgenden Substraten wird eine Pause entsprechend der Pausenzeit t_P bei geschlossenem Heizplattendeckel durchgeführt. Dies soll eine möglichst gleichbleibende Vorheiztemperatur sicherstellen.

Für die bearbeiteten Linsen von 4 Batches zu je 4 Substraten wird ein durchschnittlicher Formverzug von H = 47,8 µm ± 7,6 µm gemessen. Für die Rückseite (entspricht der nicht mit dem Laserstrahl bearbeiteten Seite) der Substrate wird ein Formverzug von H = 47 µm ± 7,6 µm gemessen. Der Formverzug der Front ist stets konkav, der Formverzug der Rückseite konvex. Der betragsmäßige Unterschied zwischen Front und Rückseite eines einzelnen Substrates wird zu durchschnittlich $\Delta H_{FR,\,avg}$ = 769 nm ± 354 nm bestimmt. Hierbei wird auf der Front H_{Front} für alle Substrate ein größerer Wert gemessen als auf der Rückseite $H_{Rückseite}$. Der Formverzug der laserpolierten Substrate ist um einen Faktor 15 bis 20 größer als der Formverzug rein vorgeheizter Substrate gleicher Dimensionen ($H_{Vorgeheizt}$ = 2,94 µm ± 0,43 µm).

Insgesamt kann festgehalten werden, dass der Formverzug der untersuchten Substrate global erfolgt. Auf der Rückseite der Substrate wird ein Gegenbild zur Frontseite erzeugt. Der Formverzug erfolgt folglich, wie im Stand der Technik angenommen, nicht durch Materialumverteilung, sondern primär durch thermisch induzierte Spannungen. Die Abweichung zwischen Front und Rückseite der Substrate könnte neben Messungenauigkeiten des Weißlichtinterferometers auch auf einen geringen Anteil an Materialumverteilung oder induzierte Welligkeit zurückgeführt werden. In Abbildung 29 ist beispielhaft die Formmessung der Front und Rückseite eines Substrats dargestellt.

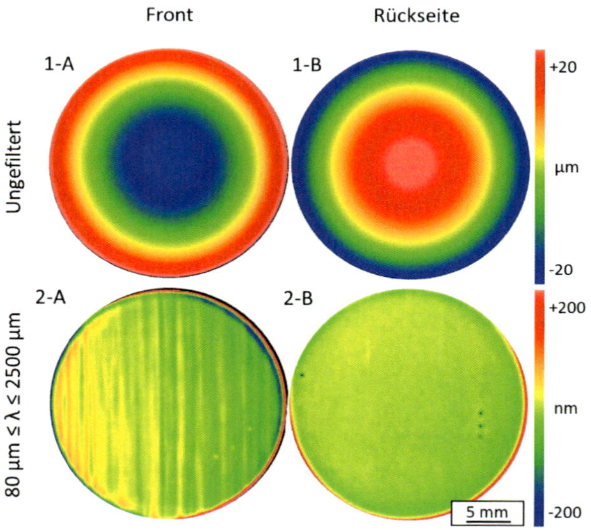

Abbildung 29 Falschfarbendarstellung der Oberflächentopographie eines Substrats aus N-BK7 nach der Laserpolitur mit Front (A) und Rückseite (B). Obere Reihe ungefiltert, darunter jeweils gefiltert auf einen Wellenlängenbereich 80 µm ≤ λ ≤ 2500 µm.

Dargestellt sind die zentralen Ø27 mm.

Prozessparameter entsprechend Tabelle 5, Position 3.

Für RMSi wird auf der Front der Substrate ein Wert von 458 nm ± 230 nm und für RMSa von 427 nm ± 238 nm gemessen. Bei einem RMSt von 16,4 µm ± 2,61 µm kann der Formverzug daher als sphärisch betrachtet werden. Da die Werte für RMSi und RMSa vergleichbar sind, ist neben dem sphärischen Formverzug überwiegend ein Freiformfehler vorhanden. Der asphärische Formfehler ist hingegen signifikant geringer. Für die nicht laserpolierte Rückseite werden entsprechend Werte von RMSt = 16,2 µm ± 2,63 µm, RMSi = 401 nm ± 256 nm und RMSa = 389 ± 258 nm gemessen. Neben der nicht-rotationssymmetrischen Formänderung (Freiform) wird auf der Front durch die Laserpolitur mit den gewählten Prozessparametern eine Welligkeit mit PV ~50 nm bei RMS ~10 nm (Für Ortswellenlängen 80 µm ≤ λ ≤ 2500 µm) induziert. Zudem wird bei allen Substraten trotz vorheriger Reinigung der Substrate und der Heizplatten eine Kontaminierung der Rückseite durch Eindruck von Partikeln oder Unebenheiten der Heizplatte beobachtet (siehe Abbildung 29, z. B. 2-B rechts).

In Abbildung 30 ist der durchschnittliche Formverzug der Substrate nach Heizplattenposition aufgeschlüsselt aufgetragen. Zusätzlich ist die Differenz zwischen subsequent bearbeiteten Positionen aufgetragen.

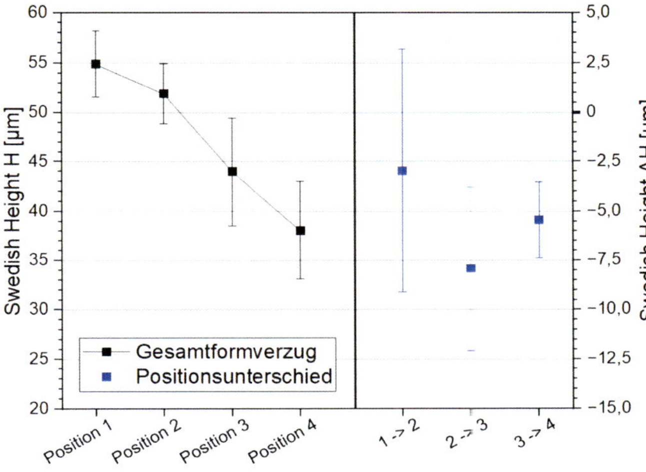

Abbildung 30
Durchschnittlicher Formverzug der Front der N-BK7 Substrate nach Position auf der Heizplatte aufgetragen (links). Ergänzend ist die Differenz zwischen den Positionen aufgetragen (rechts).

Messung jeweils über die zentralen Ø27 mm.

Prozessparameter entsprechend Tabelle 5.

In Bezug auf die Bearbeitungsreihenfolge der Substrate kann festgestellt werden, dass mit fortschreitender Bearbeitungsreihenfolge der absolute Formverzug H abnimmt. Insbesondere zwischen den Substraten auf Position 2 und Position 3 sowie Position 3 und Position 4 ist ein großer Unterschied gegeben. Innerhalb der Standardabweichung ist der Formfehler der nachfolgenden Position stets kleiner als der Formfehler der vorausgehenden Position. Für Position 1 zu Position 2 ist dies nur in 50 % der Fälle gegeben. In den weiteren Batches ist der Formverzug auf Position 2 größer als auf Position 1. Im Durchschnitt ist der Formverzug auf Position 2 dennoch 2,9 µm kleiner als auf Position 1, auf Position 3 7,9 µm kleiner als auf Position 2 und auf Position 4 wiederum 5,5 µm kleiner als auf Position 3.

Dieser Unterschied kann nicht anhand der Prozesstemperaturen erklärt werden. Für die Maximaltemperatur gilt T_{max} = 1060 °C ± 13,5 °C, für die Starttemperatur T_{start} = 550 °C ± 5,2 °C. Die durchschnittlichen Temperaturen ausgewertet nach Position weichen hiervon nur geringfügig ab und sind im Bereich der Messgenauigkeit als gleich anzusehen. Zudem können sowohl für höhere als auch niedrigere Temperaturen Beispiele mit geringerem Formverzug der nachfolgenden Substrate gefunden werden. Die Unterschiede im Formverzug der einzelnen Positionen hängen somit nicht mit Unterschieden in der Prozesstemperatur oder der Oberflächentemperatur zu Prozessbeginn zusammen.

Wird die Bearbeitungsreihenfolge zu Position 4 -> Position 3 -> Position 2 -> Position 1 geändert, bleibt das beobachtete Phänomen entsprechend bestehen. Für die mit geänderter Reigenfolge untersuchten Batches hat Position 4 den höchsten Formverzug ($H_{Position4}$ = 54,2 µm), Position 3 einen um 0,6 µm reduzierten Formverzug ($H_{Position3}$ = 53,6 µm), Position 2 wiederum einen im Vergleich zu Position 3 um 7,5 µm reduzierten Formverzug ($H_{Position2}$ = 46,1 µm) und Position 1 einen im Vergleich zu Position 2 um 1,4 µm reduzierten Formverzug ($H_{Position1}$ = 44,7 µm). In Anbetracht der hohen Streuung der Werte und der geringen Anzahl an Batches können die Werte als im Vergleich zur vorherigen Bearbeitungsreihenfolge unverändert angesehen werden. Somit ist weiterhin gegeben, dass bei nachfolgenden Substraten in den untersuchten Batches ein geringerer Formverzug induziert wird. Dies bedeutet, dass bei den verwendeten

Prozessparametern primär die Bearbeitungsreihenfolge, nicht die Positionierung der Substrate auf der Heizplatte, zum unterschiedlichen Formverzug beiträgt.

6.3.2 Einfluss der Haltezeit

Aus den Ergebnissen aus Kapitel 6.3.1 kann abgeleitet werden, dass unter den verwendeten Randbedingungen (vgl. Tabelle 5) die Bearbeitungsreihenfolge den Formverzug beeinflusst. Da für die Prozesstemperatur und die Oberflächentemperatur bei Prozessstart keine signifikante Veränderung zwischen den Substraten festgestellt werden kann, ist von weiteren unterschiedlichen, reihenfolgenabhängigen Einflussgrößen auszugehen. Für die Positionen der Substrate kommen hier zwei weitere Faktoren in Frage: die Haltezeit der Substrate vor der Bearbeitung sowie die Haltezeit der Substrate nach der Bearbeitung und damit vor einsetzender Abkühlung.

In Kapitel 6.2.2 wird gezeigt, dass mit zunehmender Abkühlrate ebenfalls der Formverzug zunimmt. Bei einer verlängerten Zeit zur Homogenisierung der Substrattemperatur nach der Laserpolitur und vor der Abkühlung der Heizplatte ist eine homogenere Temperaturverteilung bei einsetzender Abkühlung anzunehmen. Somit wäre für die während der Bearbeitung durch die Laserpolitur aufgeheizte Schicht ebenfalls eine geringere Abkühlrate zu erwarten, als wenn diese Homogenisierung nicht gegeben wäre. Folglich müssten die zuerst bearbeiteten Substrate in diesem Fall einen geringeren Formverzug aufweisen. Da dies nicht den Ergebnissen aus Kapitel 6.3.1 entspricht, kann der Faktor „Haltezeit der Substrate nach der Bearbeitung“, als Ursache verworfen werden. Folglich bleibt die Haltezeit der Substrate vor der Bearbeitung als mögliche Ursache der unterschiedlichen Formverzüge. Um zu überprüfen, ob durch eine längere Haltezeit vor der Bearbeitung die positionsabhängige Streuung reduziert werden kann, werden im Folgenden weitere Batches mit einer zusätzlichen Haltezeit vor der ersten Bearbeitung angefertigt. Hierzu werden die Prozessparameter aus Tabelle 6 verwendet.

Tabelle 6 – Prozessparameter zur Untersuchung des Einflusses der Haltezeit

Laserleistung P_L [W]	600	**Scanlinienlänge l_{Linie} [mm]**	50
Strahldurchmesser d_L [mm]	8	**Vorheiztemperatur $T_{Vorheiz}$ [°C]**	545
Bearbeitungsstrategie	Quasi-Linie	**Aufheizzeit t_{hu} [h]**	1
Scangeschwindigkeit v_{scan} [m/s]	10	**Abkühlzeit t_{cd} [h]**	10
Vorschubgeschwindigkeit v_{feed} [mm/s]	8	**Pausenzeit t_p [min]**	60
		Haltezeit t_h [h]	10

Während der Haltezeit t_h werden die Substrate nach der Aufheizzeit t_{hu} konstant bei $T_{Vorheiz}$ = 545 °C gehalten. Hierdurch wird der Unterschied der Haltezeit vor der Bearbeitung für die Substrate von vormals bis zu 300 % auf max. 30 % reduziert. Gleichzeitig wird die Pausenzeit t_P auf 60 Minuten angehoben, um mögliche Inhomogenitäten durch das Öffnen des Heizplattendeckels und folglich Aussetzen der Substrate an der Umgebungsluft auszuschließen.

Für die mit diesen Prozessparametern präparierten Substrate wird ein Formverzug von H_F = 35 µm ± 3,2 µm auf der Front und H_R = 33,9 µm ± 3,4 µm auf der Rückseite gemessen. Auch mit den angepassten Prozessparametern ist auf der Front ein konkaver und auf der Rückseite ein konvexer Formverzug vorliegend. Der Betrag des Formverzuges ist im Vergleich zu Kapitel 6.3.1 um rund ein Viertel, die Standardabweichung um die Hälfte reduziert. In Abbildung 31 ist der Formverzug der Front über der Heizplattenposition und damit entsprechend der Bearbeitungsreihenfolge aufgetragen. Zusätzlich ist analog zu Abbildung 30 die Differenz zwischen subsequent bearbeiteten Substraten aufgetragen.

Abbildung 31
Durchschnittlicher Formverzug der Front der N-BK7 Substrate nach Position auf der Heizplatte aufgetragen (links). Ergänzend ist die Differenz zwischen den Positionen aufgetragen (rechts).

Messung jeweils über die zentralen Ø27 mm.

Prozessparameter entsprechend Tabelle 6.

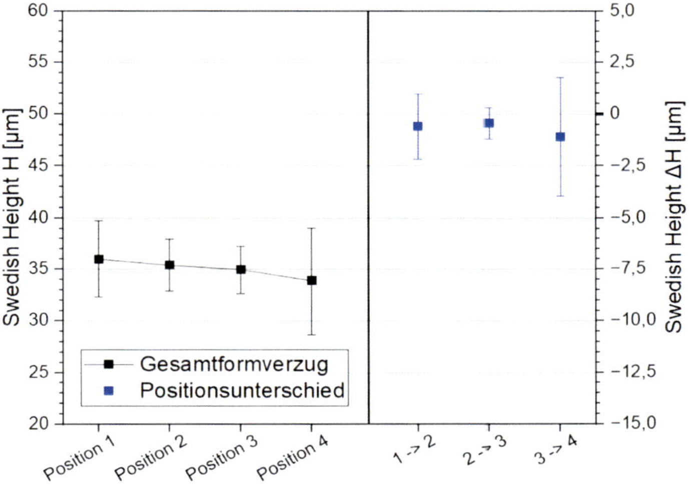

Die Absolutwerte sind im Bereich der in Kapitel 6.3.1 auf Position 4 bearbeiten Substrate angeordnet. Die Unterschiede zwischen den Positionen sind zudem auf 0,6 µm zwischen Position 1 und Position 2, 0,4 µm zwischen Position 2 und Position 3 sowie 1,1 µm zwischen Position 3 und Position 4 reduziert (0,8 µm, -0,1 µm und 1,7 µm für die Rückseite). Diese Unterschiede liegen in einer Größenordnung der Messgenauigkeit. Zudem sind in den drei Batches für jeden Übergang mind. ein Beispiel mit größerem bzw. geringeren Verzug vorhanden. Dies bestätigt die Annahme, dass die verlängerte Haltezeit vor der Bearbeitung einen signifikanten Einfluss auf den Formverzug hat. Entsprechend ist davon auszugehen, dass im Falle der Substrate auf Position 1 bis 4 des Kapitels 6.3.1 ggf. zwar die Oberflächentemperatur zu Versuchsbeginn nahezu identisch ist, jedoch möglicherweise eine unterschiedliche Kerntemperatur der Substrate vorliegt, welche zu unterschiedlichen Abkühlverhalten und folglich unterschiedlichen Formverzügen führt.

Verglichen mit den Werten aus Kapitel 6.3.1 ist die maximale Prozesstemperatur T_{max} von 1060 °C ± 13,5 °C auf 1093 °C ± 13,1 °C angestiegen. Die Starttemperatur T_{start} ist mit gemessenen 555 °C ± 4,1 °C nur geringfügig höher als die zuvor gemessenen 550 °C ± 5,2 °C. Da die Laserleistung vor jeder Bearbeitung zu P_L = 600 W gemessen wird, könnten Abweichungen in der Maximaltemperatur aus der höheren Kerntemperatur der Substrate resultieren.

Die Differenz zwischen Front und Rückseite ist in dieser Versuchsreihe mit $\Delta H_{FR,\,avg}$ = 1118 nm ± 390 nm im Vergleich zu Kapitel 6.3.1 erhöht. In Tabelle 7 ist der Formverzug und die Prozesstemperatur daher nach Batch aufgeschlüsselt.

Tabelle 7 – Auswertung des Formverzugs und der Prozesstemperatur nach Batch. Prozessparameter entsprechend Tabelle 6.

	Batch 1	**Batch 2**	**Batch 3**
Prozesstemperatur T_{max} [°C]	1080 ± 10,4	1098 ± 11	1100 ± 7,2
Starttemperatur T_{Start} [°C]	557 ± 4,5	551 ± 2,4	558 ± 1,9
Formverzug H_F [µm]	32,7 ± 1,6	39 ± 1,2	33,5 ± 1,5
Formverzug H_R [µm]	31,4 ± 1,8	38,1 ± 1,4	32,3 ± 1,7
Differenz $\Delta H_{FR, avg}$ [µm]	1,3 ± 0,38	0,8 ± 0,38	1,2 ± 0,32
RMS Irregularität $RMSi_{Front}$ [nm]	851 ± 105	660 ± 71,1	894 ± 128
RMS Irregularität $RMSi_{Rückseite}$ [nm]	809 ± 189	654 ± 178	823 ± 152
RMS Irregularität $RMSa_{Front}$ [nm]	835 ± 106	634 ± 70,7	876 ± 129
RMS Irregularität $RMSa_{Rückseite}$ [nm]	803 ± 191	650 ± 179	817 ± 154

Jeweils Mittelwert ± Standardabweichung

Die Werte des Formverzugs H_F und H_R sind für Batch 2 signifikant höher als für Batch 1 und Batch 3. Gleichzeitig ist die durchschnittliche Differenz zwischen Front und Rückseite für Batch 2 geringer als für Batch 1 und Batch 3. Ebenfalls ist die Starttemperatur T_{Start} für Batch 2 leicht geringer als für Batch 1 und Batch 3. Eine mögliche Erklärung könnte darin liegen, dass die Versuche für Batch 1 und Batch 3 mit derselben Heizplatte durchgeführt werden, während die Versuche für Batch 2 mit einer baugleichen Heizplatte durchgeführt werden. Auffällig ist, dass obwohl beide Heizplatten ebenfalls in Kapitel 6.3.1 zum Einsatz kommen, dort keine signifikanten, batchabhängigen Effekte beobachtet werden können. Aufgrund der zeitlichen Differenz zwischen den Batches kann daher auch ein weiterer, nicht erfasster Faktor zu den Unterschieden beitragen (z. B. Lufttemperatur, Luftfeuchtigkeit etc.).

Trotz dieser Unterschiede in den Absolutwerten gilt für alle drei Batches, dass die Standardabweichung der Formmesswerte im Vergleich zur Gesamtauswertung und damit auch im Vergleich zu Kapitel 6.3.1 signifikant reduziert ist. Somit ist die Verlängerung der Haltezeit von 0,5 h auf 10 h zu bevorzugen, um die Reproduzierbarkeit der Prozessergebnisse zu steigern. Hieraus entstehende Nachteile bzgl. der Prozessdurchlaufzeit werden an dieser Stelle nicht näher betrachtet und dem Erzielen der Qualitätsanforderungen optischer Bauteile untergeordnet (vgl. Kapitel 4.1).

Für RMSi gilt ein Durchschnittswert über die drei Batches von $RMSi_{Front}$ = 802 nm ± 142 nm bzw. $RMSi_{Rückseite}$ = 762 nm ± 176 nm und für RMSa ein Wert von $RMSa_{Front}$ = 782 nm ± 146 nm bzw. $RMSa_{Rückseite}$ = 757 nm ± 177 nm. Damit ist die Abweichung der einzelnen Batches der Rückseite nicht signifikant, während die Front-Messwerte des Batches 2 signifikant von Batch 1 und 3 abweichen. Die gemessenen Werte sind für alle Batches signifikant höher als die in Kapitel 6.3.1 bestimmten Werte. Daher kann davon ausgegangen werden, dass durch die längere Haltezeit der Substrate ein größerer nicht-rotationssymmetrischer Formverzug induziert wird. Möglicherweise erfolgt dies durch eine Deformation der Substrate unter ihrem Eigengewicht und hierdurch hervorgerufene Angleichung an die Oberfläche der Heizplatten. In Abbildung 32 sind die weißlichtinterferometrischen Messungen der Oberfläche der Rückseiten nach Abzug einer Best-Fit-Sphäre als Falschfarbendarstellung für Batch 1 und Batch 3 abgebildet (Bearbeitung auf derselben Heizplatte).

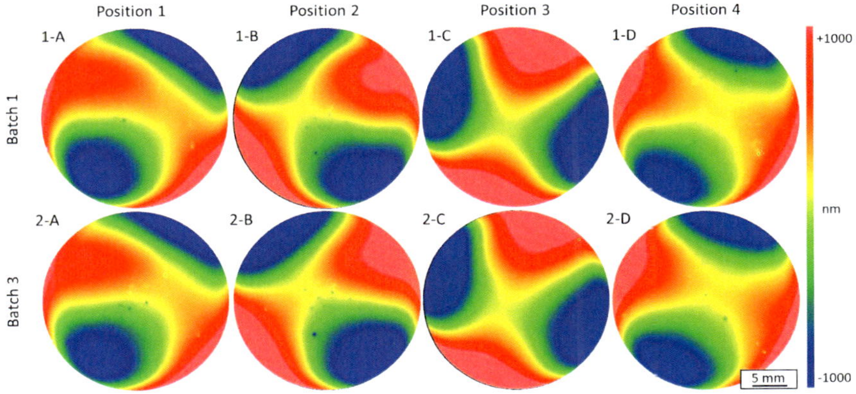

Abbildung 32 - Falschfarbendarstellung der Oberflächentopographie der Rückseite der Substrate aus N-BK7 nach der Laserpolitur auf derselben Heizplatte. Oben Batch 1, unten Batch 3, jeweils Position 1 (A), Position 2 (B), Position 3 (C) und Position 4 (D). Nach Abzug der Best-Fit-Sphäre. Dargestellt sind die zentralen Ø27 mm. Prozessparameter entsprechend Tabelle 6.

Deutlich zu erkennen ist, dass während für den Gesamtformverzug vergleichbare Messwerte über alle Positionen und beide Batches erreicht werden (siehe Tabelle 7), der nicht-sphärische Anteil des Formverzuges reproduzierbar positionsabhängig ist. Für zwei unabhängig voneinander bearbeitete Substrate wird bei gleicher Heizplattenposition ein vergleichbarer nicht-sphärischer Anteil gemessen, während der nicht-sphärische Anteil unterschiedlicher Positionen signifikant voneinander abweicht. In Tabelle 8 ist die RMS Irregularität RMSi der Rückseite der Substrate nach Position und Batch aufgetragen.

Tabelle 8 – RMSi nach Substratposition und Batch. Prozessparameter entsprechend Tabelle 6.

RMS Irregularität $RMSi_{Rückseite}$ [nm]	**Batch 1**	**Batch 3**
Position 1	670,16	653,78
Position 2	854,98	929,74
Position 3	1056,15	971,31
Position 4	653,58	735,71

Für die Werte des RMSi der beiden Batches nach Position aufgeschlüsselt werden nur geringe Abweichungen gemessen. Diese Abweichungen kommen mitunter durch die manuelle Positionierung der Substrate sowohl bei der Bearbeitung als auch bei der Messung zustande. Zudem weisen die Substratrückseiten mehrere Partikeldefekte auf, welche ebenfalls in die RMSi-Berechnung eingehen. In Abbildung 33 ist beispielhaft die Oberfläche der Substrate an Position 1 für Batch 1 und Batch 3 nach Filterung auf Ortswellenlänge $\lambda \leq 1000$ µm dargestellt.

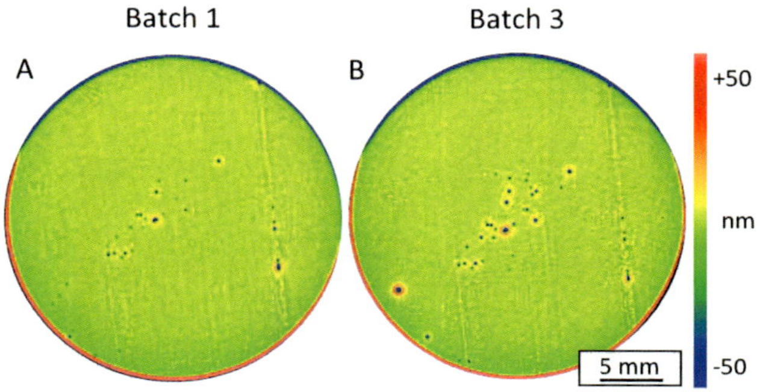

Abbildung 33
Falschfarbendarstellung der Oberflächentopographie der Substrate aus N-BK7 nach der Laserpolitur. Position 1, Batch 1 (A) und Batch 3 (B). Gefiltert auf Ortswellenlängen $\lambda \leq 1000$ µm.

Dargestellt sind die zentralen Ø27 mm.

Prozessparameter entsprechend Tabelle 6.

Neben dem in Abbildung 32 dargestellten nicht-sphärischen Formverzug werden ebenfalls die „Defektstellen" der unbearbeiteten Rückseite auf beide Substrate mit Übereinstimmungen übertragen. Hierbei können einzelne identische „Kratzer" und Punktdefekte an beiden Substratoberflächen identifiziert werden. Dies ist ebenfalls nur möglich, wenn die Oberfläche der Heizplatte auf der Rückseite der Substrate abgebildet wird. Möglicherweise ist die Vorheiztemperatur $T_{Vorheiz}$ = 545 °C in Kombination mit einer Haltezeit t_h = 10 h bereits zu hoch gewählt und die Substrate können sich unter ihrem eigenen Gewicht verformen. Alternativ kann ebenfalls, die an den Substraten vorbeigehende Laserstrahlung, welche auf die Heizplatte trifft (vgl. Kapitel 5.6), zu einer lokalen Temperaturüberhöhung führen und die Rückseite hierdurch über die Erweichungstemperatur hinaus erwärmt werden.

In Abbildung 34 ist die Oberflächentopographie eines Beispielsubstrats aus Batch 2 sowie eines zugehörigen Substrats aus Kapitel 6.3.1 dargestellt. Das Substrat aus Kapitel 6.3.1 wird auf derselben Heizplatte und derselben Position aufgeheizt, jedoch mit der kurzen Haltezeit aus Kapitel 6.3.1 (siehe auch Tabelle 5).

Abbildung 34
Falschfarbendarstellung der Oberflächentopographie der Substrate aus N-BK7 nach der Laserpolitur. A: Substrat nach Tabelle 5
B: Substrat nach Tabelle 6 aus Batch 2
Jeweils oben nach Abzug Best-Fit-Sphäre, unten gefiltert auf Ortswellenlängen $\lambda \leq 1000$ µm.

Dargestellt sind die zentralen Ø27 mm.

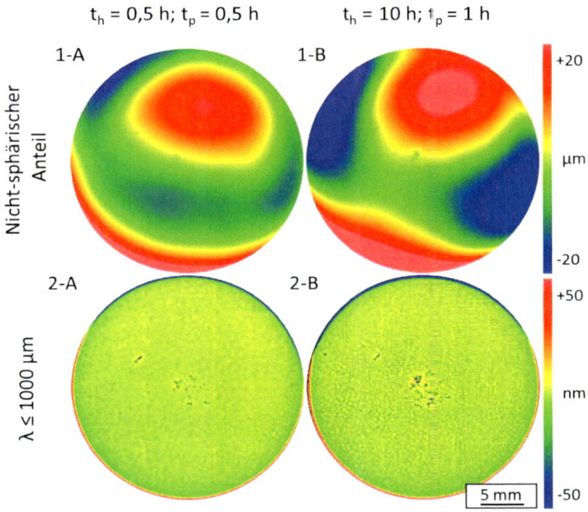

Bei der kürzeren Haltezeit der Substrate wird der nicht-sphärische Anteil des Formverzugs tendenziell ähnlich abgebildet, jedoch nicht mit der signifikanten Übereinstimmung der in Abbildung 32 dargestellten Substrate. Gleichzeitig ist in der nach Ortswellenlänge gefilterten Darstellung zu erkennen, dass die Oberflächendefekte an vergleichbaren Positionen ausgebildet werden. Somit ist die Haltezeit nicht alleiniger Faktor für den nicht-sphärische Verzug und nur geringfügig relevant für die Abprägung der Oberflächenstrukturen der Heizplatte. In Abbildung 35 ist die gefilterte Oberflächenstruktur beispielhaft für Position 1 dargestellt.

Abbildung 35
Falschfarbendarstellung der Oberflächentopographie der Rückseite der Substrate aus N-BK7 nach dem reinen Vorheizprozess (A) und nach der Laserpolitur für Batch 1 (B) und Batch 3 (C). Jeweils Position 1. Gefiltert auf Ortswellenlängen $\lambda \leq 1000$ µm.
Dargestellt sind die zentralen Ø27 mm.

Prozessparameter entsprechend Tabelle 5.

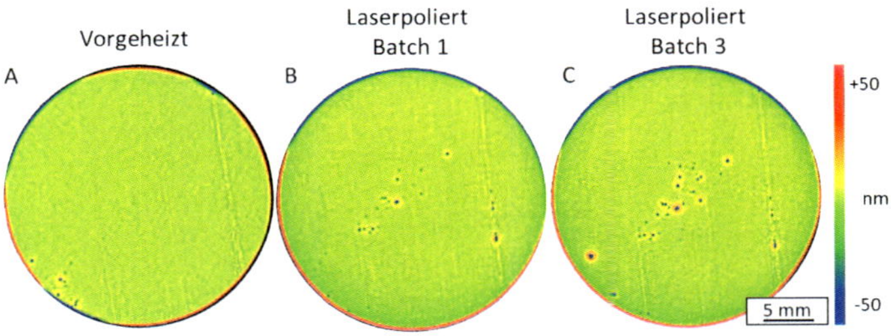

Die zentralen Strukturen, welche sowohl für Batch 1 als auch Batch 3 sichtbar sind, sind auf dem rein vorgeheizten Substrat nicht vorhanden. Hingegen ist die im rechten Bereich der Substrate vorhandene Linie (Kratzer) auch nach dem reinen Vorheizen deutlich sichtbar, jedoch ohne ausgeprägte Krater in der unteren Hälfte. Da zwischen den Versuchsreihen mehrere Wochen liegen, besteht die Möglichkeit, dass die zentralen Partikel zwischenzeitlich durch anderweitige Versuche entfernt werden. Alternativ kann auch die zusätzliche Heizleistung, des an der Substratoberfläche vorbeistrahlenden Laserstrahls der Quasi-Linie, welcher teilweise von der Heizplattenoberfläche absorbiert wird, ursächlich für ein Aufheizen der Oberfläche der Rückseite und das Einbrennen der Partikelabdrücke sein. Die auch im vorgeheizten Zustand sichtbare Linie verdeutlicht jedoch, dass Defekte der Substratauflage auch ohne zusätzliche Laserleistung in die Substratoberfläche abgebildet werden können. Eine möglichst plane, defektfreie Oberfläche der Substratauflage ist daher erstrebenswert.

Der durch den Vorheizprozess verursachte nicht-sphärische Anteil des Formverzugs kann bestimmt werden, indem Substrate mit der Haltezeit t_h = 10 Stunden und der Pausenzeit t_p = 1 h aufgeheizt werden, ohne eine Laserpolitur durchzuführen. Die Vorheizkurve dieser Substrate besteht folglich aus 1 Stunde Aufheizen auf 545 °C, 14 Stunden Halten auf 545 °C und 10 Stunden Abkühlen auf Raumtemperatur. In Abbildung 36 ist die Oberflächentopographie der auf diese Weise präparierten Substrate dargestellt. Zusätzlich ist die Oberflächentopographie nach Abzug der Best-Fit-Sphäre dargestellt.

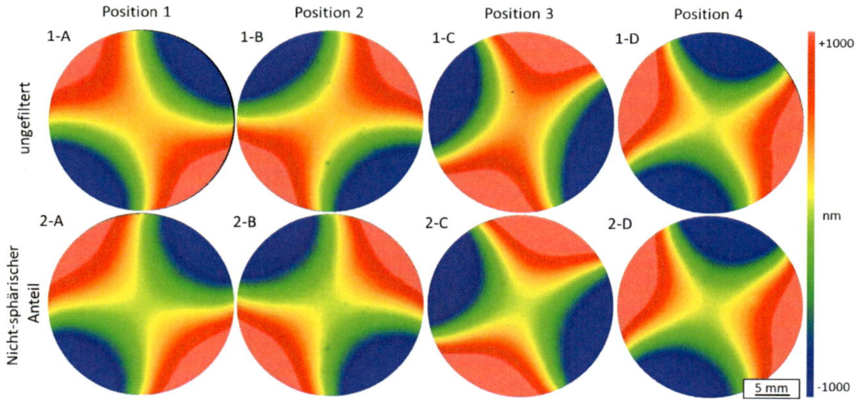

Abbildung 36 - Falschfarbendarstellung der Oberflächentopographie der Rückseite der Substrate aus N-BK7 nach einem Durchlauf der Vorheizstrategie mit t_h = 14 h auf derselben Heizplatte wie Batch 1 und 3, jeweils Position 1 (A), Position 2 (B), Position 3 (C) und Position 4 (D). Oben ungefiltert, unten nach Abzug der Best-Fit-Sphäre. Dargestellt sind die zentralen Ø27 mm. Prozessparameter entsprechend Tabelle 6, ohne Laserpolitur.

Der durch den reinen Vorheizprozess eingebrachte Anteil des Formverzugs ist von der Position der Substrate auf der Heizplatte abhängig. Hierbei wird in alle Substrate ein vergleichbarer Formverzug eingebracht, dessen Ausprägung jedoch positionsabhängig rotiert scheint. Die Rotation des Formverzugs ist in der Verlängerung der Maxima der gemessenen Oberflächen näherungsweise zur Mitte der Heizplatte ausgerichtet (unter Berücksichtigung, dass die Messung zur Lage auf der Heizplatte horizontal gespiegelt ist). Ein mögliches Temperaturgefälle der Vorheiztemperatur von der Mitte der Heizplatte zum Rand dieser könnte eine Ursache hierfür sein. Durch den Vergleich des jeweiligen, positionsabhängigen Formverzugs nach Abzug der Best-Fit-Sphäre mit dem Formverzug der, an derselben Position laserpolierten Substrate (siehe Abbildung 32) kann festgehalten werden, dass eine Übereinstimmung in der Rotation der Verbindungslinien der höchsten bzw. der tiefsten Punkte gegeben ist. Die rechnerische Differenz des Formverzugs der laserpolierten Substrate und der nur vorgeheizten Substrate ist wiederum in Abbildung 37 dargestellt.

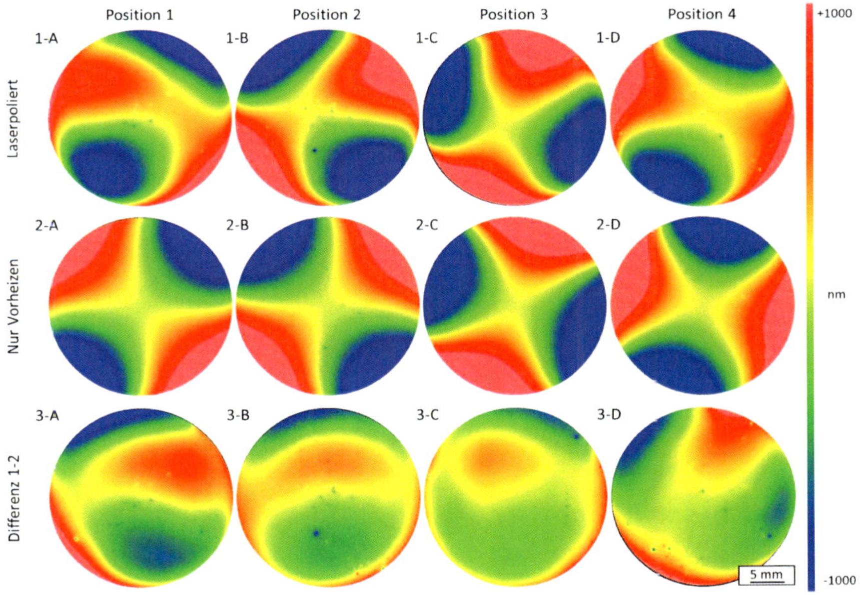

Abbildung 37 - Falschfarbendarstellung der Oberflächentopographie der Rückseite der Substrate aus N-BK7 aus Batch 3 (1), der nur vorgeheizten Substrate (2) und der rechnerischen Differenz (3), jeweils Position 1 (A), Position 2 (B), Position 3 (C) und Position 4 (D). Nach Abzug der Best-Fit-Sphäre. Dargestellt sind die zentralen Ø27 mm. Prozessparameter entsprechend Tabelle 6.

Durch die rechnerische Differenz der laserpolierten Substrate zu den vorgeheizten Substraten kann eine Reduktion der Absolutwerte des Formverzugs im Vergleich zum laserpolierten Zustand festgestellt werden. Jedoch verbleibt ein durch die reine Vorheizung nicht erklärbarer Anteil, welcher von Position zu Position abweicht. Diese Differenz kann als durch den Laserpolierprozess hervorgerufen betrachtet werden. Hierbei kann jedoch nicht bestimmt werden, inwiefern diese Differenz durch den Laserpolierprozess der Oberfläche, das Abkühlverhalten der Substrate (Wärmeleitung und Kontaktzone zwischen Heizplatte und Substrat) oder der durch die Heizplatte absorbierten Laserstrahlung und daraus resultierenden kurzeitigen, lokalen Erhöhung der Vorheiztemperatur hervorgerufen wird. In Abbildung 38 sind die Kenngrößen Swedish Height H, RMSi und RMSa der rechnerischen Differenz im Vergleich zum Ausgangszustand, den rein vorgeheizten Substraten und den Rohdaten der laserpolierten Substrate dargestellt. Jeweils nach Abzug der Best-Fit-Sphäre.

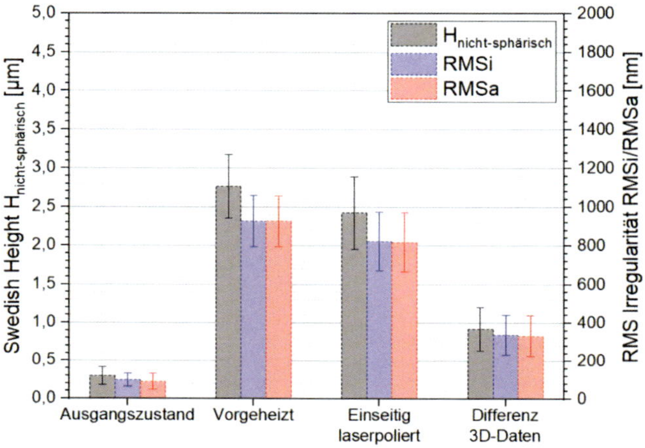

Abbildung 38
Nicht-sphärischer Formverzug, RMSi und RMSa der rechnerischen Differenz aus rein vorgeheizt und einseitig laserpoliert im Vergleich zum Ausgangszustand, den rein vorgeheizten Substraten und den laserpolierten Substraten.

Messung jeweils über die zentralen Ø27 mm.

Prozessparameter entsprechend Tabelle 6.

Für die Differenz zwischen laserpolierten Substraten und vorgeheizten Substraten beträgt der Formverzug $H_{nicht\text{-}sphärisch}$ im Mittel 0,92 µm ± 0,28 µm. Verglichen mit dem Formverzug der laserpolierten Substrate nach Abzug der Best-Fit-Sphäre von $H_{nicht\text{-}sphärisch}$ = 2,42 µm ± 0,47 µm kann ca. 62 % des nicht-sphärischen Formverzugs durch den reinen Vorheizvorgang erklärt werden. Für RMSi und RMSa werden die Werte von RMSi = 823 nm ± 153 nm bzw. RMSa = 817 nm ± 154 nm auf RMSi = 337 nm ± 105 nm bzw. RMSa = 332 nm ± 105 nm reduziert. Der erklärte Anteil liegt hier ebenfalls bei jeweils ca. 59 %.

Neben dem nicht-sphärischen Anteil des Formverzugs RMSi der Rückseite ist selbiger auch auf der Front von Interesse. Entsprechend den Werten aus Tabelle 7 ist dieser ebenfalls für die Front im Vergleich zu Kapitel 6.3.1 deutlich erhöht. In Abbildung 39 ist die Oberflächentopographie nach Abzug der Best-Fit-Sphäre der Front der Substrate aus Batch 1 und Batch 3 als Falschfarbendarstellung abgebildet.

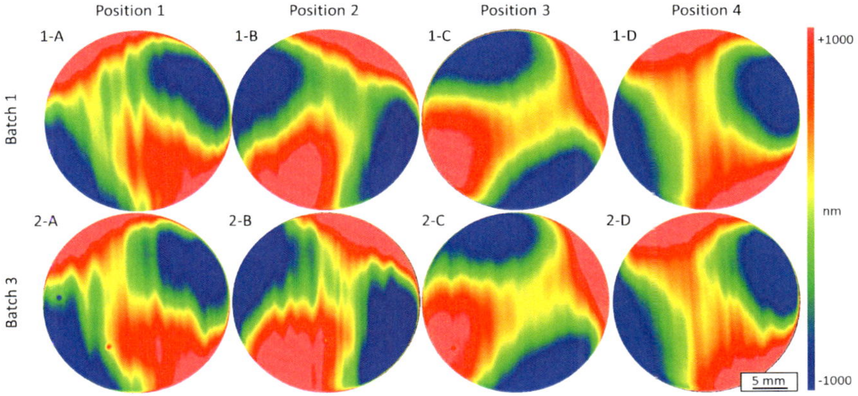

Abbildung 39 - Falschfarbendarstellung der Oberflächentopographie der Front der Substrate aus N-BK7 nach der Laserpolitur. Oben Batch 1, unten Batch 3, jeweils Position 1 (A), Position 2 (B), Position 3 (C) und Position 4 (D). Nach Abzug der Best-Fit-Sphäre. Dargestellt sind die zentralen Ø27 mm. Prozessparameter entsprechend Tabelle 6.

Vergleichbar der Rückseite der Substrate entspricht der nicht-sphärische Anteil der Frontseite aus Batch 1 je Position selbigem aus Batch 3. Einzig die durch die Laserpolitur induzierte Welligkeit weicht voneinander ab. Die induzierte Welligkeit soll jedoch an dieser Stelle nicht näher betrachtet werden. Hierzu wird auf Kapitel 7.1 verwiesen. Um den Ursprung des für jede Position charakteristischen, nicht-sphärischen Anteils zu untersuchen, ist in Abbildung 40 die Oberflächentopographie nach Abzug der Best-Fit-Sphäre der Front und der Rückseite der Substrate aus Batch 1 als Falschfarbendarstellung abgebildet. Die Rückseite ist horizontal gespiegelt um gegenüberliegende Punkte innerhalb beider Messungen gleich abzubilden.

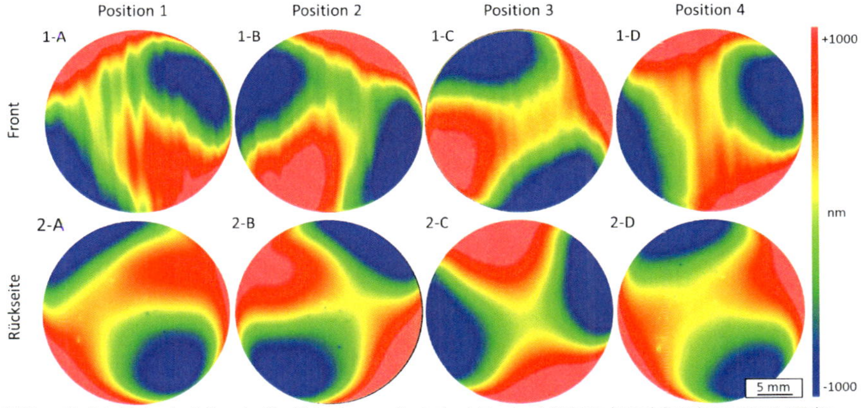

Abbildung 40 - Falschfarbendarstellung der Oberflächentopographie der Front (oben) und Rückseite (unten) der Substrate aus N-BK7 des Batch 1 nach der Laserpolitur. Jeweils Position 1 (A), Position 2 (B), Position 3 (C) und Position 4 (D). Nach Abzug der Best-Fit-Sphäre. Rückseite horizontal gespiegelt. Dargestellt sind die zentralen Ø27 mm. Prozessparameter entsprechend Tabelle 6.

Graphisch kann für alle Positionen eine vergleichbare Ausprägung des nicht-sphärischen Anteils des Formverzugs für die Front und Rückseite der einzelnen Substrate erkannt werden. Hierbei ist jedoch die Übereinstimmung weniger deutlich ausgeprägt als die Übereinstimmung der Rückseiten unterschiedlicher Batches. Der nicht-sphärische Formverzug der Front ist näherungsweise als Negativ des Formverzuges der Rückseite ausgeprägt. Daher ist davon auszugehen, dass der nicht-sphärische Anteil des Formverzugs, ähnlich dem sphärischen Anteil, als eine Verformung des gesamten Substrates ausgeprägt wird. Hierbei ist der positions-/vorheizsystemabhängige Anteil des nicht-sphärischen Formverzugs ebenfalls auf der Front dominant. Der durch die Laserpolitur ggf. zusätzlich induzierte nicht-sphärische Anteil ist hingegen primär als Welligkeit ausgeprägt.

Zusammengefasst ist somit festzuhalten, dass mit angepassten Vorheizparametern und insbesondere einer ausreichend ausgeprägten Haltezeit zur Durchwärmung der Substrate die Reproduzierbarkeit des Formverzugs nach der Laserpolitur signifikant gesteigert werden kann. Jedoch ist auch zu erkennen, dass die Reproduzierbarkeit des sphärischen Formverzugs aktuell auf die Verwendung derselben Heizplatte beschränkt ist. Der nicht-sphärische Anteil des Formverzuges wird primär durch die Struktur der Substratunterlage bestimmt. Hierbei wird neben einer Beeinflussung des Formverzuges auch ein Abbild lokaler Defekte (Partikel, Kratzer o. ä.) in die Oberfläche eingebracht. Dieser durch die Substratunterlage verursachte Anteil des Formverzuges sowie die Defektabbildungen können ebenfalls als reproduzierbar angesehen werden. Folglich ist bei Verwendung derselben Heizplatte und derselben Heizplattenposition eine Reproduzierbarkeit des Formverzugs gegeben. Die Formtreue kann hierbei voraussichtlich durch Verwendung einer Substrataufnahme mit gleichmäßiger Kontaktfläche gesteigert werden. Hierbei ist noch offen, ob bei ungleichmäßiger Kontaktfläche die inhomogene Verformung durch die auf die Kontaktfläche wirkende Gewichtskraft oder die inhomogene Wärmeleitung in das Substrat hervorgerufen wird.

6.3.3 Einfluss einer beidseitigen Bearbeitung

In früheren Veröffentlichungen wird bereits erkannt, dass durch eine beidseitige Bearbeitung bei der Laserpolitur von Glas der Formverzug reduziert werden kann. Hierbei wird ausgenutzt, dass der durch die Laserpolitur hervorgerufene sphärische Formverzug aus thermisch induzierten Spannungen und damit verbundener plastischer Verformung resultiert. Durch die rückseitige Bearbeitung wird durch gegensätzliche Spannungen die plastische Verformung teilweise ausgeglichen. Dabei wird jedoch im Stand der Technik nur das Endresultat gemessen und z. B. durch Richmann für N-BK7 ein Formverzug von ca. 50 µm (PV) bei 23 mm Durchmesser und 12,8 mm Krümmungsradius (Mittendicke nicht gegeben) gemessen. [3]

Der Einfluss einer beidseitigen Bearbeitung soll daher im Folgenden genauer untersucht und mögliche Einflussfaktoren auf den Formverzug identifiziert werden. Für die Durchführung dieser Versuche werden Plansubstrate aus N-BK7 mit einem Durchmesser von 30 mm und einer Dicke von 5 mm verwendet. Die Substrate sind mechanisch poliert (siehe Kapitel 6.3.1). In Tabelle 9 sind die für die Untersuchungen verwendeten Prozessparameter aufgeführt.

Tabelle 9 – Prozessparameter zur Untersuchung des Einflusses einer beidseitigen Bearbeitung auf den Formverzug

Laserleistung P_L [W]	600	**Scanlinienlänge l_{Linie} [mm]**	50
Strahldurchmesser d_L [mm]	8	**Vorheiztemperatur $T_{Vorheiz}$ [°C]**	545
Bearbeitungsstrategie	Quasi-Linie	**Aufheizzeit t_{hu} [h]**	1
Scangeschwindigkeit v_{scan} [m/s]	10	**Abkühlzeit t_{cd} [h]**	10
Vorschubgeschwindigkeit v_{feed} [mm/s]	8	**Pausenzeit t_P [min]**	Variiert
		Haltezeit t_h [h]	Variiert

Aufgrund der verwendeten Vorheiztechnik müssen die Substrate für eine beidseitige Bearbeitung zweimal aufgeheizt und wieder abgekühlt werden. Nach der ersten Bearbeitung werden die Substrate beidseitig vermessen und anschließend nach der zweiten Bearbeitung die Änderungen bestimmt. Die Bearbeitung der Substrate erfolgt dabei jeweils in Batches zu vier Substraten. Die Benennung und Bearbeitungsreihenfolge folgen Kapitel 6.3.1. Die Bezeichnung „Front" wird im Weiteren für die zuerst laserpolierte Seite und „Rückseite" für die als Zweites laserpolierte Seite verwendet. Die Ergebnisse der einseitigen Bearbeitung der Substrate kann Kapitel 6.3.1 und 6.3.2 entnommen werden.

Bearbeitungsrichtung

Der Formverzug der N-BK7 Substrate ist nach der einseitigen Bearbeitung zum überwiegenden Teil als sphärischer Formverzug ausgeprägt (vgl. Kapitel 6.3.1). Das heißt, dass der Formverzug insbesondere rotationssymmetrisch ist. Folglich sollte die Rotation der Bearbeitungsrichtung der Rückseite zur Bearbeitungsrichtung der Front keinen Einfluss auf die Ausprägung des Formverzugs haben. Um diese Hypothese zu überprüfen, werden Substrate mit vier verschiedenen Bearbeitungsrichtungen der Rückseite bearbeitet, welche in Schritten von 90 Grad zur Bearbeitungsrichtung der Frontseite gedreht sind. Die Bezeichnung der Bearbeitungsrichtungen ist in Abbildung 41 definiert.

Abbildung 41 Definition der Bezeichnung der Bearbeitungsrichtung der Rückseite. Front (rot) und Rückseite (schwarz), Vorschub jeweils in Pfeilrichtung, dargestellt in Draufsicht der Front.

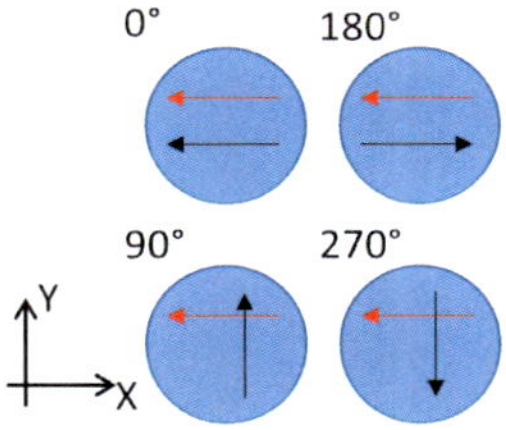

Zu beachten gilt, dass diese Definition lediglich die Beziehung der Bearbeitungsrichtung zwischen der Front und Rückseite wiedergibt. Die Bearbeitungsrichtung in Bezug auf das Anlagensystem bleibt unverändert, um ggf. richtungsabhängige Effekte des Achssystem nicht weiter betrachten zu müssen. Die für diese Versuchsreihe verwendeten Substrate entstammen der Versuchsreihe aus Kapitel 6.3.1. Entsprechend werden die Pausen- und Haltezeit aus Tabelle 5 angewandt. Nach der Bearbeitung der Rückseite werden die in Tabelle 10 aufgeführten Oberflächenwerte gemessen.

Tabelle 10 – Auswertung des Formverzugs nach Laserpolitur der Rückseite im Vergleich zu den Durchschnittswerten nach der einseitigen Bearbeitung. Prozessparameter entsprechend Tabelle 5.

	Einseitige Bearbeitung	**0°**	**90°**	**180°**	**270°**
Formverzug H_F [µm]	47,8 ± 7,6	11,1 ± 6,9	11,4 ± 1,6	2 ± 0,5	7,4 ± 4,4
Formverzug H_R [µm]	47 ± 7,6	10,4 ± 6,2	10,1 ± 1,4	2,2 ± 1,3	7,1 ± 3,9
Differenz $\Delta H_{FR,\,avg}$ [µm]	0,77 ± 0,35	0,64 ± 0,69	1,22 ± 0,17	0,2 ± 0,75	0,28 ± 0,48
RMS Irregularität $RMSi_{Front}$ [nm]	458 ± 230	706 ± 235	1108 ± 99	520 ± 120	240 ± 17,4
RMS Irregularität $RMSi_{Rückseite}$ [nm]	401 ± 256	648 ± 271	1023 ± 108	553 ± 130	326 ± 55,5
RMS Irregularität $RMSa_{Front}$ [nm]	427 ± 238	674 ± 258	1092 ± 101	490 ± 129	183 ± 25,1
RMS Irregularität $RMSa_{Rückseite}$ [nm]	389 ± 258	607 ± 309	989 ± 115	533 ± 129	266 ± 89,7

Jeweils Mittelwert ± Standardabweichung

Der Betrag des Formverzuges ist im Vergleich zur einseitigen Bearbeitung um mehr als 75 % reduziert. Insbesondere für 270° und 180° wird ein niedriger Formverzug gemessen. Die Differenz zwischen Front und Rückseite bleibt im Rahmen der Messgenauigkeit und Streuung unverändert. Dass die Differenz zwischen Front und Rückseite trotz signifikanter Reduktion des Absolutwertes unverändert bleibt, ist ein Anzeichen dafür, dass dieser Unterschied möglicherweise nicht durch die Laserpolitur bedingt wird. In Abbildung 42 ist die Oberflächentopographie von Substraten unterschiedlicher Polierrichtung beispielhaft dargestellt.

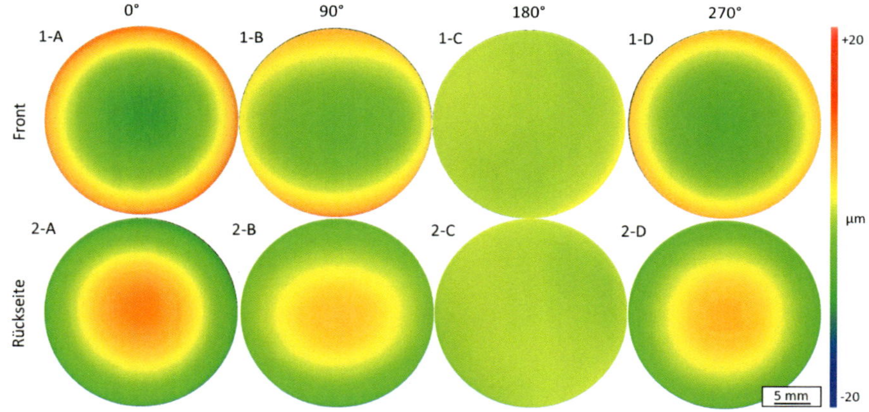

Abbildung 42 - Falschfarbendarstellung der Oberflächentopographie der Substrate aus N-BK7 nach der beidseitigen Laserpolitur. Oben Front, unten Rückseite, jeweils 0° (A), 90° (B), 180° (C) und 270° (D). Dargestellt sind die zentralen Ø27 mm. Prozessparameter entsprechend Tabelle 5.

Im Vergleich mit Abbildung 29 ist die Reduktion des Formverzugs durch die beidseitige Laserpolitur optisch zu erkennen. Für 0°, 90° und 270° ist der sphärische Formverzug mit konkaver Front und konvexer Rückseite weiterhin dominant. Für 90° ist zudem ein zylindrischer Formverzug überlagernd erkennbar. Dieser ist zudem in den leicht erhöhten Messwerten für RMSi als auch für RMSa nachweisbar. Die Substrate mit Bearbeitungsrichtung 180° weisen einen signifikant kleineren sphärischen Formverzug auf. Der Formverzug wird vom nicht-sphärischen

Anteil dominiert. In Abbildung 43 ist die Oberflächentopographie des Substrats mit 180° Bearbeitungsrichtung mit und ohne Abzug der Best-Fit-Sphäre dargestellt.

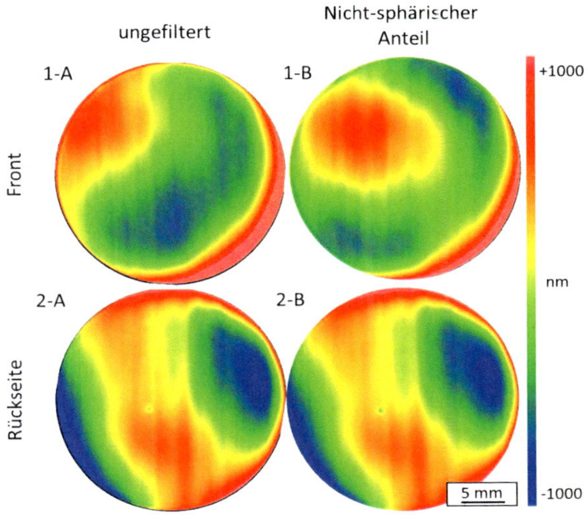

Abbildung 43 Falschfarbendarstellung der Oberflächentopographie eines Substrats aus N-BK7 nach der beidseitigen Laserpolitur mit 180° Rotation. Ungefiltert (A) und nach Abzug Best-Fit-Sphäre (B). Obere Reihe Front, darunter Rückseite.

Dargestellt sind die zentralen Ø27 mm.

Prozessparameter entsprechend Tabelle 5.

Insbesondere für die Rückseite kann zwischen Abzug eines planen Fits und der Best-Fit-Sphäre kein signifikanter Unterschied erkannt werden. Der Formverzug wird durch den nicht-sphärischen Anteil der Heizplattenposition sowie die induzierte Welligkeit dominiert (vgl. Kapitel 6.3.2). Da die Heizplattenposition sowie die Reihenfolge der Substrate einen Einfluss auf den Formverzug nach der einseitigen Bearbeitung haben, ist in Tabelle 11 der Formverzug für die verschiedenen Rotationen der Bearbeitungsrichtung als Differenz zu den entsprechenden Werten nach der einseitigen Bearbeitung angegeben.

Tabelle 11 – Auswertung des Formverzugs nach Laserpolitur der Rückseite relativ zum Formverzug nach Laserpolitur der Front. Prozessparameter entsprechend Tabelle 5.

Änderung einseitig -> beidseitig	**0°**	**90°**	**180°**	**270°**
Formverzug ΔH_F [µm]	-42,3 ± 1,6	-42,4 ± 3,7	-37,6 ± 2,8	-42 ± 1,2
Formverzug ΔH_R [µm]	-42,2 ± 1,7	-42,8 ± 3,7	-36,9 ± 3,6	-41,8 ± 1,4
Differenz $\Delta\Delta H_{FR,avg}$ [µm]	+0,18 ± 0,11	-0,49 ± 0,01	+0,65 ± 0,78	+0,17 ± 0,16
RMS Irregularität $\Delta RMSi_{Front}$ [nm]	+191 ± 174	+170 ± 62,9	+80,1 ± 14,6	+34,1 ± 17,1
RMS Irregularität $\Delta RMSi_{Rückseite}$ [nm]	+186 ± 181	+99,3 ± 1,3	+204 ± 130	+167 ± 87,8
RMS Irregularität $\Delta RMSa_{Front}$ [nm]	+228 ± 92	+166 ± 65,3	+81,8 ± 17,6	+23,8 ± 15,5
RMS Irregularität $\Delta RMSa_{Rückseite}$ [nm]	+204 ± 111	+75,8 ± 7,02	+190 ± 136	+129 ± 116

Jeweils Mittelwert ± Standardabweichung

Zu beachten ist, dass die Heizplatten sowie die Position und Bearbeitungsreihenfolge der Substrate zwischen der Bearbeitung der Front und der Rückseite nicht geändert werden. Die Substrate für 0° und 90° entsprechen den Positionen 1 und 2, die Substrate für 180° und 270° entstammen den Positionen 3 und 4. Für alle Substrate, unabhängig der Bearbeitungsrichtung der Rückseite, wird der nicht-sphärische Anteil des Formverzugs, gemessen in ΔRMSi, vergrößert. Dominiert wird diese Zunahme durch den nicht-rotationssymmetrischen Anteil (siehe ΔRMSa). Die Reduktion des Gesamtformverzuges ist für alle Bearbeitungsrichtungen vergleichbar, unabhängig des initialen Formverzugs nach der einseitigen Bearbeitung.

Um die erhaltenen Daten weiter zu festigen, werden die Substrate aus Kapitel 6.3.2 mit den Bearbeitungsrichtungen 0° und 180° bearbeitet. Hierbei entfällt die Positionsabhängigkeit des Formverzugs durch die erhöhte Haltezeit von t_h = 10 Stunden sowie die Pausenzeit von t_p = 60 Minuten. Lediglich der positionsabhängige, durch das Vorheizsystem induzierte Anteil an nicht-sphärischem Verzug verbleibt. In Tabelle 12 sind die Messwerte des Formverzugs der auf diese Weise bearbeiteten Substrate aufgetragen.

Tabelle 12 – Auswertung des Formverzugs nach Laserpolitur der Rückseite der Substrate mit langer Haltezeit sowie Differenz zu den Messwerten nach einseitiger Bearbeitung derselben Substrate. Prozessparameter entsprechend Tabelle 9 mit t_h = 10 h und t_p = 60 min.

	0°	**0° Δ**	**180°**	**180° Δ**
Formverzug H_F [µm]	3,9 ± 1,1	-37,5 ± 2	4,7 ± 1,3	-37,3 ± 2,3
Formverzug H_R [µm]	4,6 ± 1,3	-36,9 ± 2	5,9 ± 1,5	-37,3 ± 2,1
Differenz $\Delta H_{FR, avg}$ [µm]	0,65 ± 0,83	-0,58 ± 0,56	1,3 ± 0,51	0 ± 0,48
RMS Irregularität $RMSi_{Front}$ [nm]	1349 ± 378	455 ± 307	1218 ± 155	367 ± 139
RMS Irregularität $RMSi_{Rückseite}$ [nm]	1361 ± 304	539 ± 368	1262 ± 137	454 ± 215
RMS Irregularität $RMSa_{Front}$ [nm]	1326 ± 381	449 ± 315	1200 ± 154	365 ± 138
RMS Irregularität $RMSa_{Rückseite}$ [nm]	1335 ± 313	517 ± 377	1244 ± 138	440 ± 217

Jeweils Mittelwert ± Standardabweichung

Die Substrate für Bearbeitungsrichtung 0° entsprechen hierbei Batch 3 und die Substrate für Bearbeitungsrichtung 180° Batch 1 aus Kapitel 6.3.2. Der Formverzug wird für diese Substrate durch die beidseitige Bearbeitung ebenfalls signifikant reduziert. Dabei ist die Reduktion des Formverzugs der Front ΔH_F sowie der Rückseite ΔH_R sowohl für 0° als auch für 180° im Rahmen der Standardabweichung gleich. Auffällig ist hingegen, dass für eine Bearbeitungsrichtung von 0° eine Reduktion der Abweichung zwischen Front und Rückseite verzeichnet werden kann, während für 180° die Abweichung im Mittel unverändert bleibt (vgl. auch Tabelle 7). In Abbildung 44 ist die Oberflächentopographie ausgewählter Substrate beider Versuchsreihen nach der beidseitigen Laserpolitur dargestellt.

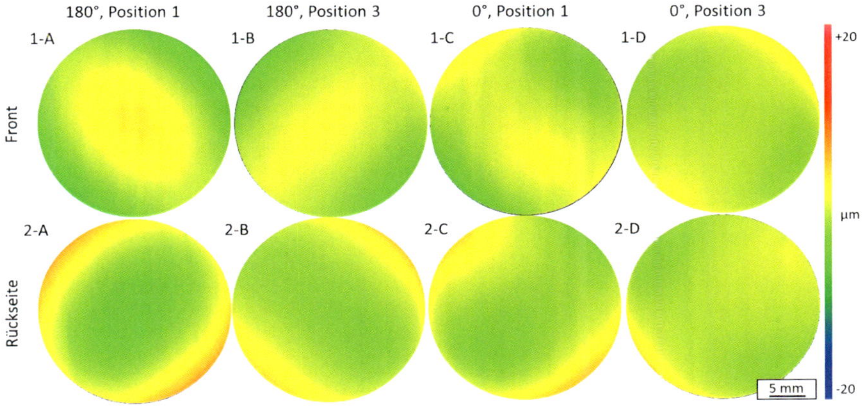

Abbildung 44 - Falschfarbendarstellung der Oberflächentopographie der Substrate aus N-BK7 nach der beidseitigen Laserpolitur. Oben Front, unten Rückseite, jeweils Batch 1 180° Position 1 (A), Batch 1 180° Position 3 (B), Batch 3 0° Position 1 (C) und Batch 3 0° Position 3 (D). Dargestellt sind die zentralen Ø27 mm. Prozessparameter entsprechend Tabelle 9 mit t_h = 10 h und t_p = 60 min.

Neben dem reduzierten Formverzug ist erkennbar, dass bei allen vier Substraten eine Überkompensation des Formverzugs stattgefunden hat. Die Front, welche nach der einseitigen Politur konkav ist, ist nach der beidseitigen Politur ins Konvexe gekehrt. Die Rückseite wiederum ist nach der beidseitigen Politur konkav verformt statt konvex. Gleichzeitig ist für alle dargestellten und nicht dargestellten Substrate eine deutlich ausgeprägte nicht-sphärische Verformung erkennbar. Dies wird ebenfalls in der Zunahme der Werte der RMSi sowie RMSa in Tabelle 12 dokumentiert. In Abbildung 45 ist der Formverzug der Substrate nach Abzug der Best-Fit-Sphäre dargestellt.

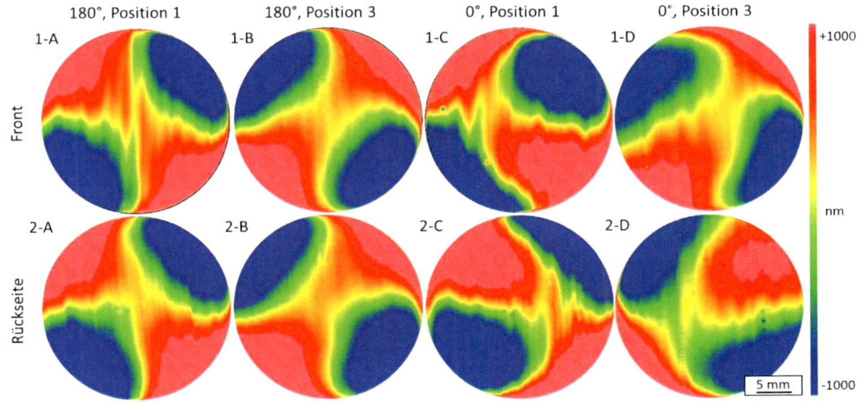

Abbildung 45 - Falschfarbendarstellung der Oberflächentopographie der Substrate aus N-BK7 nach der beidseitigen Laserpolitur nach Abzug der Best-Fit-Sphäre. Oben Front, unten Rückseite, jeweils Batch 1 180° Position 1 (A), Batch 1 180° Position 3 (B), Batch 3 0° Position 1 (C) und Batch 3 0° Position 3 (D). Dargestellt sind die zentralen Ø27 mm. Prozessparameter entsprechend Tabelle 9 mit t_h = 10 h und t_p = 60 min.

Für alle Substrate ist ein Angleich des nicht-sphärischen Formverzugs der Front und Rückseite zu erkennen. Für Bearbeitungsrichtung 180° wird durch das horizontale Wenden der Substrate zum Messen die Angleichung sichtbar. Für Bearbeitungsrichtung 0° ist die rückseitige Darstellung durch die rotierte Bearbeitungsrichtung um 180° gedreht. Unter Beachtung der Ergebnisse aus Kapitel 6.3.2 ist eine mögliche Erklärung hierfür die Überlagerung des initialen Formverzugs der Front respektive der Rückseite nach der einseitigen Bearbeitung mit dem Formverzug der Rückseite respektive der Front nach rückseitiger Bearbeitung. Bereits in Kapitel 6.3.2 wird festgestellt, dass bei hinreichender Haltezeit der Substrate im Vorheizprozess der nicht-sphärische Anteil des Formverzugs der Front und Rückseite nicht unabhängig voneinander betrachtet werden kann. Vielmehr bildet die Front das Negativ der Rückseite nach der einseitigen Laserpolitur ab. In Abbildung 46 ist daher beispielhaft die Oberflächentopographie des Substrats von Position 1 aus Batch 1 nach der einseitigen und der beidseitigen Laserpolitur mit 180° Bearbeitungsrichtung dargestellt. Zusätzlich ist die rechnerische Differenz der Messungen (nach manueller Anpassung der Rotation) abgebildet.

Abbildung 46
Falschfarbendarstellung der Oberflächentopographie des Substrats aus N-BK7 von Position 1 aus Batch 1 nach der Laserpolitur mit
A: beidseitig (180°)
B: einseitig
C: rechnerische Differenz.
Jeweils Front (oben) und Rückseite (unten). Mit Abzug der Best-Fit-Sphäre.

Dargestellt sind die zentralen Ø27 mm.

Prozessparameter entsprechend Tabelle 9 mit t_h = 10 h und t_p = 60 min.

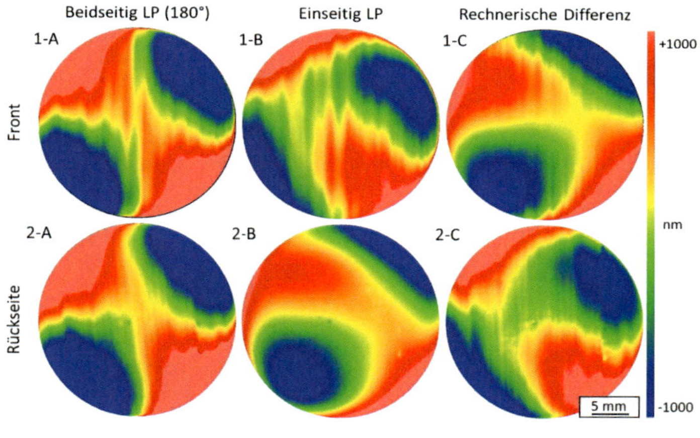

Die rechnerische Differenz des nicht-sphärischen Formfehlers der beidseitigen Laserpolitur zur einseitigen Laserpolitur der Front (1-C) entspricht näherungsweise dem nicht-sphärischen Formfehler der Rückseite (2-B). Für die rückseitige rechnerische Differenz (2-C) ist das Gleiche in Bezug zum nicht-sphärischen Formfehler der einseitigen Laserpolitur der Front (1-B) gegeben. Leichte Abweichungen sind sowohl auf die manuelle Positionierung bei der Bearbeitung als auch bei der Messung zurückzuführen. Während ein Positionsfehler bei der Messung nachträglich angeglichen werden kann, kann ein Fehler der Position bei der Bearbeitung der Rückseite zu einer falschen Rotation oder einem Versatz des abgebildeten Formverzugs führen. In Abbildung 47 ist analog die Differenz für ein Substrat mit Bearbeitungsrichtung 0° dargestellt.

Abbildung 47
Falschfarbendarstellung der Oberflächentopographie des Substrats aus N-BK7 von Position 1 aus Batch 3 nach der Laserpolitur mit
A: beidseitig (0°)
B: einseitig
C: rechnerische Differenz.
Jeweils Front (oben) und Rückseite (unten). Mit Abzug der Best-Fit-Sphäre.

Dargestellt sind die zentralen Ø27 mm.

Prozessparameter entsprechend Tabelle 9 mit t_h = 10 h und t_p = 60 min.

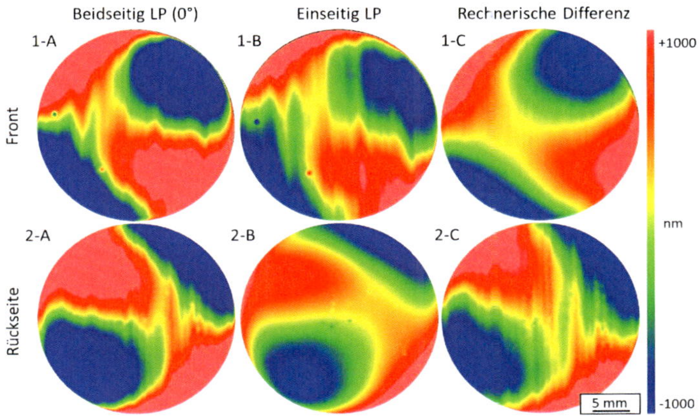

Vergleichbar der Bearbeitungsrichtung 180° kann für die Bearbeitungsrichtung 0° die Differenz zwischen nicht-sphärischem Formverzug nach der beidseitigen Bearbeitung und nach der einseitigen Bearbeitung aus dem nicht-sphärischen Formverzug der Gegenseite nach der einseitigen Bearbeitung abgeleitet werden. Hierbei wird eine Rotation um 180° induziert, da die Bearbeitungsrichtung 0° einem vertikalen Wenden der Substrate entspricht, während zur Messung die Substrate horizontal gewendet werden.

Durch die Art der Rotation der Substrate kann für die Bearbeitungsrichtung 180° entlang der vertikalen Teilung näherungsweise eine Gerade einheitlicher Höhe gemessen werden (siehe Abbildung 45 A und B). Für die Bearbeitungsrichtung 0° ist diese entlang der horizontalen Teilung lokalisiert (siehe Abbildung 45 C und D). Diese können ebenfalls in obigen Beobachtungen begründet werden. Durch die horizontale bzw. vertikale Rotation der Substrate, denen die Bearbeitungsrichtung 180° bzw. 0° entsprechen, befindet sich entlang der vertikalen bzw. horizontalen Teilung eine durchgängige Gerade von Punkten, welche bei Bearbeitung der Rückseite exakt (im Rahmen der Positioniergenauigkeit) auf die gleiche Heizplattenposition abgebildet werden. Da diese Geraden beim zweiten Bearbeitungsdurchgang aus Sicht der Heizplattenoberfläche auf der Gegenseite der Substrate lokalisiert sind, wird die Substratoberfläche dort gemäß Kapitel 6.3.2 auf das entsprechende Negativ abgebildet. Der beim ersten Bearbeitungsschritt (einseitige Bearbeitung) eingebrachte nicht-sphärische Formverzug und der beim zweiten Bearbeitungsschritt (beidseitige Bearbeitung) eingebrachte nicht-sphärische Formverzug werden negiert. Das diese Gerade in den hier dargestellten Messungen für eine Bearbeitungsrichtung 180° deutlicher ausgeprägt ist, als für eine Bearbeitungsrichtung 0° ist vermutlich der manuellen Positionierung der Substrate geschuldet. Die Positionierung erfolgt anhand eines, auf den Laserspot kalibrieten Pilotlaserspots. Die Positionierung erfolgt „von Vorne“. Hierdurch ist ein Versatz in X-Richtung bei der Positionierung deutlich zu erkennen, ein Versatz in Y-Richtung hingegen durch den Betrachtungswinkel verzerrt. Die Streuung in Y-Richtung ist daher deutlich größer und folglich die Abbildung der zentralen Linie auf sich selbst nicht zuverlässig gegeben. In der Folge ist, für eine höhere Wiederholbarkeit der Positionierung, die Verwendung eines Anschlags sinnvoll. Dieser muss jedoch so gestaltet werden, dass dieser ohne Verschieben der Substrate vor dem

Aufheizen entfernt werden kann, um die Temperaturverteilung nicht durch zusätzliche Kontaktflächen zu beeinflussen.

In Abbildung 48 ist die Oberflächentopographie eines Substrats nach beidseitiger Laserpolitur dargestellt. Zusätzlich ist die rechnerische Differenz zu einem zweifach vorgeheizten Substrat dargestellt.

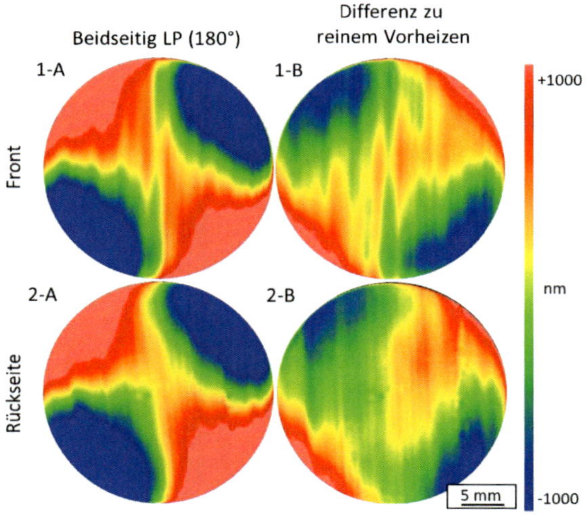

Abbildung 48 Falschfarbendarstellung der Oberflächentopographie des Substrats aus N-BK7 von Position 1 aus Batch 1 nach der Laserpolitur mit A: gemessen B: rechnerische Differenz zur reinen Vorheizung. Jeweils Front (oben) und Rückseite (unten). Mit Abzug der Best-Fit-Sphäre.

Dargestellt sind die zentralen Ø27 mm.

Prozessparameter entsprechend Tabelle 9 mit t_h = 10 h und t_p = 60 min.

Durch den Abzug des, vom reinen Vorheizprozess induzierten Formfehlers, kann der nicht-sphärische Anteil des Formverzugs reduziert werden. In der rechnerischen Differenz wird eine Überkompensation des Formverzugs erzeugt. Möglicherweise ist dies auf weitere Wechselwirkungen des Laserpolierprozesses und der Vorheiztechnik zurückzuführen, welche beim reinen Vorheizen ohne Laserbearbeitung ausbleiben. In Abbildung 49 sind die Kenngrößen Swedish Height H, RMSi und RMSa der rechnerischen Differenz im Vergleich zum Ausgangszustand, den rein vorgeheizten Substraten und den Rohdaten der laserpolierten Substrate dargestellt. Jeweils nach Abzug der Best-Fit-Sphäre.

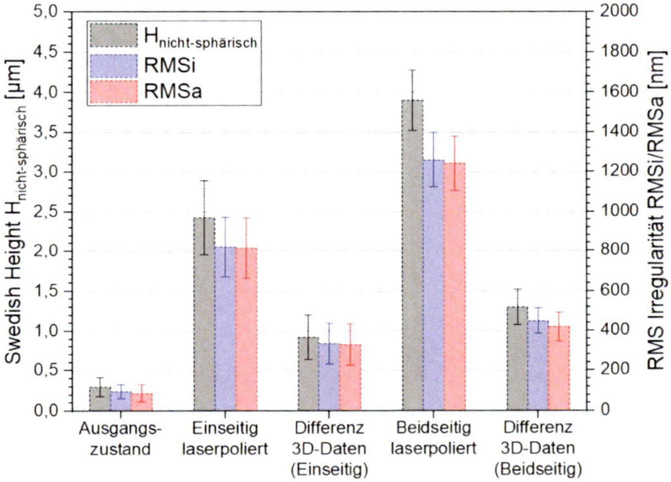

Abbildung 49
Nicht-sphärischer Formverzug, RMSi und RMSa der rechnerischen Differenz aus rein vorgeheizt und laserpoliert im Vergleich zum Ausgangszustand und den laserpolierten Substraten. Jeweils für die einseitige und beidseitige Bearbeitung.

Messung jeweils über die zentralen Ø27 mm.

Prozessparameter entsprechend Tabelle 9 mit t_h = 10 h und t_p = 60 min.

Der Wert für Swedish Height $H_{nicht\text{-}sphärisch}$ wird für alle beidseitig bearbeiteten Substrate von $H_{nicht\text{-}sphärisch}$ = 3,9 µm ± 0,38 µm auf $H_{nicht\text{-}sphärisch}$ = 1,3 µm ± 0,22 µm reduziert. Für RMSi und RMSa wird eine Reduktion von RMSi = 1260 nm ± 134 nm bzw. RMSa = 1242 nm ± 136 nm auf RMSi = 451 nm ± 65,3 nm bzw. RMSa = 420 nm ± 73 nm erzielt. Der durch die Vorheiztechnik erklärbare Anteil liegt somit auch bei beidseitiger Bearbeitung bei ca. 66 %.

Zusammengefasst hat die Rotation der Bearbeitungsrichtung der Rückseite bei der beidseitigen Laserpolitur runder Substrate aus N-BK7 entsprechend der vorliegenden Ergebnisse vermutlich keinen signifikanten Einfluss auf den Formverzug. Der sphärische Anteil des Formverzugs wird im Rahmen der Streuung stets zu gleichen Teilen reduziert. Für den nicht-sphärischen Anteil des Formverzugs kann eine signifikante Richtungsabhängigkeit nachgewiesen werden. Diese ist jedoch mit den vorhandenen Daten auf die verwendete Vorheiztechnik zurückzuführen. Durch Verwendung einer angepassten Vorheiztechnik kann dieser Effekt möglicherweise reduziert bzw. vermieden werden. In Abbildung 50 sind die erzielten bzw. durch Abzug des Formfehlers der Vorheizung rechnerisch erzielbaren Werte im Vergleich zum Stand der Technik der Laserpolitur und den Anforderungen kommerzieller Optiken aufgetragen.

Abbildung 50
Ergänzung
Abbildung 6 um die
Ergebnisse aus
diesem Kapitel.

*entspricht RMSi mit herausgerechnetem Fehler der Vorheiztechnik

1: Richmann [3]
2: Hecht [6]
3: Laguarta et al. [38]

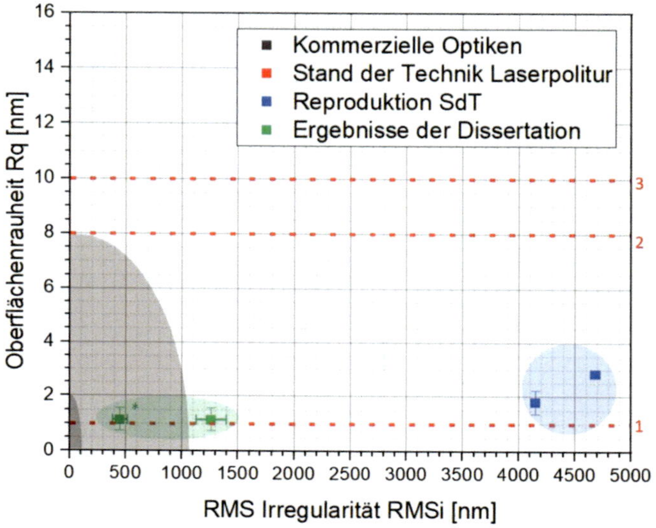

Nach Abzug des Formfehlers der Vorheiztechnik werden für die beidseitig laserpolierten Substrate bereits RMSi-Werte erreicht, die den in Kapitel 3.2 aufgeführten Industriestandards entsprechen (RMSi < 0,95 µm). Insbesondere für Asphären und Freiformflächen wären die Werte, vorausgesetzt der Fehler der Vorheiztechnik könne vollständig vermieden werden, auf einem ausreichenden Niveau. Durch Reduktion der induzierten Welligkeit könnten diese noch weiter reduziert werden. Die Formabweichung der beidseitig laserpolierten Substrate entspricht hierbei ebenfalls bereits den Angaben der Industrie (±7,5 µm für N-BK7 Asphären, siehe Tabelle 49). Zum eingezeichneten Bereich der High-End-Qualitätsstufe wird neben einer Reduktion des RMSi-Anteils durch die Vorheiztechnik eine weitere Reduktion um einen Faktor ~5 benötigt.

6.4 Weitere Ansätze zur Beeinflussung des Formfehlers

Ergänzend zu den Untersuchungen zum Ursprung des Formverzugs nach der Laserpolitur von N-BK7 sollen im Folgenden einige Ansätze zur weiteren Reduktion bzw. Korrektur dieses Formfehlers erörtert werden.

6.4.1 Substrataufnahme

Ein bereits angesprochener Ansatz zur Reduktion insbesondere des nicht-rotationssymmetrischen Formverzugs ist die Anpassung der Substrataufnahme. In den bisherigen Versuchen werden die Substrate direkt auf die Heizplatte aufgelegt und erhalten hierdurch einen reproduzierbaren, auf die Heizplatte zurückführbaren Formverzug. Im Folgenden soll daher die Möglichkeit untersucht werden, die Substrate auf einer Substrataufnahme zu platzieren, die bereits eine geringere Formabweichung aufweist. Ein Einfluss einer möglicherweise vorhandenen Vorzugsrichtung des Wärmeübergangs zwischen Substrataufnahme und Substrat durch ungleichmäßigen Kontakt soll auf diese Weise reduziert werden.

Hierfür werden Quarzglasscheiben mit einem Durchmesser 50 mm und einer Mittendicke von 3 mm verwendet. Die Quarzglasscheiben haben im zentralen Bereich von 30 mm (Auflagefläche der N-BK7 Substrate) eine Formabweichung von der perfekten Ebene von H = 214 nm ± 105 nm. RMSi wird zu 68,5 nm ± 40,9 nm und RMSa zu 67,9 nm ± 41,3 nm bestimmt. Die beidseitige Bearbeitung erfolgt auf den Positionen 1 und 2 (vgl. Abbildung 28) mit den in Tabelle 13 aufgeführten Prozessparametern.

Tabelle 13 – Prozessparameter zur Untersuchung des Einflusses der Substrataufnahme

Laserleistung P_L [W]	600	**Scanlinienlänge l_{Linie} [mm]**	50
Strahldurchmesser d_L [mm]	8	**Vorheiztemperatur $T_{Vorheiz}$ [°C]**	545
Bearbeitungsstrategie	Quasi-Linie	**Aufheizzeit t_{hu} [h]**	1
Scangeschwindigkeit v_{scan} [m/s]	10	**Abkühlzeit t_{cd} [h]**	10
Vorschubgeschwindigkeit v_{feed} [mm/s]	8	**Pausenzeit t_p [min]**	60
		Haltezeit t_h [h]	10

Zusätzlich zu den bisher verwendeten Substraten mit poliertem Ausgangszustand werden Substrate mit einem geschliffenen Ausgangszustand mit Ausgangsrauheit Sq = 350 nm ± 55,7 nm verwendet. In Tabelle 14 sind die Ergebnisse der Versuche mit poliertem und geschliffenen Ausgangszustand aufgetragen.

Tabelle 14 – Auswertung des Formverzugs nach beidseitiger Laserpolitur der Substrate mit Quarzglasunterlage

	Ausgangszustand*	**Laserpoliert (poliert)**	**Laserpoliert (geschliffen)**
Formverzug H [µm]	0,48 ± 0,12	4,69 ± 3,04	8,98 ± 1,42
RMS Irregularität RMSi [nm]	96,2 ± 35,5	308 ± 78,7	263 ± 66,1
RMS Irregularität RMSa [nm]	88,5 ± 42,4	296,8 ± 81,2	250 ± 73,8
Rauheit Sq [nm]	350 ± 55,7	0,28 ± 0,12	1,52 ± 0,23

Jeweils Mittelwert ± Standardabweichung. *Ausgangszustand H, RMSi und RMSa der polierten Substrate, Sq der geschliffenen Substrate.

Sowohl im polierten als auch im geschliffenen Zustand wird bei der Laserpolitur mit Quarzglasunterlage der Wert für RMSi und RMSa bei beidseitiger Laserpolitur im Vergleich zu den Messwerten aus Kapitel 6.3.2 (RMSi = 1260 nm ± 134 nm, RMSa = 1242 nm ± 136 nm) signifikant reduziert. Die erreichten Werte liegen ebenfalls unter den rechnerischen Werten, welche durch Abzug des vorgeheizten Zustandes vom laserpolierten Zustand bei beidseitiger Laserpolitur auf der Heizplatte bestimmt werden (RMSi = 451 nm ± 65,3 nm, RMSa = 420 nm ± 73 nm). Die Werte sind hingegen vergleichbar mit den rechnerischen Werten, die nach einer einseitigen Politur bestimmt werden (RMSi = 337 nm ± 105 nm, RMSa = 332 nm ± 105 nm). Die Rauheit Sq der laserpolierten Substrate mit poliertem Ausgangszustand ist kleiner als bei jenen mit geschliffenem Ausgangszustand, da hier bereits vor der Laserpolitur eine Rauheit von Sq = 0,69 nm ± 0,06 nm vorliegt. Die weitere Reduktion durch die Laserpolitur resultiert aus dem Verschmelzen der vorhandenen Mikrokratzer. In Abbildung 51 ist ergänzend die Oberflächentopographie einer Quarzglasunterlage und je eines laserpolierten Substrates mit poliertem bzw. geschliffenem Ausgangszustand dargestellt.

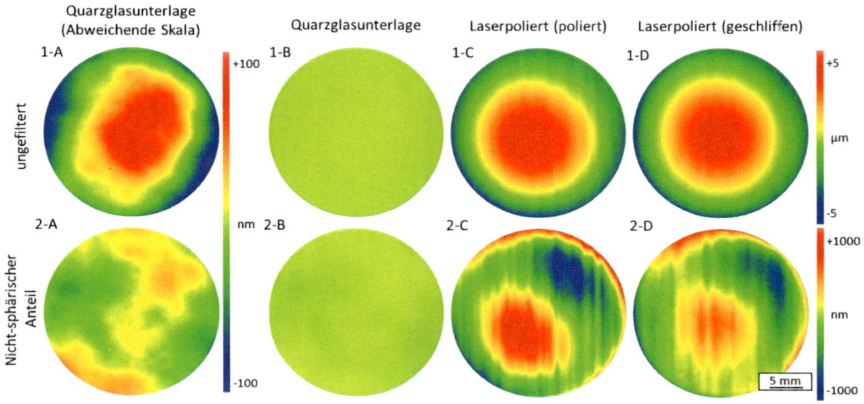

Abbildung 51 - Falschfarbendarstellung der Oberflächentopographie einer Quarzglasunterlage und der Front der Substrate aus N-BK7 nach der beidseitigen Laserpolitur mit Quarzglasunterlage. Oben ungefiltert, unten nach Abzug der Best-Fit-Sphäre. Dargestellt sind die zentralen Ø27 mm. Prozessparameter entsprechend Tabelle 13.

Der auf den laserpolierten Substraten messbare Formverzug ist reproduzierbar, jedoch nicht mit dem Formfehler der Quarzglasunterlage korreliert. Der sphärische Anteil ist vermutlich abhängig von der präzisen Prozessdurchführung, welche aktuell durch manuelle Vorgänge, wie das Öffnen und Schließen des Heizplattendeckels und dem zeitverzögerten Start des Laserpolierprozesses, begrenzt wird. Der nicht-sphärische Anteil kann in Hinblick auf die periodischen (linienförmigen) Strukturen auf den Laserpolierprozess zurückgeführt werden (vgl. Kapitel 7.1). Der makroskopische Verzug zur unteren linken Ecke könnte auf die weiterhin vorhandene Asymmetrie des Vorheizsystems hinsichtlich der Deckelbewegung beim Öffnen und Schließen sowie der Deckelposition während des Prozesses zurückzuführen sein. Um dies zu überprüfen ist jedoch ein verändertes Vorheizsystem, idealerweise ohne bewegliche Teile bzw. mit konstanter Öffnung notwendig. In Abbildung 52 sind die mit Quarzglasunterlage erzielten Ergebnisse im Vergleich zu den Ergebnissen direkt auf der Heizplatte und zum Stand der Technik sowie den Anforderungen kommerzieller Optiken aufgetragen.

Abbildung 52
Ergänzung
Abbildung 50 um die
Ergebnisse aus
diesem Kapitel.

*entspricht RMSi mit
herausgerechnetem
Fehler der
Vorheiztechnik

1: Richmann [3]
2: Hecht [6]
3: Laguarta et al. [38]

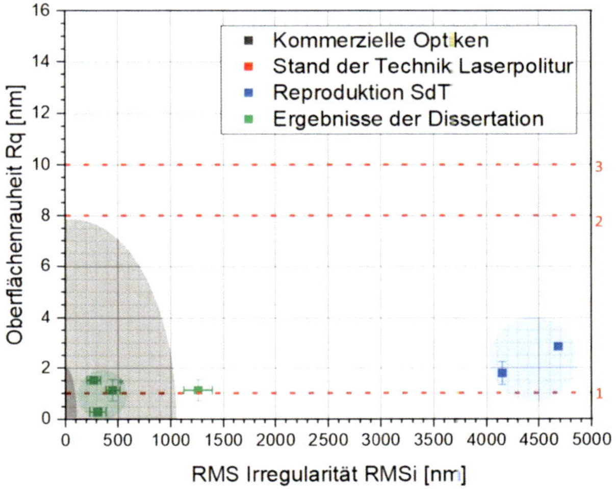

Durch die Verwendung der Quarzglasunterlagen kann folglich nachgewiesen werden, dass die Vorheiztechnik signifikant zum nicht-rotationssymmetrischen Fehler beiträgt. Hierbei kann jedoch kein direkter Rückschluss darauf getroffen werden, ob die Form der Auflagefläche z. B. durch Abformung ausschlaggebend für den Formfehler der Substrate ist, denn durch die Auflagefläche wird ebenfalls die Kontaktfläche der Substrate zur Wärmequelle bestimmt und folglich auch der Temperaturgradient während des Aufheizens und Abkühlens der Substrate. In letzterem Fall kann zusätzlich die Quarzglasunterlage zur Homogenisierung der Temperaturverteilung der Heizplatte dienen.

Ringförmige Unterlage

Die offene Fragestellung nach dem Wirkmechanismus kann eingegrenzt werden, indem der Extremfall einer Abformung als Wirkmechanismus untersucht wird: eine nicht vollflächige Unterlage. Hierzu wird eine Edelstahlscheibe (Innendurchmesser 17 mm, Außendurchmesser 50 mm, Dicke 2 mm) als Substratunterlage verwendet und das Substrat mittig über der inneren Bohrung platziert. Anschließend wird der Vorheizprozess nach Tabelle 13, ohne Laserpolitur durchlaufen. In Abbildung 53 ist die Oberflächentopographie eines so präparierten Substrats im Vergleich zu einem direkt auf der Heizplatte aufgeheiztem Substrat (gleiche Position auf der Heizplatte) dargestellt.

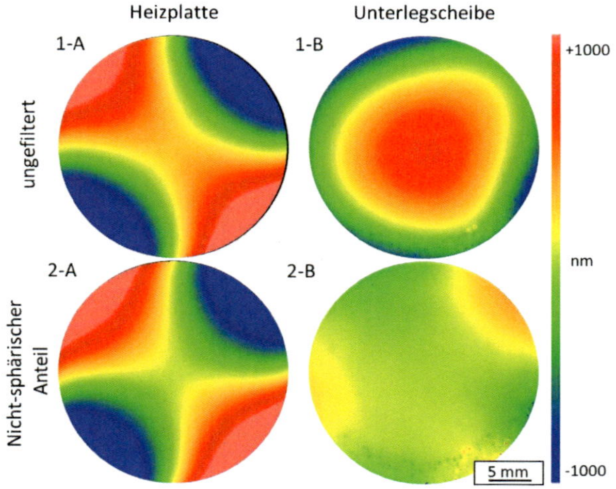

Abbildung 53
Falschfarbendarstellung der Oberflächentopographie der Rückseite der Substrate aus N-BK7 nach der Vorheizprozedur.
A: Substrat direkt auf der Heizplatte
B: Substrat auf der Unterlegscheibe
Jeweils Position 1, oben ungefiltert und unten nach Abzug Best-Fit-Sphäre.

Dargestellt sind die zentralen Ø27 mm.

Der Formverzug des Substrates auf der Unterlegscheibe weicht signifikant von dem direkt auf der Heizplatte ab. Zwar kann der sphärische Formverzug mit Maximum in der Substratmitte als Indiz angesehen werden, dass das Material in die Öffnung der Unterlegscheibe einsinkt. Da trotz geringerer Auflagefläche der Gesamtformverzug jedoch geringer ist, ist eher auf eine Temperaturverteilungsursache statt eines Einsinkens unter der Gewichtskraft als dominante Ursache zurückzuschließen. Der sphärische Charakter des Formverzugs kann somit aus der kreisförmigen Auflagefläche und der resultierenden kreisförmigen Temperaturverteilung während der Aufheiz- und Abkühlphasen folgen. Der verbliebene nicht-sphärische Anteil entspräche folglich den Unregelmäßigkeiten in der Kontaktzone zwischen Substrat und Unterlegscheibe. Vergleichbar der Vermutung zu den Quarzglasunterlagen, fungiert die Unterlegscheibe hierbei ebenfalls als Homogenisierer der Temperaturverteilung der Heizplatte. Der Formfehler durch die Vorheiztechnik wird folglich durch Unregelmäßigkeiten in der Temperaturverteilung und der Wärmeleitung zwischen Vorheiztechnik und Substrat hervorgerufen und nicht durch ein Abformen der Substrataufnahme durch ein erweichungsbedingtes Einsinken unter Einfluss der Schwerkraft.

6.4.2 Variation des sphärischen Verzugs durch eine zweite Überfahrt

Durch die beidseitige Laserpolitur der Substrate wird der sphärische Formverzug reduziert. Die Form der Substrate entspricht jedoch, auch nach Abzug des durch die Vorheiztechnik induzierten, nicht-sphärischen Formverzug nicht dem Ausgangszustand. Der Formverzug bei der Laserpolitur mit gleichem Prozessparametersatz auf beiden Oberflächen ist daher als nicht vollständig reversibel anzunehmen. Möglicherweise wird durch den nach der ersten Bearbeitung vorhandenen Formverzug die Ausbildung des Formverzugs bei der zweiten Bearbeitung beeinflusst. Der Formverzug der Front verändert z. B. die Kontaktfläche zwischen Heizplatte und Substrat und hierdurch die Wärmeableitung aus dem, nach der Laserpolitur, heißen Substrat in die Heizplatte (vgl. Kapitel 6.4.1).

Neben der weiteren Reduktion des verbleibenden Formverzugs nach der beidseitigen Bearbeitung kann auch die gezielte Änderung der Form durch die Laserpolitur für die

Endanwendung von Interesse sein. Hierdurch kann z. B. die Anzahl an fertigbaren Krümmungsradien erhöht werden, indem diese durch die Laserpolitur final eingestellt werden.

Eine Möglichkeit zur aktiven Einflussnahme auf den sphärischen Formverzug ist die Anpassung der Prozessparameter. Jedoch geht mit Anpassung dieser ebenfalls eine Anpassung des Poliererergebnisses einher. Ein alternativer Ansatz ist die mehrfache Bearbeitung der Oberflächen. Da der verbleibende sphärische Formverzug im Vergleich zum durch eine Überfahrt induzierten/korrigierten sphärischen Formverzug nur gering ist (ca. 5 µm zu 40 µm), kann die Bearbeitung beider Oberflächen mit einem Prozessparametersatz erfolgen und die zusätzliche Korrekturüberfahrt auf geringere Temperaturen beschränkt werden, bei welchen keine zusätzliche Veränderung der Oberflächenqualität (Rauheit und Welligkeit) erfolgt. Die gewählten Prozessparameter der zusätzlichen Überfahrt sind in Tabelle 15 aufgeführt.

Tabelle 15 – Prozessparameter der zusätzlichen Überfahrt auf der Rückseite der Substrate

Laserleistung P_L [W]	150	**Scanlinienlänge l_{Linie} [mm]**	50
Strahldurchmesser d_L [mm]	8	**Vorheiztemperatur $T_{Vorheiz}$ [°C]**	545
Bearbeitungsstrategie	Quasi-Linie	**Aufheizzeit t_{hu} [h]**	1
Scangeschwindigkeit v_{scan} [m/s]	10	**Abkühlzeit t_{cd} [h]**	10
Vorschubgeschwindigkeit v_{feed} [mm/s]	8	**Pausenzeit t_P [min]**	30
Bearbeitungsrichtung	0°	**Haltezeit t_h [min]**	30
Pause zwischen Überfahrten $t_{Pü}$ [min]	~1		

Die gewählte Laserleistung P_L = 150 W entspricht der minimalen, reproduzierbar einstellbaren Laserleistung der verwendeten Versuchsanlage am Bearbeitungspunkt. Die Pause zwischen der ersten und der zweiten Überfahrt ergibt sich aus der manuellen Anlagenführung. Durch die Pause zwischen den Überfahrten von $t_{Pü} \approx 1$ Minute wird sichergestellt, dass für alle Substrate die gleiche Zeit zum Umstellen der Prozessparameter verstreicht. Für diese Versuchsreihe werden ebenfalls die Substrate aus Kapitel 6.3.1 mit Pausenzeit zwischen den Substraten von t_P = 30 Minuten und Haltezeit $t_h = t_p$ = 30 Minuten verwendet. Die zusätzliche Überfahrt erfolgt auf der Rückseite der Substrate, da für diese Substrate bei einfacher Überfahrt eine unzureichende Kompensation des sphärischen Anteils beobachtet wird (vgl. Abbildung 42). In Abbildung 54 ist beispielhaft die Oberflächentopographie von Substraten nach der einseitigen Laserpolitur, der beidseitigen Laserpolitur und der beidseitigen Bearbeitung mit zusätzlicher Überfahrt auf der Rückseite abgebildet.

Abbildung 54
Falschfarbendarstellung der Oberflächentopographie der Substrate aus N-BK7 nach der einseitigen Laserpolitur (A), der beidseitigen Laserpolitur (B) und der beidseitigen Bearbeitung mit mehrfacher Überfahrt (C).
Jeweils Front (oben) und Rückseite (unten).

Dargestellt sind die zentralen Ø27 mm.

Prozessparameter entsprechend Tabelle 15, Position 1.

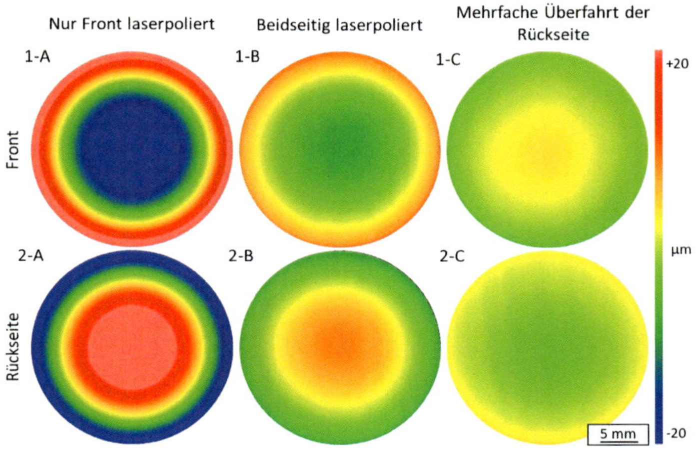

Der sphärische Formverzug ist weiterhin vorhanden. Jedoch ist zu erkennen, dass dieser im Vergleich zur beidseitigen Bearbeitung ohne zusätzliche Überfahrt auf der Front der Substrate nun konvex statt konkav bzw. auf der Rückseite konkav statt konvex ausgeprägt wird. Eine Änderung des Formverzugs durch die zusätzliche Überfahrt mit $P_L = 150$ W hat somit stattgefunden, jedoch wird der Formverzug überkompensiert. Die Überkompensation ist darauf zurückzuführen, dass die durch die zusätzliche Überfahrt thermisch induzierten Spannungen, die für einen Ausgleich des Formfehlers notwendigen Spannungen übersteigen. In Tabelle 16 sind die Oberflächenmesswerte der Substrate mit zusätzlicher Überfahrt sowie die Differenz zur einseitigen Bearbeitung derselben Substrate aufgeführt. Zum Vergleich ist die durch die beidseitige Bearbeitung mit gleichen Prozessparametern auf Front und Rückseite erzielte Differenz aufgetragen.

Tabelle 16 – Auswertung des Formverzugs nach Laserpolitur der Rückseite der Substrate mit zusätzlicher Überfahrt mit reduzierter Laserleistung sowie Differenz zu den Messwerten nach einseitiger Bearbeitung derselben Substrate und erzielte Differenz durch beidseitige Bearbeitung ohne zusätzliche Überfahrt vergleichbarer Substrate. Prozessparameter entsprechend Tabelle 15.

	Mehrfach	**Δeinseitig-mehrfach**	**Δeinseitig-beidseitig**
Formverzug H_F [µm]	6,9 ± 1,8	-58,3 ± 0,35	-42,3 ± 1,6
Formverzug H_R [µm]	6,7 ± 2	-57,7 ± 0,37	-42,2 ± 1,7
Differenz $\Delta H_{FR,\,avg}$ [µm]	0,23 ± 0,19	+0,7 ± 0,02	+0,18 ± 0,11
RMS Irregularität $RMSi_{Front}$ [nm]	557 ± 119	+244 ± 188	+191 ± 174
RMS Irregularität $RMSi_{Rückseite}$ [nm]	457 ± 234	+151 ± 194	+186 ± 181
RMS Irregularität $RMSa_{Front}$ [nm]	501 ± 151	+217 ± 223	+228 ± 92
RMS Irregularität $RMSa_{Rückseite}$ [nm]	435 ± 239	+139 ± 196	+204 ± 111

Jeweils Mittelwert ± Standardabweichung

Der betragsmäßige Formverzug H_F bzw. H_R ist mit $H_F = 6{,}9$ µm bzw. $H_R = 6{,}7$ µm im Vergleich zur beidseitigen Bearbeitung mit einfacher Überfahrt leicht reduziert (vgl. Tabelle 10). Die relative Änderung ΔH_F bzw. ΔH_R ist jedoch deutlich größer. Mit einer Reduktion des Formverzugs um $\Delta H_F = 58{,}3$ µm bzw. $\Delta H_R = 57{,}7$ µm liegt die Formänderung ca. 16 µm bzw. 38 % höher als die bei einfacher Überfahrt erzielten $\Delta H_F = 42{,}3$ µm bzw. $\Delta H_R = 42{,}2$ µm. Die Änderung des nicht-sphärischen Formverzugs ist hingegen vergleichbar.

Durch die mehrfache Bearbeitung einer oder mehrerer Oberflächen mit deutlich reduzierter Laserleistung und Prozesstemperatur ist folglich eine individuelle Einstellung des sphärischen Formverzugs möglich. Aus den Ergebnissen der durchgeführten Untersuchungen kann der Schluss gezogen werden, dass durch Anpassen der Prozessparameter der zusätzlichen Überfahrt eine weitestgehende Korrektur des sphärischen Anteils des Formverzugs auch bei ansonsten unveränderten Prozessbedingungen (Vorheiztechnik) möglich sein könnte. Hierbei ist insbesondere die Reproduzierbarkeit des sphärischen Anteils des Formverzugs von besonderer Relevanz, um die zusätzliche Überfahrt mit konstanten statt individuellen Prozessparametern umsetzen zu können und so einen zusätzlichen Aufheizschritt zu vermeiden. Die durch die Laserpolitur erzielte Formgenauigkeit ist in diesem Fall primär durch den nicht-sphärischen Anteil gegeben, welcher unter den aktuellen Versuchsbedingungen primär durch die Vorheiztechnik gegeben ist und daher vermutlich ebenfalls weiter reduziert werden kann.

6.4.3 Vorhalten des Formverzugs bei der Formgebung

Neben einer Reduktion des Formverzugs bei der Laserpolitur von Glas durch Anpassung der Prozessparameter und -umgebungsbedingungen, ist ein weiterer Ansatz das Vorhalten des Formverzugs beim vorangehenden Formgebungsprozess. Dieser Ansatz ist insbesondere dann sinnig, wenn der Formverzug als primär sphärischer Natur angenommen wird und die Zielgeometrie nicht-plan ist. Dies ist z. B. für die einseitige Laserpolitur von (a)sphärischen-planen Linsen aus N-BK7 gegeben. Unter diesen Bedingungen kann die Hypothese aufgestellt werden, dass für ein Erreichen der Zielgeometrie durch Vorhalten lediglich der Krümmungsradius der geschliffenen Linse verändert werden muss, um nach der Laserpolitur der Zielkrümmung zu entsprechen. Eine solche Anpassung des Krümmungsradius wiederum ist in der mechanischen Bearbeitung der Linsenoberfläche ohne großen Kosten- und Zeitaufwand möglich.

Um diese Hypothese zu überprüfen, werden in einem ersten Schritt N-BK7 Plan-Konvex-Linsen mit Krümmungsradius R = 100 mm, Durchmesser 30 mm und Mittendicke 8 mm laserpoliert. Die Substrate werden nach den in Tabelle 17 aufgelisteten Schleifparameter durch die Technische Hochschule Deggendorf an einer Satisloh SPM140 (Satisloh, Baar, Schweiz) mit Topfwerkzeug im Linieneingriff präpariert.

Tabelle 17 – Schleifparameter nach THD der Substrate zur Untersuchung des Vorhaltens des sphärischen Formverzugs bei der Formgebung

Schleifwerkzeug	71-D76-C35
Schnittgeschwindigkeit Fräser vc_{oben} [m/s]	12
Drehzahl des Werkstückes n_{unten} [min^{-1}]	2017
Vorschub der Z-Achse F [mm/min]	0,5
Abgetragene Materialtiefe [mm]	0,3
Verweilzeit nach Ende des Schleifprozesses [s]	10

Die Form der geschliffenen und der anschließend laserpolierten Linsen wird ebenfalls an der Technischen Hochschule Deggendorf bestimmt. Die Laserpolitur der Linsen erfolgt einseitig mit Quasi-Tophat-Strategie und den in Tabelle 18 genannten Prozessparametern.

Tabelle 18 – Prozessparameter zur Untersuchung des Vorhaltens des Formverzugs

Laserleistung P_L [W]	1000	**Scanfeldgröße [mm²]**	50 x 50
Strahldurchmesser d_L [mm]	20	**Spurversatz d_y [mm]**	2,5
Bearbeitungsstrategie	Quasi-Tophat	**Vorheiztemperatur $T_{Vorheiz}$ [°C]**	545
Scangeschwindigkeit v_{scan} [m/s]	10	**Aufheizzeit t_{hu} [h]**	1
Prozesstemperatur $T_{Prozess}$ [°C]	1000	**Abkühlzeit t_{cd} [h]**	10
Schichtrotation β [°]	37	**Pausenzeit t_P [min]**	30
Startrotation α [°]	45		

Mit den gewählten Prozessparametern wird die Prozesstemperatur von $T_{Prozess}$ = 1000 °C nach 12,8 s ± 1,49 s erreicht. Die Standardabweichung von ±1,49 s resultiert hierbei aus der Verwendung einer Vorheizstrategie, welche nicht nach Kapitel 6.2 bis 6.3 angepasst ist. Die Prozesszeit für die ersten Substrate je Heizplatte ist daher mit 14,68 s ± 0,83 s signifikant länger als die für die weiteren Substrate je Heizplatte benötigte Prozesszeit von 11,89 s ± 0,43 s. Der Krümmungsradius der laserpolierten Linsen wird durch die Technische Hochschule Deggendorf zu R = 102 mm ± 0,5 mm bestimmt. Dies entspricht bezogen auf den Zielradius R =100 mm einer Abweichung in der Pfeilspitze SAG von 20 µm ± 5 µm.

Ausgehend von der Änderung der Pfeilspitze SAG um 20 µm ± 5 µm im Vergleich zum Ausgangsradius R = 100 mm werden neue Linsen mit einem Krümmungsradius R = 98 mm angefertigt und mit den Prozessparametern aus Tabelle 18 laserpoliert. Die Prozessführung und Prozesszeiten sind hierbei durch den geänderten Krümmungsradius unbeeinflusst. Der Krümmungsradius nach der Laserpolitur wird für diese Linsen zu R = 99,6 mm ± 0,6 mm bestimmt. Die Formabweichung zu einer Linse mit Krümmungsradius R = 100 mm beträgt SAG = 4,5 µm ± 6,9 µm.

Der Formfehler einer einseitig laserpolierten Linse aus N-BK7 kann somit durch Anpassung der geschliffenen Form reduziert werden. Hierbei wird die Formabweichung von SAG = 20 µm ± 5 µm auf SAG = 4,5 µm ± 6,9 µm reduziert. Die hierfür notwendigen Anpassungen erfolgen sowohl bei der mechanischen Formgebung als auch bei der Laserpolitur ohne messbare Auswirkung auf die Prozesszeit und Produktionskosten. Zu beachten ist jedoch, dass ausgehend von den Ergebnissen aus Kapitel 6.3 auf der planen Rückseite ein gegensätzlicher Formverzug eingebracht wird. Dies bedeutet, dass die im hiesigen Beispiel plan geschliffene Rückseite als konkave Fläche geschliffen werden müsste. Dies bedeutet jedoch eine Zunahme der Fertigungszeiten und -kosten bei der mechanischen Formgebung. Daher ist dieser Ansatz des Vorhaltens für Linsen ohne Planseite und Spiegelsubstrate wirtschaftlich sinnvoller. Für erstere wäre jedoch eine beidseitige Laserpolitur nach Kapitel 6.3.3 ggf. verbunden mit minimalen Anpassungen des Krümmungsradius notwendig.

7 Einflussgrößen der Welligkeit bei der Laserpolitur optischer Gläser

Die Welligkeit, auch Mid-spatial frequency error (MSFE) genannt, optischer Gläser ist sowohl nach der Laserpolitur als auch nach der konventionellen Politur eine Herausforderung für die Fertigung optischer Instrumente. Hierbei wird zur Unterscheidung die Ortswellenlänge nach unten gegen die Rauheit abgegrenzt und nach oben gegen den Formverzug. Nach DIN ISO 10110 werden, wenn nicht näher spezifiziert, die Grenzen λ_{low} = 80 µm und λ_{high} = 2500 µm verwendet. In der Praxis wird aber insbesondere die obere Grenze häufig abweichend hiervon definiert, um die Anforderungen der optischen Anwendung der zu fertigenden Optik besser widerzuspiegeln oder um die Grenzen der Korrektur des vorhandenen Maschinenparks in Prozessketten abzubilden. Im Folgenden werden die Grenzen λ_{low} = 80 µm und λ_{high} = 5000 µm verwendet (FFT-Filter mit Gauß-Cut-Off). Diese MSFE können konventionell nur begrenzt wirtschaftlich korrigiert werden und sind daher in der konventionellen Fertigung optischer Gläser in allen Prozessschritten zu vermeiden.

Auch im Stand der Technik der Laserpolitur werden diese Oberflächenstrukturen wiederholt als Fehlerbild identifiziert. Dabei wird sowohl eine unzureichende Glättung bereits vorhandener Strukturen (im Folgenden: residuale Welligkeit) als auch das Erzeugen neuer Strukturen (im Folgenden: induzierte Welligkeit) erwähnt. Die Wirkzusammenhänge sind jedoch bisher nicht genauer untersucht. Im Folgenden sollen daher die Einflussgrößen auf die Reduktion residualer Welligkeiten und die Vermeidung induzierter Welligkeiten systematisch untersucht werden.

7.1 Induzierte Welligkeit

Unter der induzierten Welligkeit werden jene Oberflächendefekte verstanden, welche durch den Prozess in die Oberfläche eingebracht werden. Die induzierte Welligkeit kann z. B. im Fall einer rasternden Bearbeitung mit geringem Überlapp oder Erstarrung zwischen zwei Überfahrten aus dem Spurabstand resultieren. Im Falle der im Rahmen dieser Arbeit verwendeten Quasi-Linien-Strategie kann die induzierte Welligkeit ebenfalls aus zufälligen Schwankungen der Prozesstemperatur folgen. Um die induzierte Welligkeit zu untersuchen, wird aus diesem Grund im Folgenden, wenn nicht anders erwähnt, mit mechanisch polierten Plan-Plan-Substraten gearbeitet.

7.1.1 Materialabtrag bei der Laserpolitur

Weingarten [42] postuliert für die Bearbeitung von Quarzglas mit gepulster CO_2-Laserstrahlung die Hypothese eines Abtrags durch Verdunstung unterhalb der Verdampfungstemperatur. Hecht [6] hat in ihrer Dissertation für Prozesstemperaturen ab ca. 2050 °C einen Materialabtrag durch Wiegen der Proben vor und nach der Laserpolitur nachweisen können. Jedoch erfolgt diese Messung nur mit einer Messgenauigkeit von 1 mg. Bei den von ihr verwendeten Proben von 25 x 25 x 3 mm³ liegt die Messgenauigkeit eines Abtrags somit bei ~0,727 µm flächigen Abtrags (p = 2,201 g/cm³).

Um daher weitere Daten zum Abtragverhalten zu erhalten, sollen im folgenden Quarzglas-substrate der Maße 45 x 25 x 5 mm³ mit mehreren Prozesstemperaturbereichen bearbeitet werden. Hierbei erfolgt das Einstellen der Prozesstemperatur in allen Bereichen über die Temperaturregelung mittels Pyrometer. Im Übergangsbereich wird die Prozesstemperatur als Rampe verändert, um Ausschläge und aggressives Nachregeln durch den Regelkreis zu vermeiden. Für die Sollwertvorgabe des Regelkreises werden aus dem gleichen Grund mehrere

Prozesstemperaturen $T_{Prozess}$ mit jeweiligem Temperaturoffset ΔT verwendet. In Tabelle 19 sind die gewählten Prozessparameter aufgetragen.

Tabelle 19 – Prozessparameter zur Untersuchung des Einflusses der Prozesstemperatur auf den Materialabtrag

Laserleistung P_L [W]	geregelt	**Vorschubgeschwindigkeit v_{feed} [mm/s]**	1
Strahldurchmesser d_L [mm]	8	**Scanlinienlänge l_{Linie} [mm]**	45
Bearbeitungsstrategie	Quasi-Linie	**Vorheiztemperatur $T_{Vorheiz}$ [°C]**	RT
Scangeschwindigkeit v_{scan} [m/s]	11,25	**Versuchsstand**	KOALA

	Versuchsreihe 1	**Versuchsreihe 2**
Prozesstemperatur $T_{Prozess}$ [°C]	Raumtemperatur (RT)	1700; 1900; 2000; 2100
Temperaturoffset ΔT [K]	+1100; +1300; +1450; +1600	+/-100; +/-50
Änderungsrate Temperatur T‘ [K/s]		+/-20
Änderungsrate Laserleistungssignal L_{analog}‘ [%P/s]	+/-20	

Die Experimente sind in zwei Versuchsreihen mit unterschiedlichem Vorgehen gegliedert: In der ersten Versuchsreihe wird ausgehend vom kalten Zustand ($T_{Prozess}$ = RT) im zentralen Bereich des Substrats das Ansteuersignal der Laserleistung um 20 Prozentpunkte pro Sekunde angehoben, bis die durch den Temperaturoffset ΔT definierte Temperatur erreicht wird. Die Änderungsrate der Laserleistung entspricht ca. 400 W pro Sekunde. Die Änderung erfolgt hierbei diskretisiert in 0,1 Sekundenintervallen. Anschließend wird für 15 s die Temperatur mittels einer pyrometriebasierten Regelung gehalten. Die Temperatur wird zum Ende des Prozesses bei abgeschalteter Regelung durch Absenken der Laserleistung wieder auf Raumtemperatur gesenkt (siehe Abbildung 55 A). Der Temperaturanstieg und die Temperaturabsenkung erfolgen ungeregelt, da die Prozessregelung nicht darauf ausgelegt ist Temperaturgradienten >> 20 K/s nachzuführen bzw. bei geeigneten Gradienten die benötigte Anstiegszeit von bis zu 80 Sekunden die Prozesszeit übersteigen würde.

Dahingehend weicht die zweite Versuchsreihe von der ersten Versuchsreihe ab. Hier erfolgt der gesamte Prozess geregelt. Statt eines Anstieges des Laserleistungssignals wird die Solltemperatur mit einer Änderungsrate von T‘ = +/-20 K/s bei einer Auflösung von 10 Hz verändert. Der Zeitpunkt der Temperaturänderung ist auch hier so gewählt, dass ein zentraler Bereich von 15 s mit dem Temperaturoffset bearbeitet wird (siehe Abbildung 55 B).

Durch die Kombination der Parameterauswahl beider Versuchsreihen wird ungefähr der Temperaturbereich von T_g bis zur einsetzenden Verdampfung abgebildet. In Abbildung 55 ist das Vorgehen des Temperaturoffsets als Mitschrieb der Soll- und Ist-Temperatur aufgetragen.

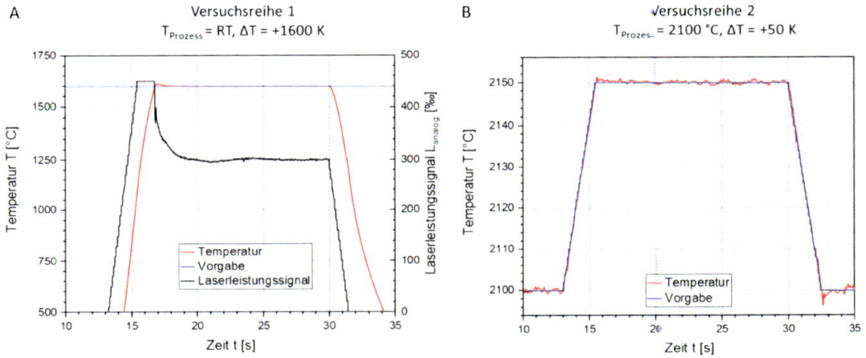

Abbildung 55 – Mitschrieb der gemessenen Prozesstemperatur und der Stellgröße Laserleistungssignal bzw. Solltemperatur für eine Laserpolitur bei $T_{Prozess}$ = RT und ΔT = +1600 K (A) sowie $T_{Prozess}$ = 2100 °C und ΔT = +50 K (B). Prozessparameter entsprechend Tabelle 19.

Im ungeregelten Fall (A) wird die Zieltemperatur von T = 1600 °C durch den großen Temperaturgradienten beim Aufheizen von ca. 800 K/s kurzzeitig um 10 K überschritten, bevor die Regelung die Temperatur stabilisieren kann. In Anbetracht des Temperaturdeltas von 1600 K und der zeitlichen Begrenzung kann dieser Fehler von < 1 % jedoch vernachlässigt werden. Im geregelten Fall wird die Ist-Temperatur auch im durch die Diskretisierung bedingten treppenstufigen Anstieg bzw. Abstieg mit geringer Abweichung der Soll-Temperatur nachgeführt (ΔT < 1 K). Am Ende der Temperaturabsenkung kann ein Überschwingen verzeichnet werden. Dieses liegt jedoch mit ΔT = 4 K in einem unkritischen Bereich. In Abbildung 56 ist die Oberflächentopographie eines zentralen Bereichs von 40 x 20 mm² der so bearbeiteten Substrate dargestellt. Der Formverzug wird über die Referenzflächen vor bzw. hinter dem Temperaturoffset anhand eines Polynoms 4-ter Ordnung näherungsweise rausgefiltert.

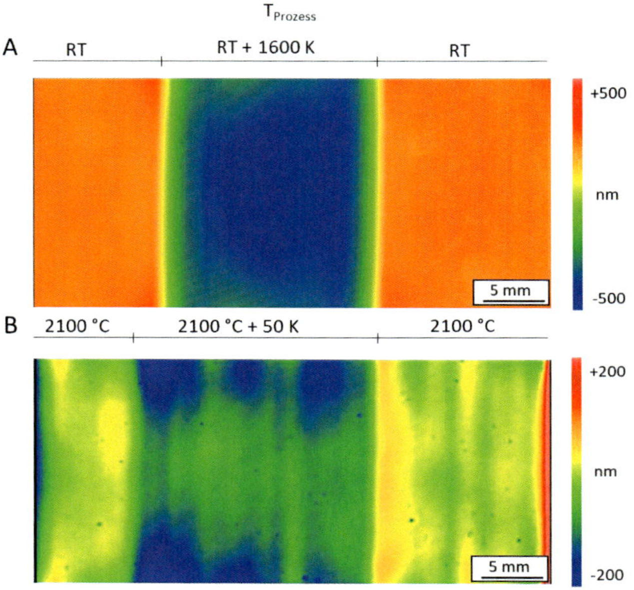

Abbildung 56
Falschfarbendarstellung der Oberflächentopographie der Quarzglassubstrate, laserpoliert bei RT mit +1600 K Offset (A) sowie bei 2100 °C mit +50 K Offset (B).

Zentrale 40 x 20 mm², gefiltert mit Polynom 4-ter Ordnung.

Prozessparameter entsprechend Tabelle 19.

Für beide Vorgehensweisen wird durch die Laserpolitur im Bereich der Temperaturerhöhung jeweils eine Vertiefung von ca. 587 nm ± 28,4 nm (RT + 1600 K) bzw. 289 nm ± 28,9 nm (2100 °C + 50 K) in die Substratoberfläche eingebracht. Die Tiefe wird anhand der Referenzflächen entlang von 10 horizontalen Messlinien bestimmt. Die Messlinien werden in den zentralen 10 mm (vertikale Position) äquidistant positioniert. Hierdurch werden die Artefakte der Formfilterung zum Rand des Messausschnittes vermieden. Die durch das Überschwingen zum Start bei RT + 1600 K hervorgerufene zusätzliche Vertiefung hat eine Tiefe von ca. 8 nm und wird bei der Auswertung der Gesamtvertiefung nicht berücksichtigt. Für den ungeregelten Fall ist die Gesamtvertiefung zudem ca. 2 mm kürzer als für den geregelten Fall. Dies ist darauf zurückzuführen, dass die Zieltemperatur von 1600 K nicht sofort zum Ende der Laserleistungsvariation erreicht wird, sondern ca. 2 Sekunden verzögert (vgl. Abbildung 55). Gleichzeitig wird bei 2100 °C bereits beim Einsetzen des ersten Temperaturänderungsschrittes ein abweichender Höhenunterschied bewirkt, während bei RT ein einsetzender Höhenunterschied erst ab einem größeren Temperaturdelta zu erwarten ist. Entsprechend beträgt die Wirkfläche der 15-sekündigen Änderung trotz Vorschubgeschwindigkeit v_{feed} = 1 mm/s für 2100 °C + 50 K ca. 20 mm und für RT + 1600 K ca. 18 mm. Hierbei ist auch der Wirkquerschnitt des Strahldurchmessers d_L von 8 mm zu berücksichtigen.

Durch Auswertung der einzelnen Versuche der Versuchsreihen kann somit ein Höhenunterschied Δz der Laserpolitur zwischen den jeweiligen Prozesstemperaturniveaus $T_{Prozess}$ und $T_{Prozess} + \Delta T$ bestimmt werden. Durch Kombination aller Messwerte durch Verknüpfung der relativen Höhenunterschiede (z. B. $T_{Prozess}$ = 2100 °C – 50 K und $T_{Prozess}$ = 2000 °C + 50 K) können die Einzelwerte der verschiedenen Versuche und Prozesstemperaturen zusammengefügt und auf einen gemeinsamen Bezugspunkt ($T_{Prozess}$ = RT ≙ unbearbeitete Oberfläche) verschoben werden. Hierbei ist ebenfalls die Streuung der

Einzelversuche kaskadiert zu berücksichtigen. In Abbildung 57 ist die so entstandene zusammengesetzte Kurve dargestellt. Zusätzlich sind die Messwerte nach einem Temperschritt gemäß Kapitel 5.2.2 sowie die Differenz zwischen bearbeiteten und getemperten Zustand dargestellt.

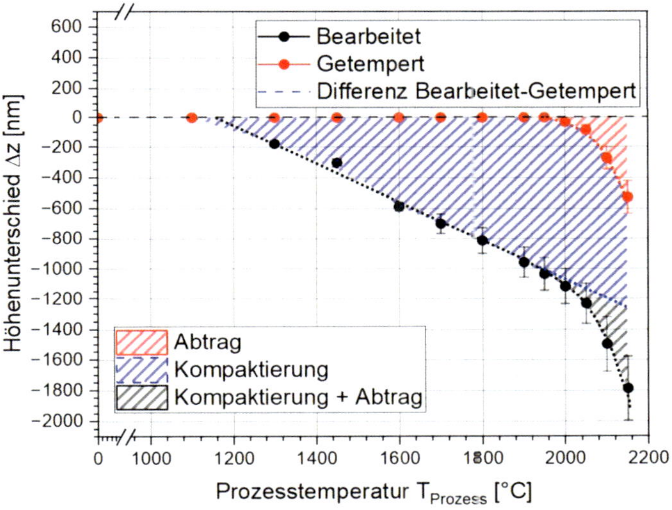

Abbildung 57
Durch Laserpolitur induzierter Höhenunterschied zum Nullniveau aufgetragen über der Prozesstemperatur. Messwerte für $T_{Prozess}$ bis 1600 °C bezogen auf RT, über 1600 °C kaskadiert bezogen auf RT. Standardabweichung unter Berücksichtigung der Stützstellen.

Prozessparameter entsprechend Tabelle 19.

Für die gemessenen Höhenunterschiede gilt im untersuchten Bereich, dass ab einer Prozesstemperatur 1100 °C ≤ $T_{Prozess}$ < 1300 °C ein Höhenunterschied in die Quarzglasoberfläche induziert wird. Bis zu einer Prozesstemperatur $T_{Prozess}$ ≈ 2000 °C kann ein linearer Zusammenhang zwischen Prozesstemperatur und Höhenunterschied angenommen werden. Für Prozesstemperaturen $T_{Prozess}$ > 2000 °C kann ein näherungsweise quadratischer Verlauf der Höhenunterschiede gemessen werden. Das mit steigender Temperatur aufgeweitete Konfidenzintervall ist hierbei die Folge der Verkettung der Messwerte der Einzelversuche zu einer gemeinsamen Kurve mit Stützstelle bei Raumtemperatur. Innerhalb der einzelnen Messreihen beträgt die Standardabweichung auch für jene Messpunkte 20 nm oder weniger.

Werden die auf diese Weise präparierten Substrate einem Temperschritt unterzogen, kann die rote Kurve aus Abbildung 57 bestimmt werden. Nach dem Temperschritt kann für Prozesstemperaturen $T_{Prozess}$ ≤ 1950 °C kein Höhenunterschied mehr bestimmt werden. Dies bedeutet, dass der nach der Bearbeitung gemessene Höhenunterschied für diese Temperaturniveaus reversibel in das Glas eingebracht wird. Dies entspricht der in den Veröffentlichungen zum Laser Beam Figuring dokumentierten Kompaktierung der Glasoberfläche. Hierbei wird durch die höhere Abkühlgeschwindigkeit der Laserpolitur im Vergleich zur ursprünglichen Glasschmelze eine Änderung der fiktiven Temperatur T_f induziert. Dies bedeutet, dass die Struktur der Glasschmelze bei einer höheren Temperatur eingefroren wird und folglich der laserpolierte Bereich eine zum Bulk-Material abweichende Dichte hat. Durch den Temperschritt wird die fiktive Temperatur aller Bereiche der Substrate wieder angeglichen. Einzig Höhenunterschiede durch tatsächlichen Materialabtrag verbleiben daher nach dem Temperschritt.

Dass die Kompaktierung für höhere Temperaturen größer ausfällt, kann dadurch erklärt werden, dass für höhere Oberflächentemperaturen auch eine tiefere Lage der für die Änderung der fiktiven Temperatur notwendigen Temperaturisothermen angenommen werden kann. Durch die nach der Laserpolitur im Vergleich zur Glasherstellung schneller erfolgende Abkühlung wird folglich ein größeres Volumen in einen Zustand höherer Dichte versetzt und ein größerer, reversibler Höhenunterschied gemessen. Die Zunahme der Kompaktierung ist hierbei im betrachteten Temperaturbereich linear.

Im Bereich der Prozesstemperaturen $T_{Prozess} > 1950$ °C wird nach dem Temperschritt weiterhin eine Änderung des Höhenunterschiedes gemessen. Der Verlauf der Abtragkurve ist hierbei quadratisch über der Prozesstemperatur. Im untersuchten Temperaturbereich bis 2150 °C wird eine Abtragtiefe von 400 bis 600 nm, bezogen auf das Nullniveau bei Raumtemperatur, erreicht.

Durch die Laserpolitur von Quarzglas wird im relevanten Temperaturbereich folglich stets ein Materialabtrag erzeugt. Für Prozesstemperaturen $T_{Prozess} < 1950$ °C kann ein linearer Verlauf der Kompaktierung nach der Bearbeitung approximiert werden. Durch Tempern der Substrate kann diese Kompaktierung jedoch reversibel entfernt werden. Mit Annäherung an die Verdampfungstemperatur nimmt die permanente Abtragtiefe quadratisch zu. Bei geeigneten Prozessparametern für eine Laserpolitur von Quarzglas (Prozesstemperatur $T_{Prozess} = 2100$ °C, Strahldurchmesser $d_L = 8$ mm und Vorschubgeschwindigkeit $v_{feed} = 1$ mm/s) wird Material mit einer Stärke von ca. 250 nm abgetragen.

7.1.2 Temperaturregelung mittels Pyrometer – Signal-to-noise Abhängigkeit

Die induzierte Welligkeit bei der Laserpolitur von Glas kann aus zufälligen Schwankungen der Prozesstemperatur resultieren. Diese Art der induzierten Welligkeit wird sowohl im Rahmen der Arbeit von Hecht [6] als auch von Richmann [3] dokumentiert und in Hypothesen der Schwankung der Prozesstemperatur zugeordnet. Mit dem in Kapitel 7.1.1 nachgewiesenen Materialabtrag ab $T_{Prozess} = 1950$ °C kann diese Hypothese gestützt werden.

Sowohl Hecht, als auch Richmann verwenden zur Reduktion der Prozesstemperatur-schwankungen eine Regelung der Prozesstemperatur mittels Pyrometrie [3, 6]. Im Falle der Arbeit von Hecht ist dies jedoch auf eine erste Demonstration beschränkt. Richmann wiederum bearbeitet die laserpolierten Quarzglasproben bereits mit einem Temperaturregelkreis. Der von Richmann aufgebaute Regelkreis wird auch in weiteren Veröffentlichungen der Aachener Forschungsgruppe (z. B. Heidrich [35] und Weingarten et al. [36, 41]) verwendet und besteht bis Beginn dieser Arbeit weiter.

Im Rahmen dieses Regelkreises wird die vom Pyrometer gemessene Temperatur als Analogsignal (0 V bis 10 V) an ein Analog-Digital-Interface übertragen, dort digitalisiert und in einem digitalen PID-Regler verarbeitet, um die Laserleistung zu variieren und so die Prozess-temperatur konstant zu halten. In den dokumentierten Prozesstemperaturen ist jedoch wiederholt ein Ausschlag zu erkennen. Diese Ausschläge sind auch in alten Mitschrieben aus Zeiten von Richmann vorhanden. Ein Beispiel für einen solchen Ausschlag ist in Abbildung 58 dargestellt.

Abbildung 58
Ausschnitt aus dem gemessenen Temperaturverlauf eines laserpolierten Quarzglassubstrates mit Ausschlag bei 12,8 s

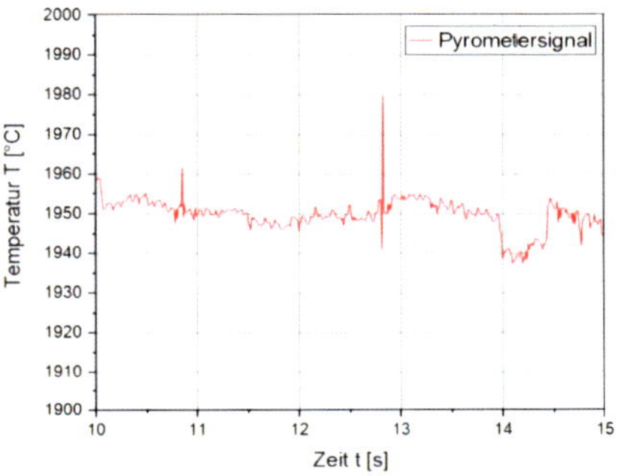

Im Falle dieser Ausschläge wird die Temperatur für ein bis drei Messpunkte sprunghaft höher oder niedriger gemessen und anschließend im vorherigen Verlauf fortgesetzt. Bei Überprüfung des bestehenden Regelkreises kann hierbei die analoge Übertragung des Temperatursignals als Schwachstelle des Systems und Ursache identifiziert werden. Mit einem Oszilloskop können im analogen Übertragungssignal signifikante Ausschläge bei eingeschaltetem Achssystem der Versuchsanlage gemessen werden. In Abbildung 59 ist eine Messung eines einzelnen Ausschlags abgebildet.

Abbildung 59
Oszilloskopmessung der Spannung des analogen 0-10 V Signals des Pyrometers während eines Ausschlags.

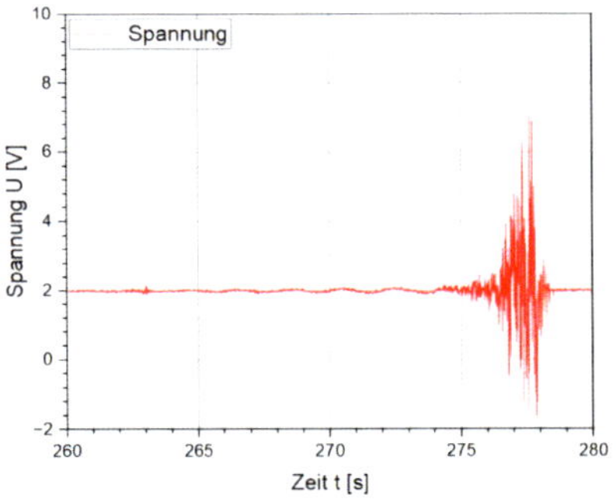

Der Ausschlag führt zu kurzfristigen Spitzen von +7 V und -2 V bei einer hochfrequenten Oszillation zwischen diesen Werten. Über einen Zeitraum von ca. 2 Sekunden werden die Spannungsspitzen aufgebaut und brechen dann wieder ein. In einem vorherigen Zeitraum von ca. 10 Sekunden kann eine langwellige Oszillation im Bereich ~0,5 Hz des Messsignals mit geringer Amplitude beobachtet werden.

Da die Messfrequenz der Abfrage des verwendeten Analog-Digital-Interface („USB-6211") mit durchschnittlich 100 Hz deutlich geringer ist als die Messfrequenz des Oszilloskops und auch der hochfrequenten Oszillation des Ausschlags, wird der Ausschlag im digitalen Messsignal nur als Einzelphänomen abgebildet. Dies ist jedoch bereits ausreichend, um den Regelprozess negativ zu beeinflussen.

Da die genaue Ursache dieser Störquelle nicht identifiziert werden kann und das Achssystem für die Prozessdurchführung mit Regelung notwendig ist, wird als Lösung der Ort der Digitalisierung zum Pyrometer verlegt. Das Messsignal des Pyrometers wird nun digital zum Steuerrechner übertragen. Da das digitale Signal nicht auf einer Signalstärke sondern dem Signalzustand beruht und zusätzlich mit einer CRC16 Checksumme versehen ist, ist die Messung robust gegen äußere elektromagnetische Störquellen. In Abbildung 60 ist das digitale Messsignal im Vergleich mit dem analogen Messsignal dargestellt.

Abbildung 60
Vergleich zwischen der analogen Signalübertragung und der digitalen Signalübertragung. Aus technischen Gründen ist nicht der gleiche Prozess dargestellt.

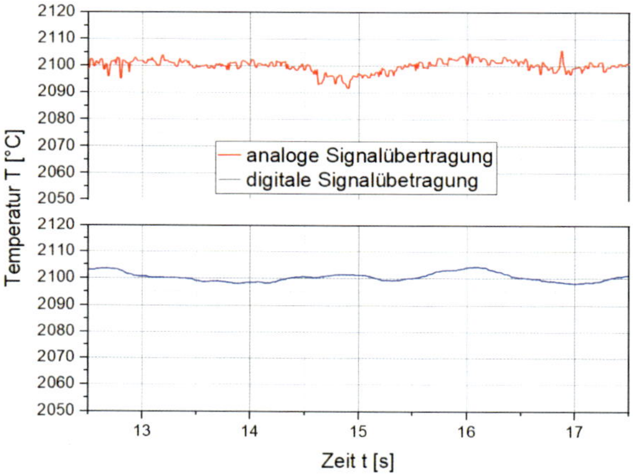

Durch die digitale Signalübertragung sind die interne Messtemperatur des Pyrometers und die Messtemperatur im PID gleich. Ausschläge durch Störsignale werden nun vermieden. Gleichzeitig wird auch das Rauschen des Signals signifikant reduziert, da nun auch weitere elektromagnetische Störquellen das Messsignal nicht mehr verfälschen können. Zur Untersuchung, ob durch die erhöhte Regelstabilität die induzierte Welligkeit reduziert wird, werden plane Quarzglassubstrate mit 30 mm Durchmesser mit den in Tabelle 20 genannten Prozessparametern laserpoliert.

Tabelle 20 – Prozessparameter zur Untersuchung des Einflusses der Stabilität der Regelung auf die induzierte Welligkeit

Laserleistung P_L [W]	geregelt	**Vorschubgeschwindigkeit v_{feed} [mm/s]**	1
Strahldurchmesser d_L [mm]	8	**Scanlinienlänge l_{Linie} [mm]**	45
Bearbeitungsstrategie	Quasi-Linie	**Vorheiztemperatur $T_{Vorheiz}$**	RT
Scangeschwindigkeit v_{scan} [m/s]	8	**Prozesstemperatur $T_{Prozess}$ [°C]**	2050

In Abbildung 61 ist die Oberfläche eines laserpolierten Quarzglassubstrats bei Verwendung der analogen (A) und der digitalen (B) Signalübertragung als Falschfarbendarstellung abgebildet.

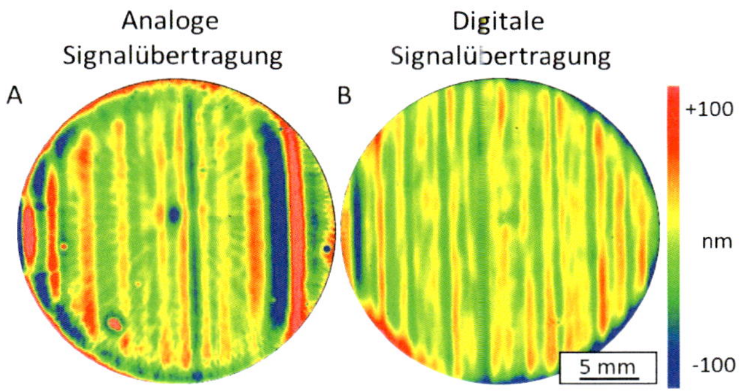

Abbildung 61
Falschfarbendarstellung der Oberflächentopographie von Quarzglassubstraten nach einer Laserpolitur mit pyrometriebasierter Temperaturregelung bei 2050 °C.
A: analoge und B: digitale Signalübertragung.
Gefiltert auf einen Wellenlängenbereich 80 µm ≤ λ ≤ 5000 µm.

Dargestellt sind die zentralen Ø27 mm.

Weitere Prozessparameter entsprechend Tabelle 20.

Im gefilterten Wellenlängenbereich von 80 µm ≤ λ ≤ 5000 µm werden Ausschläge der Welligkeit zum Anfang und Ende der Regelung durch die digitale Signalübertragung im Vergleich mit der analogen Signalübertragung reduziert. Der Betrag der durch die Welligkeit hervorgerufenen Peak-Valley-Unterschiede PV im Zentrum des Substrats bleibt unverändert bei ca. 50 nm. Vereinzelt, insbesondere am Substrat in Abbildung 61 A, ist die Ausgangsstruktur als residuale Welligkeit in Form von konzentrischen Strahlen, überlagert mit der induzierten Welligkeit, erkennbar.

Da durch die digitale Übertragung die Ausschläge unterdrückt werden und somit das Signal-to-Noise-Verhältnis verbessert wird, können zusätzlich die Regelungsparameter angepasst werden. Insbesondere der differenzierende Anteil des PID-Reglers, welcher Anfällig für Rauschen und Ausschläge ist, wird nun höher eingestellt, um schneller auf Änderungen der Prozesstemperatur reagieren zu können (ca. Faktor 10 höherer Einstellwert). In Abbildung 62 ist eine mit dem angepassten Regelungsparametern laserpolierte Quarzglasoberfläche dargestellt. Die Skala ist hierbei abweichend zu Abbildung 61 auf einen reduzierten Bereich geändert, um die Strukturen besser sichtbar zu machen.

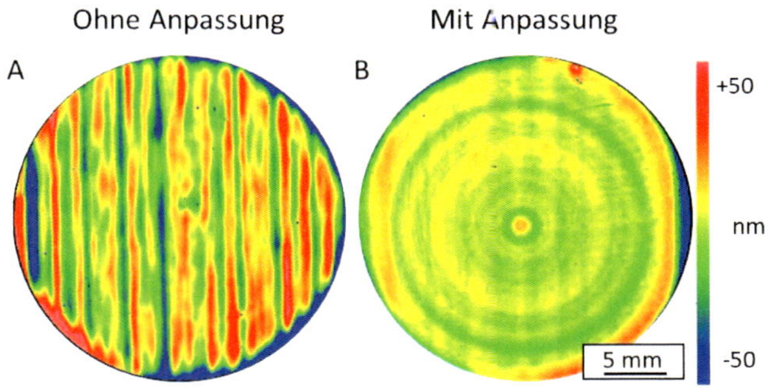

Abbildung 62
Falschfarbendarstellung der Oberflächentopographie von Quarzglassubstraten nach einer Laserpolitur mit aktiver, pyrometriebasierter Temperaturregelung bei 2050 °C. Digitale Signalübertragung A: ohne und B: mit Anpassung der Regelparameter.
Gefiltert auf einen Wellenlängenbereich 80 µm ≤ λ ≤ 5000 µm.

Dargestellt sind die zentralen Ø27 mm.

Weitere Prozessparameter entsprechend Tabelle 20.

Im Vergleich zu den vorherigen Oberflächen wird die induzierte Welligkeit reduziert. Im Zentrum des Substrates beträgt die Welligkeit PV ≈ 5 nm statt bisher PV ≈ 50 nm. Dies entspricht einer Reduktion um den Faktor 10. Die induzierte Welligkeit wird nun deutlich sichtbar von einer weiteren Welligkeit, bestehend aus konzentrischen Kreisen überlagert. Dies entspricht der residualen Welligkeit des Ausgangszustands der Quarzglasoberfläche, welche im Punktkontakt vergleichbar einer Asphäre mechanisch poliert wird.

Die Nutzung einer Temperaturregelung ist folglich bei der Laserpolitur von Quarzglas eine Möglichkeit, die induzierte Welligkeit aus Prozesstemperaturschwankungen signifikant zu reduzieren. Hierbei ist auf eine robuste, rauscharme Übertragung der Messwerte an den Regelkreis zu achten. Bei entsprechend abgestimmten Systemen kann die induzierte Welligkeit auf laserpolierten Oberflächen mit mechanisch poliertem Ausgangszustand auf einstellige Nanometer (PV) reduziert werden.

7.1.3 Regelung mittels Thermographie

Ein alternativer Ansatz zur Regelung der Prozesstemperatur mittels Einzelspot-Pyrometrie ist die Regelung mittels Thermographie. Die Funktionsweise der Regelung mittel Thermographie wird in Kapitel 5.3.2 beschrieben. Während die Regelung mittels des verwendeten Pyrometers auf der Messung der Prozesstemperatur an einem einzelnen Messfleckt mit Durchmesser 2,92 mm beruht, wird durch die Thermographie die Prozesszone großflächig vermessen. Entsprechend dem Pixelpitch von 150 µm werden im Bereich des Messflecks des Pyrometers ca. 300 Messwerte erfasst. Die Messunsicherheit wird jedoch mit ±2 % deutlich höher angegeben als die 0,6 % beim verwendeten Pyrometer. Die Wiederholbarkeit wird beim Pyrometer mit 0,3 % angegeben. Die Messfrequenz ist mit 50 Hz (Thermographie) zu 60 Hz (Digitalsignal Pyrometer) nahezu identisch.

Der Vorteil der thermographiebasierten Prozessregelung ist darin gegeben, dass die Regelung durch die großflächige Messung der Prozesstemperatur unabhängig von der manuellen Positionierung des Messfleckes ist. Hierbei ist insbesondere zu beachten, dass die Positionierung des Messfleckes des Pyrometers in Abhängigkeit der Prozessparameter geändert werden muss. Insbesondere die Vorschubgeschwindigkeit, der verwendete Strahldurchmesser sowie Werkstückgeometrie können die Position der heißesten Positionen beeinflussen. Im Falle der thermographiebasierten Prozessregelung kann dies durch den Bildverarbeitungsalgorithmus kompensiert werden. Allerdings ist zu beachten, dass im Gegensatz zur Pyrometriemessung die thermographiebasierte Messung der Prozesstemperatur sensitiv auf die Fokuslage der Kamera ist. Hierdurch kann durch unterschiedliche Fokuslagen die Wiederholbarkeit der Prozessregelung begrenzt sein.

Für den Vergleich der Prozessregelung mittels Thermographie und Pyrometrie werden Quarzglassubstrate der Größe $60 \times 30 \times 5$ mm³ laserpoliert. Die verwendeten Prozessparameter sind in Tabelle 21 aufgeführt.

Tabelle 21 – Prozessparameter zur Untersuchung der Prozessregelung mittels Thermographie

Laserleistung P_L [W]	geregelt	**Vorschubgeschwindigkeit v_{feed} [mm/s]**	1
Strahldurchmesser d_L [mm]	8	**Scanlinienlänge l_{Linie} [mm]**	45
Bearbeitungsstrategie	Quasi-Linie	**Vorheiztemperatur $T_{Vorheiz}$ [°C]**	RT
Scangeschwindigkeit v_{scan} [m/s]	9	**Prozesstemperatur $T_{Prozess}$ [°C]**	2100

Die Regelung erfolgt bei einer Prozesstemperatur $T_{Prozess} = 2100$ °C knapp unterhalb der Verdampfungstemperatur. Die gemessene Temperatur wird vor Durchführung der Versuchsreihe zwischen Pyrometer und Thermographiesystem abgeglichen. Die Abweichung der gemessenen Temperatur liegt bei wenigen Kelvin. In Abbildung 63 ist die Oberflächentopographie eines mit Pyrometrieregelung und eines mit Thermographieregelung bearbeiteten Substrates beispielhaft dargestellt.

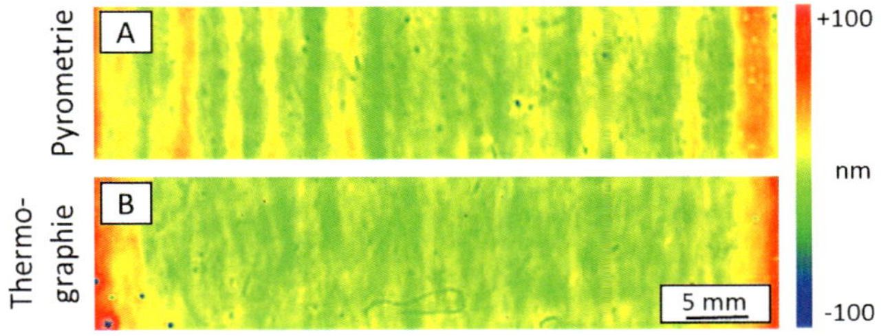

Abbildung 63
Falschfarbendarstellung der Oberflächen-topographie eines Quarzglassubstrats. Bearbeitung mit Pyrometrie (A) und Thermographie (B) Zentrale 55 x 12,5 mm², gefiltert auf Orts-wellenlängen 80 µm ≤ λ ≤ 5000 µm.

Prozessparameter entsprechend Tabelle 21.

Wird die Welligkeit jeweils über 10 Linienschriebe von 8 mm Länge ausgewertet, wird auf der Oberfläche der pyrometriegeregelt bearbeiteten Oberflächen durch den Laserpolierprozess eine Welligkeit mit durchschnittlich PV = 29,1 nm ± 7,6 nm induziert. Einzelne Wellenzüge erreichen PV-Werte von bis zu ca. 45 nm. Auf den thermographiegeregelt bearbeiteten Oberflächen wird eine Welligkeit mit durchschnittlich PV = 15,2 nm ± 2,5 nm mit einzelnen Wellenzügen bis PV ≈ 20 nm induziert.

Die im Vergleich zu Abbildung 62 erhöhte Welligkeit der pyrometriegeregelt bearbeiteten Oberfläche kann auf die höhere Prozesstemperatur zurückgeführt werden (Siehe Kapitel 7.1.5). Die Messgenauigkeit des Thermographiesystems liegt nach Herstellerangaben in diesem Temperaturbereich bei ~±50 K (±2 %). Beim Abgleich der Messtemperatur zwischen Pyrometer und Thermographiesystem liegt der Unterschied der gemessenen Prozesstemperaturen zwischen beiden Systemen bei allen Wiederholungen jedoch bei ≤ 20 K. Für alle drei Wiederholungen der Versuchsreihe ist die Welligkeit im Falle der Thermographieregelung geringer.

Entsprechend kann durch eine thermographiebasierte Prozessregelung trotz reduzierter Messgenauigkeit (im Vergleich zur Pyrometermessung) eine höhere Regelstabilität erzielt werden. Die induzierte Welligkeit wird hierbei auf etwas weniger als die Hälfte reduziert.

7.1.4 Einfluss von Laserleistungsschwankungen

In Kapitel 7.1.1 wird gezeigt, dass bei der Laserpolitur von Glas bei Prozesstemperaturen $T_{Prozess}$ > 1950 °C ein Abtrag induziert wird. In Kapitel 7.1.2 und 7.1.3 wird wiederum gezeigt, dass durch eine stabilere Prozessregelung die induzierte Welligkeit gesenkt werden kann. Im Folgenden soll mit Hilfe der aufgebauten Regelungstechnik untersucht werden, ob ein direkter Zusammenhang zwischen den Temperaturschwankungen und der induzierten Welligkeit hergestellt werden kann. Hierzu werden Quarzglassubstrate der Maße 45 x 25 x 5 mm³ auf dem Versuchsstand „KOALA" bearbeitet. Die Laserpolitur erfolgt mit den in Tabelle 22 genannten Prozessparametern. Da der Versuchsstand „KOALA" nicht für das Thermographiesystem geeignet ist, erfolgt die Regelung mittels Pyrometer.

Tabelle 22 – Prozessparameter zur Untersuchung des Einflusses der Laserleistungsschwankungen auf die induzierte Welligkeit

Laserleistung P_L [W]	775; geregelt	**Vorschubgeschwindigkeit v_{feed} [mm/s]**	1
Strahldurchmesser d_L [mm]	8	**Scanlinienlänge l_{Linie} [mm]**	45
Bearbeitungsstrategie	Quasi-Linie	**Vorheiztemperatur $T_{Vorheiz}$ [°C]**	RT
Scangeschwindigkeit v_{scan} [m/s]	11,25	**Prozesstemperatur $T_{Prozess}$ [°C]**	ungeregelt; 2100
Versuchsstand	KOALA		

Die Bearbeitung erfolgt für das Aufstellen eines Benchmarks einmal ungeregelt mit konstanter Laserleistung $P_L = 775$ W und einmal mit der in Kapitel 7.1.2 beschriebenen Pyrometrie-regelung. Die konstante Laserleistung ist hierbei anhand der während eines geregelten Prozesses eingestellten mittleren Laserleistung bestimmt, um ca. die gleiche Prozesstemperatur zu erreichen. Hierdurch wird jedoch der Anfangsbereich des Substrats unterhalb der Zielprozesstemperatur bearbeitet, da die geregelte Aufheizphase mit erhöhter Laserleistung nicht vorhanden ist und so das Gleichgewicht aus Energieeintrag und Wärmeabstrahlung erst zu einem späteren Zeitpunkt erreicht wird. Dieser Bereich wird daher nicht in die Auswertung mit einbezogen.

Die Scangeschwindigkeit wird zu $v_{scan} = 11,25$ m/s gewählt. Hieraus ergibt sich für die Scanlinienlänge von $l_{Linie} = 45$ mm eine Scanfrequenz von 250 Hz. Diese Scanfrequenz wird experimentell bestimmt und entspricht der Scanfrequenz bei welcher die Schwankung der Messung der Prozesstemperatur durch das Pyrometer minimal ausfällt. Diese Schwankungen resultieren aus der verwendeten Quasi-Linien-Strategie. Das verwendete Pyrometer hat eine eingestellte Integrationszeit t_{95} von 100 ms und sendet digitale Messsignale mit einer Frequenz von ca. 60 Hz. Der Unterschied zwischen eingestellten Scanfrequenz und Vielfachem der Messfrequenz (250 Hz zu 240 Hz) resultiert vermutlich aus Rundungsfehlern und Delays der Steuerkarte. Bei falsch eingestellter Scanfrequenz wird die Messung der Prozesstemperatur in Vorschubrichtung durch die Schwankung der Prozesstemperatur in Scanrichtung überlagert, da der Laserspot innerhalb der Quasi-Linie zum Zeitpunkt der Signalübertragung an einer abweichenden Position der Quasi-Linie positioniert ist.

In Abbildung 64 (A) ist die Oberflächentopographie eines Quarzglassubstrats, bearbeitet mit konstanter Laserleistung, dargestellt. Die Darstellung ist auf den Bereich der Welligkeit mit Ortswellenlängen 80 µm ≤ λ ≤ 5000 µm gefiltert.

Abbildung 64
Falschfarbendarstellung der Oberflächentopographie der Quarzglassubstrate. Bearbeitung ungeregelt mit konstanter Laserleistung P_L = 775 W (A) und mit Pyrometrieregelung (B).
Zentrale 40 x 20 mm², gefiltert auf Ortswellenlängen 80 µm ≤ λ ≤ 5000 µm.

Prozessparameter entsprechend Tabelle 22.

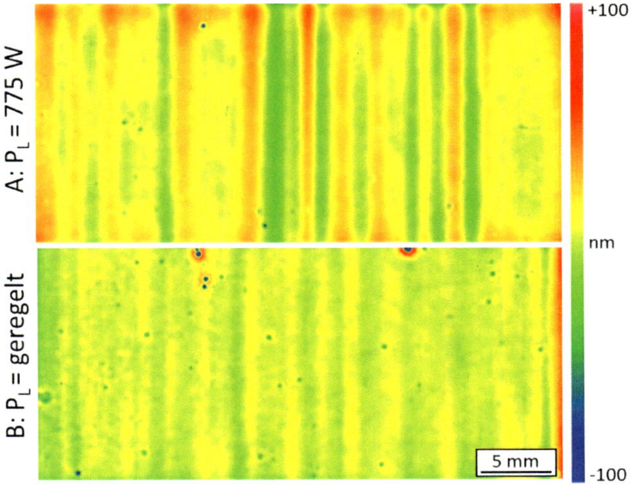

Durch die Bearbeitung mit konstanter Laserleistung wird im zentralen Bereich des Substrats eine Prozesstemperatur von $T_{Prozess}$ = 2080 °C bis $T_{Prozess}$ = 2120 °C erreicht. Nach der Laserbearbeitung beträgt die Welligkeit auf der Substratoberfläche im Bereich 80 µm ≤ λ ≤ 5000 µm PV bis ca. 80 nm. Unter Verwendung der Pyrometrieregelung (B) wird eine Welligkeit mit PV von ca. 20 nm induziert. Die Reduktion der Welligkeit durch die Regelung der Prozesstemperatur liegt somit bei ca. einem Faktor 4. Für die induzierte Welligkeit können keine dominanten Frequenzen bestimmt werden. Die induzierte Welligkeit ist in Vorschubrichtung durch Überlagerung einer Vielzahl von Effekten und Frequenzen gegeben. In Abbildung 65 ist der durch das Pyrometer während der Bearbeitung des Substrates gemessene Temperaturverlauf dargestellt.

Abbildung 65
Ausschnitt aus dem Mitschrieb der gemessenen Prozesstemperatur während der Bearbeitung des in Abbildung 64 dargestellten Substrates.
Solltemperatur $T_{Prozess,soll}$ = 2100 °C

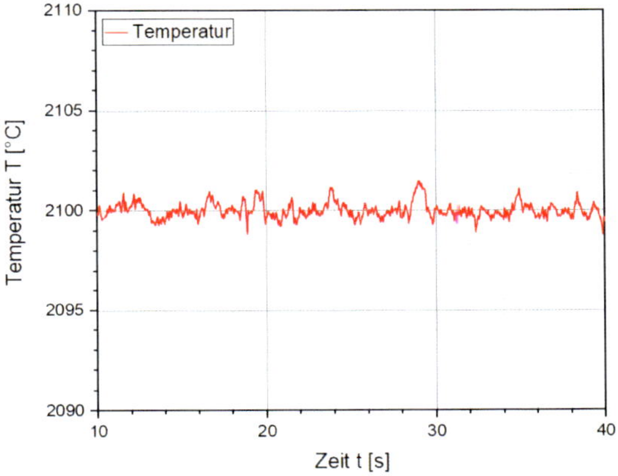

Die Temperatur wird durch die Pyrometrieregelung auf $\Delta T = \pm 2$ K genau geregelt. Die Standardabweichung der Prozesstemperatur beträgt auf der Substratoberfläche (ausgenommen Ein- und Ausschwingbereich) 0,53 K.

Die induzierte Welligkeit kann durch eine Temperaturregelung mittels Pyrometrie folglich signifikant reduziert werden. Eine Steigerung der Stabilität der Regelung resultiert direkt in einer Senkung der Amplitude der induzierten Welligkeit. Daher kann angenommen werden, dass die induzierte Welligkeit bei der Laserpolitur von Glas mit Schwankungen der Prozesstemperatur korreliert. Diese Schwankungen können z. B. durch Variationen der Laserleistung während des Prozesses hervorgerufen werden (siehe Anhang 13.3).

Um den Einfluss einer Laserleistungsschwankung auf die Prozesstemperatur und auf die Welligkeit zu erfassen, werden weitere Quarzglassubstrate 45 x 25 x 5 mm³ mit den in Tabelle 22 genannten, geregelten Prozessparametern bearbeitet. Hierbei wird nach festen Zeitintervallen (dies entspricht festen Positionen auf der Substratoberfläche) ein Offset auf das Laserleistungssignal gegeben, um eine „Schwankung" der Laserleistung zu generieren. Hierbei bleibt die Pyrometrieregelung aktiv geschaltet, um auf diese Laserleistungsschwankung korrigierend zu reagieren. In Abbildung 66 ist die gemesse Prozesstemperatur sowie das Laserleistungssignal zur Ansteuerung der Laserstrahlquelle für die Laserpolitur mit Offset dargestellt.

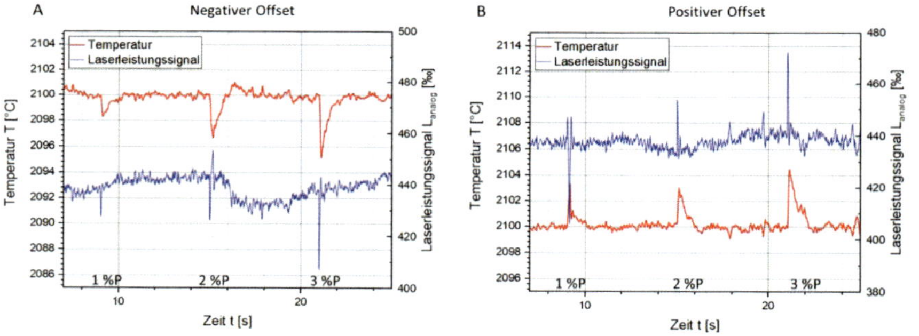

Abbildung 66 - Mitschrieb der gemessenen Prozesstemperatur und des Laserleistungssignals für eine Laserpolitur bei $T_{Prozess}$ = 2100 °C mit einem Offset des Laserleistungssignals um 1 bis 3 Prozentpunkte. A: negativer Offset B: positiver Offset. Prozessparameter entsprechend Tabelle 22.

Der Offset des Laserleistungssignals erfolgt ab Sekunde 9 dauerhaft um 1 Prozentpunkt, ab Sekunde 15 dauerhaft um weitere 2 Prozentpunkte und ab Sekunde 21 um weitere 3 Prozentpunkte. Zu erkennen ist, dass die Laserleistungsänderung der Laserstrahlquelle in Folge des geänderten Ansteuersignals unmittelbar zu einer Änderung der Prozesstemperatur führt. Durch den PID-Regler wird in Folge dieser Prozesstemperaturabweichung eine Anpassung der Laserleistung vorgenommen, wodurch diese bereits nach 3-4 Messzyklen wieder auf dem Niveau vor Einführung des jeweiligen Offsets liegt. Die Prozesstemperatur wird durch den kurzeitigen Ausschlag der Laserleistung zwar kurzfristig verändert, jedoch beträgt die Abweichung für 1 Prozentpunkt nur $\Delta T_{1\%} = 2$ K, für 2 Prozentpunkte $\Delta T_{2\%} = 3$ K und für 3 Prozentpunkte $\Delta T_{3\%} = 4{,}25$ K. Hierbei entspricht 3 Prozentpunkte Offset einer Änderung der Laserleistung um $\Delta P_L = \sim 54$ W bzw. 6,8 % bezogen auf das durchschnittliche Laserleistungsniveau von $P_{L,\,avg} = \sim 800$ W. In Abbildung 67 ist der Ausschnitt der Substratoberfläche dargestellt auf welchem die Erhöhung der Laserleistung stattfindet.

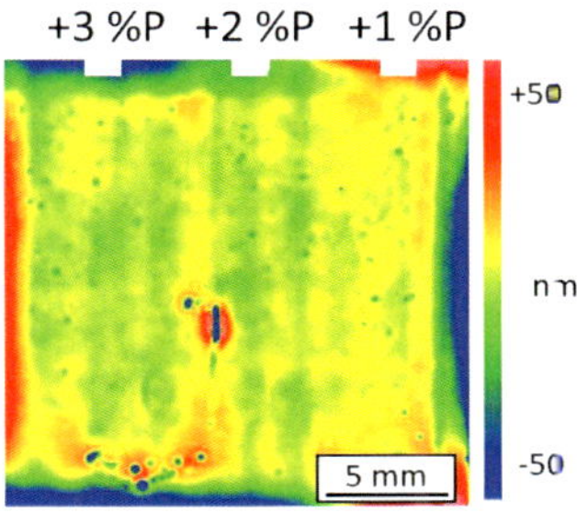

Abbildung 67
Falschfarbendarstellung der Oberflächentopographie eines Quarzglassubstrats. Ausschnitt des Offsets des Laserleistungssignals. Gefiltert auf Ortswellenlängen 80 µm ≤ λ ≤ 5000 µm.

Prozessparameter entsprechend Tabelle 22.

Die Steigerung des Laserleistungssignals um 1 bis 3 Prozentpunkte ist in der Abbildung am oberen Rand markiert. Durch die Änderung werden jeweils Vertiefungen in der Oberfläche hervorgerufen. Diese sind jedoch nur optisch erfassbar. Der Betrag der Vertiefung kann nicht genauer bestimmt werden, da diese auf der Substratoberfläche durch die zufällige induzierte Welligkeit überlagert werden. In Abbildung 68 ist die Prozesstemperatur und die Oberflächentopographie bei ausgeschalteter Regelung dargestellt. Hierbei wird die Regelung jeweils für 1 Sekunde deaktiviert, bevor der Offset resettet wird und die Regelung wieder aktiviert wird. Die Laserleistung ist entsprechend für je 1 Sekunde konstant.

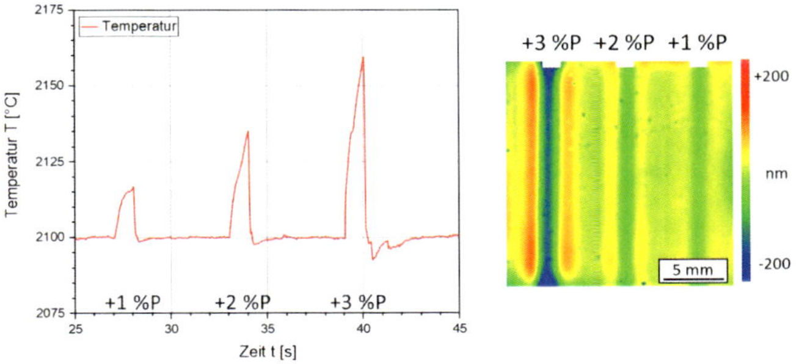

Abbildung 68
Gemessene Prozesstemperatur (links) und Oberflächentopographie (rechts) für eine Laserpolitur bei 2100 °C mit einem positiven Offset des Laserleistungssignals um ein bis drei Prozentpunkte bei ausgeschalteter Regelung. Gefiltert auf Ortswellenlängen 80 µm ≤ λ ≤ 5000 µm.

Prozessparameter entsprechend Tabelle 22.

Durch Deaktivieren der Regelung zum Zeitpunkt des Offsets wird im Vergleich zur vorangegangenen Versuchsreihe eine signifikant höhere Temperaturschwankung hervorgerufen. Für einen Offset von 1 Prozentpunkt wird eine Temperatursteigerung um bis zu ΔT = 28 K gemessen, für 2 Prozentpunkte von bis zu ΔT = 35 K und für 3 Prozentpunkte von bis zu ΔT = 60 K. Gleichzeitig können die Positionen der aktiven Offsets auf der Oberfläche der Substrate als Vertiefungen gemessen werden. Hierbei werden Täler von bis zu 200 nm Tiefe durch die 1 Sekunde andauernde Schwankung hervorgerufen. Bereits für 1 Prozentpunkt Offset werden ca. 60 nm Material abgetragen.

Innerhalb der einen Sekunde wird bei einer Vorschubgeschwindigkeit v_{feed} = 1 mm/s ein Millimeter zurückgelegt. Die Breite der entstandenen Täler bzw. im Falle abgesenkter Laserleistung Hügel liegt hingegen bei ca. 3 mm. Dies ist darin begründet, dass die Bearbeitung mit einem Strahldurchmesser d_L = 8 mm und einem Gaußschen Strahlprofil erfolgt. In Folge der

Änderung der Laserleistung wird ein größerer Bereich als der durch den reinen Achsvorschub überschrittene Millimeter mit einer abweichenden Laserleistung bestrahlt. Hierdurch wird in einem Bereich des Laserstrahlradius vor und hinter der Wegstrecke ein abweichender Temperatur-Zeit-Verlauf induziert. Die Folge ist ein abweichender Materialabtrag im betroffenen Bereich des Substrats, wobei entsprechend der Messungen ein Bereich von je ca. 1 mm des Strahlradius sowie der überschrittene Bereich hinreichende Abweichung im Temperatur-Zeit-Verlauf erfahren, um eine messbare Abweichung der Oberfläche hervorzurufen. Der Höhenunterschied über der Änderung der Laserleistung ist in Abbildung 69 graphisch aufgetragen.

Abbildung 69
Höhenunterschied Δz aufgetragen über dem Offset des Laserleistungssignals mit quadratischem Fit. Jeweils gemittelt aus 10 Messwerten. Bestimmt bei Filterung auf Ortswellenlängen λ < 20000 µm.

Zusätzlich Angabe der rechnerischen, prozentualen Abweichung der Laserleistung.

Weitere Prozessparameter entsprechend Tabelle 22.

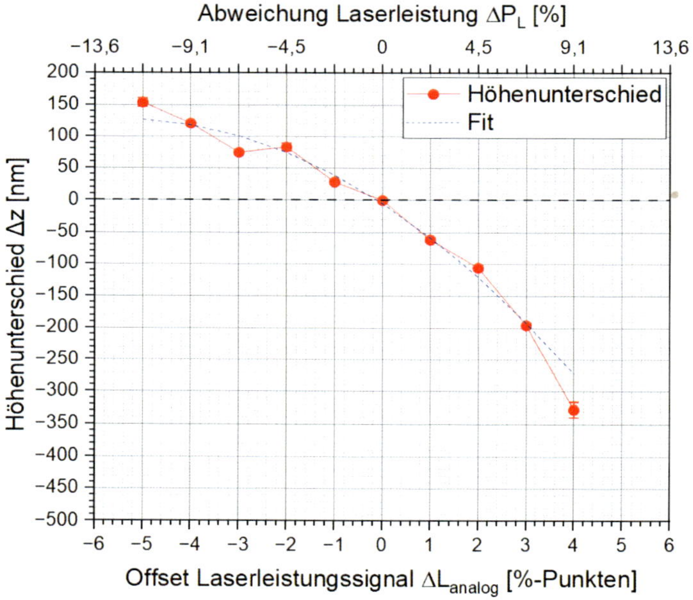

Für den Höhenunterschied Δz ergibt sich in Abhängigkeit der Laserleistungsänderung ein quadratischer Verlauf. Hierbei können Aufwürfe von über 100 nm und Täler von mehreren 100 nm gemessen werden. Der Verlauf gleicht den Berichten von Weingarten [42] zum Abtragverhalten beim sogenannten Laser Beam Figuring. Da im hiesigen Beispiel sowohl eine Änderung der Abtragtiefe als auch eine Änderung der Prozesstemperatur gemessen werden kann, kann die Hypothese von Weingarten zum Abtrag durch Verdunstung unterhalb der Verdampfungstemperatur möglicherweise auf dieses Phänomen angewandt werden. Um dies zu verdeutlichen ist die Kurve aus Abbildung 69 in Abbildung 70 über der gemessenen, maximalen Prozesstemperatur T_{max} bei Laserleistungserhöhung bzw. minimalen Prozesstemperatur T_{min} bei Laserleistungssenkung dargestellt.

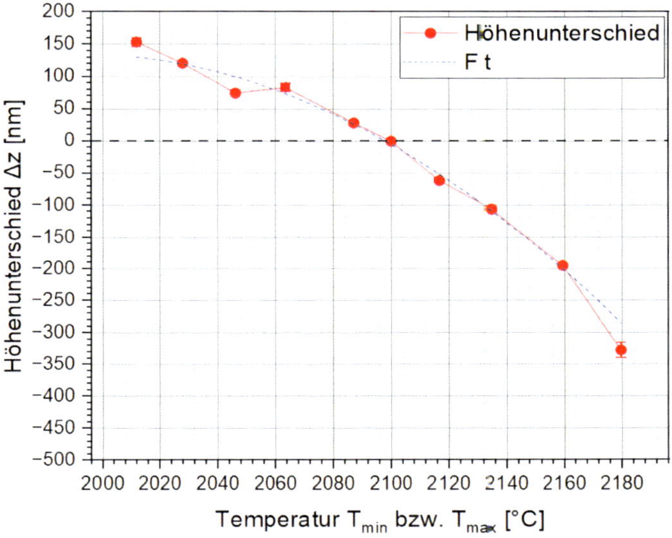

Abbildung 70
Höhenunterschied Δz aufgetragen über der gemessenen minimalen bzw. maximalen Prozesstemperatur mit quadratischem Fit. Jeweils gemittelt aus 10 Messwerten. Bestimmt bei Filterung auf Ortswellenlängen $\lambda < 20000$ µm.

Weitere Prozessparameter entsprechend Tabelle 22.

Die Kurve bleibt hierbei weitestgehend unverändert. Lediglich die Messpunkte der höchsten Laserleistungen resultieren in einem nicht-linearen Anstieg der Temperatur und sind entsprechend nach rechts verschoben. Auffällig in beiden Graphen ist hingegen der Messwert bei einem negativen Offset von ΔL_{analog} = -3 Prozentpunkten bzw. bei T_{max} = 2048 °C. Der Knick der Messwerte wird auch durch das Auftragen über die Prozesstemperatur nicht aufgehoben. Möglicherweise ist eine Überlagerung mit der vorhandenen Grundwelligkeit ursächlich für diesen Ausreißer.

Ausgehend von den in Abbildung 69 und Abbildung 70 eingezeichneten Fitkurven kann der Einfluss der Schwankung der Prozesstemperatur bzw. der nominellen Laserleistung um den Prozesspunkt abgeleitet werden. In Abbildung 71 sind die resultierenden Kurven für den Prozessparameter aus Tabelle 22 und damit eine Regeltemperatur von 2100 °C und mittlere Laserleistung von ~775 W aufgetragen.

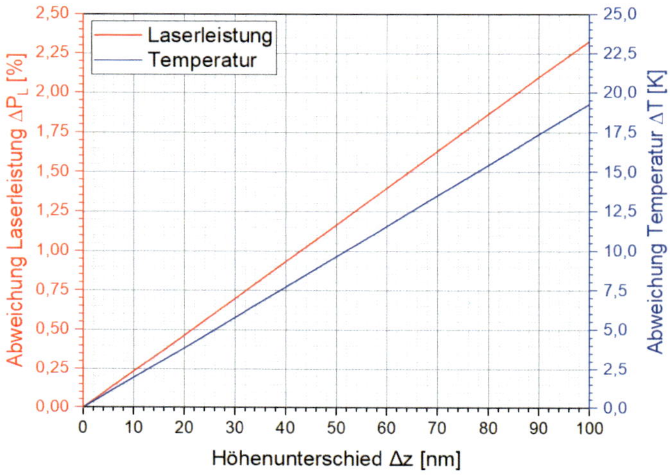

Abbildung 71
Zulässige Abweichung der Laserleistung und Prozesstemperatur in Abhängigkeit der einzuhaltenden Höhenunterschiede Δz. Bestimmung anhand der gefitteten Kurven aus Abbildung 69 und Abbildung 70 und der dortigen Bezugspunkte. Werte jeweils als ±Abweichung auf den Mittelwert.

Prozessparameter entsprechend Tabelle 22 ($T_{Prozess}$ = 2100 °C).

Durch die Auftragung der Werte als gleichverteilte Abweichung (Abweichung sowohl in positive wie auch negative Richtung betragsmäßig gleich) wird ein linearer Zusammenhang ersichtlich. Zu beachten gilt, dass die hier aufgetragene Änderung auf einen Zeitraum von 1 Sekunde bei 1 mm/s Vorschubgeschwindigkeit bezogen ist. Die Temperaturänderung entspricht hierbei der maximalen gemessenen Temperatur, diese kann nicht für den gesamten Zeitraum angenommen werden. Die aufgetragene Temperaturabweichung ΔT entspricht der durch das Pyrometer gemessenen Temperaturabweichung und ist folglich von der Messfleckgröße und der Messfrequenz abhängig. Die tatsächliche lokale Temperaturabweichung kann hiervon nach oben abweichen.

Durch die pyrometriebasierte Prozessregelung wird folglich Laserleistungsschwankungen der Laserstrahlquelle erfolgreich gegengewirkt. Die verbleibenden Schwankungen der Prozesstemperatur erzeugen eine Welligkeit mit einer Peak-Valley-Höhe entsprechend der Grundwelligkeit der Oberfläche nach der Laserpolitur. Da die künstlichen Laserleistungsschwankungen mit bis zu 11,4 % (bezogen auf die mittlere Laserleistung am Arbeitspunkt) jedoch die erwarteten Laserleistungsschwankungen um einen Faktor > 10 übersteigen, kann die Regelung als hinreichend stabil und agil angesehen werden. Wird auf die Regelung verzichtet wird eine signifikante Änderung der Oberfläche in Abhängigkeit der lokalen Laserleistung bzw. der Prozesstemperatur erzeugt. Der Höhenunterschied der induzierten Welligkeit ist hierbei für eine feste Prozesstemperatur linear abhängig von der Schwankung der Prozesstemperatur und damit indirekt von der Schwankung der Laserleistung (im ungeregelten Fall). Z. B. wird für eine Welligkeit Δz < 10 nm folglich bei den Prozessparametern aus Tabelle 22 eine Temperaturstabilität ΔT < ±2 K benötigt bzw. im ungeregelten Fall eine Laserstrahlquelle mit Laserleistungsstabilität ΔP_L < ±0,25 % der nominellen Laserleistung. In Anbetracht der Messunsicherheit des Pyrometers von 0,6 % des Messwerts (für $T_{Prozess}$ = 2100 °C somit 12,6 K) und einer Wiederholbarkeit von 0,3 % des Messwerts (für $T_{Prozess}$ = 2100 °C somit 6,3 K) ist zu berücksichtigen, dass nicht für die absolute Temperatur sondern für die Schwankung der Temperatur innerhalb eines Polierdurchgangs die Temperaturstabilität ΔT < ±2 K erreicht werden muss. Folglich ist ein rauscharmes Messsignal entscheidend (rauschäquivalente Temperaturdifferenz des Pyrometers: 0,2 K bei 700 °C) und nicht die Genauigkeit, mit der die absolute Temperatur gemessen oder in wiederholten Versuchsreihen angesteuert wird (vgl. auch Kapitel 7.1.2).

7.1.5 Einfluss der Prozesstemperatur

Aus den Ergebnissen von Kapitel 7.1.4 und dem Verlauf der Kurven aus Abbildung 71 kann abgeleitet werden, dass eine Laserpolitur von Glas ohne induzierte Welligkeit nur für einen idealisierten Prozess ohne Schwankung der Prozesstemperatur möglich ist. Abseits des idealen Prozesses folgt aus einer Halbierung der Schwankungen eine theoretische Halbierung der Welligkeit. Neben der Schwankung der Laserleistung als Einflussgröße auf die induzierte Welligkeit kann, angelehnt an den Verlauf aus Abbildung 57, auch eine Abhängigkeit von der Prozesstemperatur erwartet werden. In Abbildung 72 ist die Ableitung der Abtragkurve aus Abbildung 57 anhand eines quadratischen Fits der Messpunkte dargestellt.

Abbildung 72 Ableitung der Abtragkurve aus Abbildung 57 über der Prozesstemperatur. Dargestellt als Ableitung des quadratischen Fits der Messwerte ab 1950 °C.

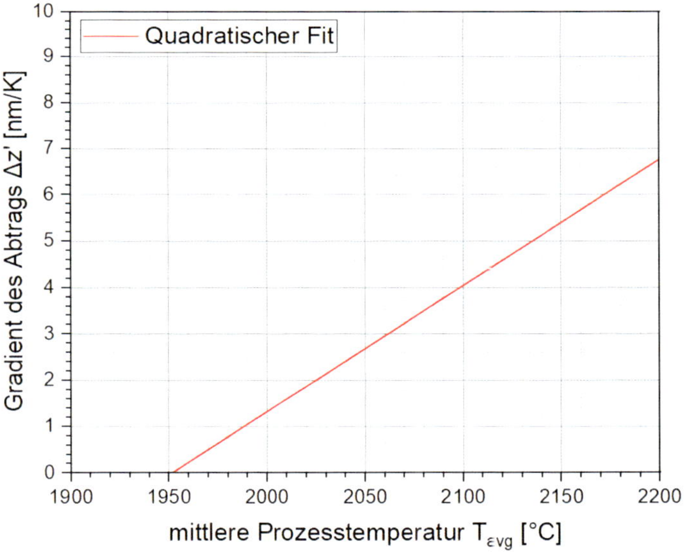

Wird der Prozess bei verringerter Prozesstemperatur durchgeführt, wird der Arbeitspunkt entlang der Kurve nach links verschoben. In diesem Bereich ist der Gradient der Abtragtiefe zur Änderung der Prozesstemperatur (hervorgerufen z. B. durch Laserleistungsschwankungen) geringer. Folglich ist eine geringere induzierte Welligkeit bei ansonsten unveränderten Randbedingungen zu erwarten.

Um diese Hypothese zu überprüfen, werden Quarzglassubstrate der Größe 45 x 25 x 5 mm^3 mit den in Tabelle 23 genannten Prozessparametern laserpoliert.

Tabelle 23 – Prozessparameter zur Untersuchung des Einflusses der Prozesstemperatur auf die induzierte Welligkeit

Laserleistung P_L [W]	geregelt	**Vorschubgeschwindigkeit v_{feed} [mm/s]**	1
Strahldurchmesser d_L [mm]	8	**Scanlinienlänge l_{Linie} [mm]**	45
Bearbeitungsstrategie	Quasi-Linie	**Vorheiztemperatur $T_{Vorheiz}$ [°C]**	RT
Scangeschwindigkeit v_{scan} [m/s]	11,25	**Prozesstemperatur $T_{Prozess}$ [°C]**	2000
Versuchsstand	KOALA		

Hierbei wird im Vergleich zu den vorangegangenen Substraten die Prozesstemperatur von $T_{Prozess}$ = 2100 °C auf $T_{Prozess}$ = 2000 °C reduziert. Die sonstigen Prozessparameter sowie die weitere Parametrisierung des Regelkreises bleiben unverändert. In Abbildung 73 ist die Oberflächentopographie eines mit diesen Prozessparametern bearbeiteten Quarzglassubstrats dargestellt.

Abbildung 73 Falschfarbendarstellung der Oberflächentopographie eines Quarzglassubstrats. Beispiel für Ausgangszustand (oben) und Laserpoliert bei 2000 °C (unten). Messungen zeigen nicht das gleiche Substrat.

Zentrale 40 x 20 mm², gefiltert auf Ortswellenlängen 80 µm ≤ λ ≤ 5000 µm.

Prozessparameter entsprechend Tabelle 23.

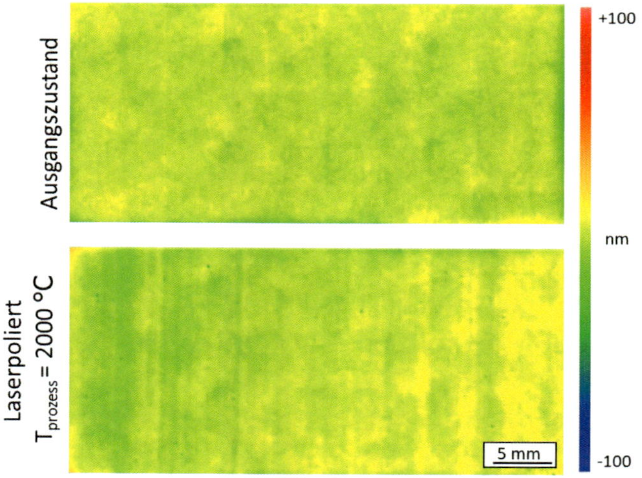

Im Vergleich zu Abbildung 64 wird durch die reduzierte Prozesstemperatur weniger Welligkeit induziert. Für die Welligkeit in Vorschubrichtung wird bei Filterung auf Ortswellenlängen 80 µm ≤ λ ≤ 5000 µm ein Peak-Valley-Wert von PV = 12,2 nm ± 1,8 nm gemessen. Als Rauheit Rq ausgedrückt beträgt die Welligkeit Rq = 2,6 nm ± 0,6 nm. Für eine Prozesstemperatur $T_{Prozess}$ = 2100 °C beträgt die Welligkeit hingegen PV = 26,9 nm ± 6,3 nm bzw. Rq = 5,6 nm ± 1,7 nm. Die induzierte Welligkeit wird folglich durch die Reduktion der Prozesstemperatur um ΔT = 100 K betragsmäßig sowohl in PV als auch in Rq auf weniger als die Hälfte reduziert. Nach Fit des Kurvenverlaufs des Abtrags wäre eine Reduktion um einen Faktor ~4 zu erwarten gewesen (vgl. Abbildung 72). Diese Diskrepanz kann durch den residualen Anteil der Welligkeit aus dem Ausgangszustand (PV = 10,2 nm ± 1,7 und Rq = 2,2 nm ± 0,6 nm) zu Stande kommen (vgl. Kapitel 7.2). Eine weitere Ursache ist ein nicht abtragbasierter Anteil der induzierten Welligkeit, dieser wird in Kapitel 7.3 näher behandelt.

Durch die Reduktion in der Prozesstemperatur wird jedoch nicht nur die induzierte Welligkeit reduziert. Die Reduktion der Prozesstemperatur um ΔT = 100 K führt für Quarzglas zu einer Veränderung der Viskosität η von rechnerisch $10^{4,9}$ dPas auf rechnerisch $10^{5,5}$ dPas. Aus dem

Stand der Technik ist bekannt, dass durch die höhere Viskosität die Reduktion der Rauheit der Oberfläche negativ beeinflusst wird. Richmann [3] z. B. erarbeitet daher die Hypothese, dass die Laserpolitur bei maximal möglicher Prozesstemperatur, also knapp unterhalb der Verdampfungstemperatur stattfinden sollte. Vergleichbare Ergebnisse werden auch in Bezug auf die Reduktion der residualen Welligkeit gemessen (siehe Kapitel 7.2).

7.1.6 Einfluss der Interaktionszeit

Bei einem thermischen Abtrag kann das Abtragvolumen zusätzlich zu einer abweichenden Prozesstemperatur auch durch die Interaktionszeit beeinflusst werden. Eine Schwankung der Interaktionszeit kann z. B. aus der Positionsregelung der Vorschubachse induziert werden. Um den Einfluss einer Abweichung in der Vorschubgeschwindigkeit zu bestimmen, werden Quarzglassubstrate der Größe 45 x 25 x 5 mm^3 vergleichbar den vorangegangenen Kapiteln bearbeitet (Prozessparameter aus Tabelle 22, geregelte Laserleistung). Hierbei wird jedoch im zentralen 15 mm langen Bereich nicht die Prozesstemperatur verändert, sondern die Vorschubgeschwindigkeit von v_{feed} = 1 mm/s auf v_{feed} = 1,05 mm/s bzw. v_{feed} = 1,1 mm/s erhöht. Hierdurch wird die effektive Interaktionszeit zwischen Laserstrahl und Substratoberfläche um 4,8 % bzw. 9,1 % reduziert. Während der geänderten Vorschubgeschwindigkeit wird die Prozesstemperatur weiterhin über die Pyrometrieregelung konstant gehalten.

Für eine temporäre Vorschubgeschwindigkeit von v_{feed} = 1,05 mm/s kann ein Höhenunterschied von PV = 29,7 nm ± 3,5 nm gemessen werden. Für v_{feed} = 1,1 mm/s wird der Höhenunterschied zu PV = 64,2 nm ± 15,1 nm bestimmt. Folglich kann die Hypothese bestätigt werden, dass eine abweichende Interaktionszeit zu lokalen Höhenunterschieden auf der Substratoberfläche führen kann. Die induzierte Welligkeit kann daher auch aus einer inhomogenen Vorschubbewegung resultieren.

7.1.7 Defekte

Eine weitere Quelle für induzierte Oberflächendefekte sind Defekte wie z. B. Partikel, welche während der Laserpolitur auf der Oberfläche der Substrate sind und durch Interaktion mit der Laserstrahlung zu markanten Kratern auf der Oberfläche führen. Die Ursache für diese Partikel, die Folge und die Prävention sind bereits in den Arbeiten von Hecht [6] und Richtmann [3] umfangreich erörtert.

Im Rahmen der Untersuchung der Vorheiztechnik wird jedoch eine weitere Quelle für vergleichbare Strukturen identifiziert. Die vorgeheizten, mechanisch polierten Oberflächen sind auch ohne Laserpolitur mit Kratern versehen. Hierbei werden neben den, auch für eingebrannte Partikel, markanten nahezu kreisrunden Kratern auch Kratzer von der Substrataufnahme (hier Titanheizplatte) auf die Rückseite der Substrate übertragen. In Abbildung 74 ist beispielhaft ein Linienschrieb eines von der Heizplatte auf die Oberfläche eines N-BK7 Substrats übertragener Kratzer dargestellt.

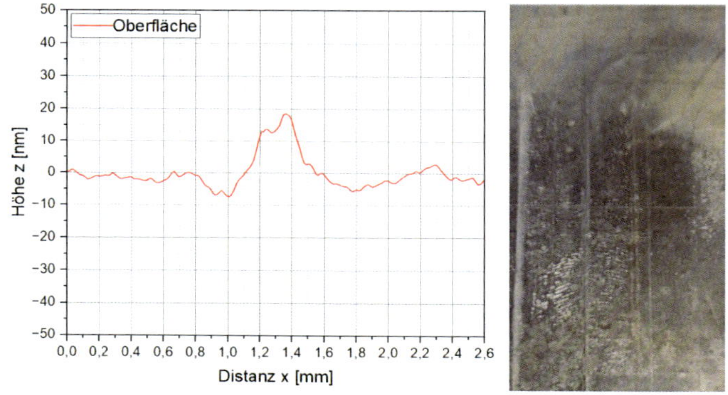

Abbildung 74
Links: Linienschrieb eines „Kratzers“ der Rückseite eines vorgeheizten N-BK7 Substrats. Vorheizen nach Parametern der Tabelle 6, ohne Laserpolitur.
Gefiltert auf
80 µm ≤ λ ≤ 5000 µm
Rechts: Foto des zugehörigen Heizplattenbereiches

Der dargestellte Kratzer hat in der Abbildung auf die Substratoberfläche eine Breite von ca. 0,5 mm. Da die Abbildung des Kratzers durch einen möglichen Materialfluss im erwärmten Zustand erzeugt wird, wird der Kratzer als Bergzug und nicht als Tal ausgebildet. Das erwärmte Material des vorgeheizten Substrats fließt über die Dauer der Haltezeit von t_h = 10 h in die Furche des auf der Heizplatte vorhanden Kratzers. Die Struktur des Kratzers wird folglich als Negativ abgebildet. Die Höhe beträgt bis zu 25 nm mit vereinzelten Unterbrechungen (siehe auch Abbildung 35). Die senkrecht und parallel zur Bearbeitungsrichtung verlaufenden Kratzer können auf der Heizplatte mit bloßem Auge erkannt werden. Sie stammen von andersartigen Versuchen mit diversen metallischen Aufbauten, durch welche die Oberfläche der Heizplatte nach und nach geschädigt wird. Durch weißlichtinterferometrische Messung der Heizplattenoberfläche können die entsprechenden Kratzer der Rückseite der Substrate direkt zugeordnet werden. Eine solche Messung mit zugehörigem Substrat ist beispielhaft in Abbildung 75 dargestellt.

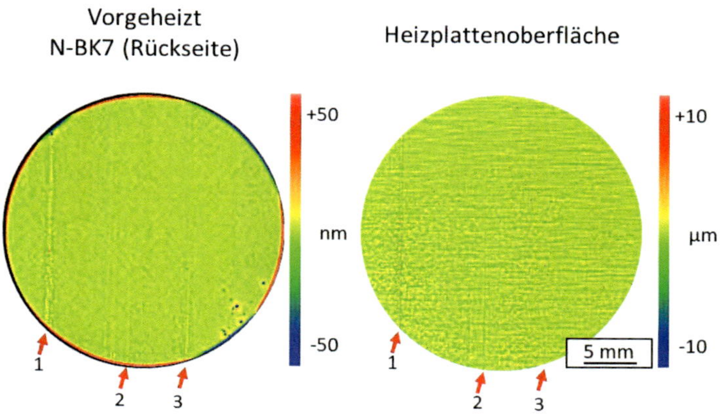

Abbildung 75
Falschfarbendarstellung der Oberflächentopographie der Rückseite eines Substrats aus N-BK7 (links) und der zugehörige Bereich auf der Heizplattenoberfläche.
Gefiltert auf
λ ≤ 1000 µm.
Dargestellt sind die zentralen Ø27 mm.
Messung des N-BK7 Substrates horizontal gespiegelt.

Prozessparameter entsprechend Tabelle 6.

Diese Art von Defekt ist im Bereich der Partikel und Kratzer dennoch eine Ausnahme, da die Erhöhung der Substratoberfläche eine Ausnahme darstellt. Auch für die Rückseite der aufgeheizten N-BK7 Subtrate sind Vertiefungen, wie in Abbildung 76 dargestellt, die Mehrzahl der gemessenen Defekte.

Abbildung 76
Linienschrieb durch einen „Krater" auf der Rückseite eines vorgeheizten N-BK7 Substrats. Vorheizen nach Parametern der Tabelle 6, ohne Laserpolitur.
Gefiltert auf
80 µm ≤ λ ≤ 5000 µm

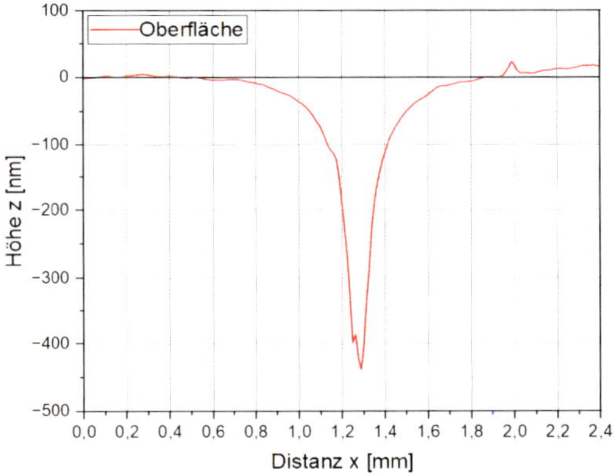

Der dargestellte Defekt hat eine kreisrunde Form auf der Substratoberfläche. Mit einem Durchmesser von ca. 1 mm und einer Tiefe von ca. 400 nm ist der Defekt am oberen Ende der dokumentierten Ausmaße. Typisch sind Durchmesser von 0,2 mm bis 0,4 mm bei Tiefen bis 100 nm. Vereinzelt können Defekte mit Durchmessern größer 2 mm und Tiefen über 1 µm dokumentiert werden.

Wie in Kapitel 6.3.2 festgehalten, können diese Defekte auf der Rückseite vorgeheizter N-BK7 Substrate bei hinreichend kurzem zeitlichem Abstand der Versuchsreihen teilweise, trotz manueller Reinigung der Heizplatten mit Isopropanol, reproduziert werden. Mit zunehmendem zeitlichem Abstand bzw. durchgeführten Versuchen mit der gleichen Heizplatte können Veränderungen im Defektbild auftreten. Daher ist davon auszugehen, dass im Gegensatz zu den, von losen Partikeln verursachten Defekten des Laserpolierprozesses, diese Defektbilder von an der Heizplattenoberfläche anhaftenden Partikeln verursacht werden.

Die Form der Defekte beruht auf vergleichbaren Phänomenen zu den zuvor genannten Kratzern. Im erweichten Zustand der vorgeheizten Substrate wird durch das Eigengewicht der Substrate der Partikel in die Oberfläche eingedrückt. Das dortige Material weicht zur Seite. Durch die anliegende Oberflächenspannung wird ein kontinuierlicher Übergang und eine nahezu kreisrunde Struktur statt einer exakten Abbildung des Partikels begünstigt. Zudem ist dieser Wirkmechanismus vermutlich ausschlaggebend für die unterschiedlichen Dimensionen der eingedrückten Partikel zu den abgebildeten Kratzern. In Abbildung 77 wird der Wirkmechanismus schematisch dargestellt.

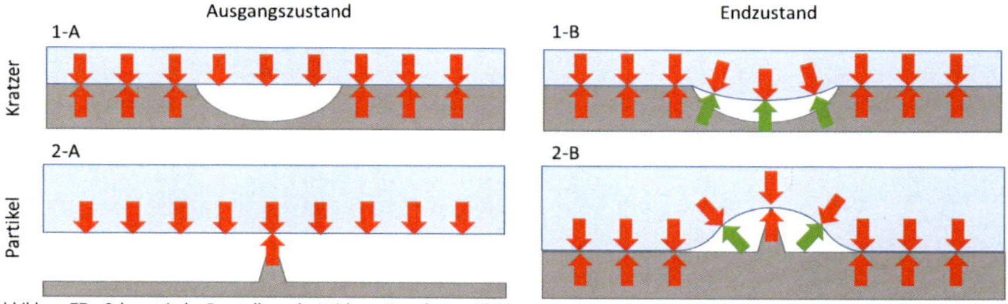

Abbildung 77 – Schematische Darstellung der Wirkvorgänge beim Abbilden von Kratzern (1-X) und Partikeln (2-X) der Heizplatte (grau) auf die Glasrückseite (hellblau). Jeweils A: Ausgangszustand, B: Endzustand. Pfeile symbolisieren Richtung wirkender Kräfte. Rot: Gewichtskraft und Reaktionskraft, Grün: Reaktionskraft aus der Oberflächenspannung.

Im Falle der Partikel ist die Substratoberfläche lokal nur mit dem Partikel in Kontakt, der wirkende Druck wird dadurch lokal verstärkt. Im Falle der Kratzer ist der Kontakt der Substratoberfläche zur Heizplattenoberfläche hingegen lokal nur in der Breite des Kratzers unterbrochen, der auf die Oberfläche wirkende Druck durch die Gewichtskraft ist entsprechend gering und der Kratzer wird nur teilweise abgeformt. Da im Falle der ringförmigen Auflagefläche (siehe Kapitel 6.4.1) kein signifikantes Einsinken des Substrats durch die Gewichtskraft dokumentiert werden kann, besteht die Möglichkeit, dass die Abbildung der Kratzer durch weitere lokale Triebkräfte z. B. resultierend aus der thermischen Ausdehnung oder dem Oberflächenkontakt und resultierenden Adhäsionskräften erfolgt. Die Klärung der genauen Entstehungsmechanismen erfordert weitere wissenschaftliche Untersuchungen, welche im Rahmen des Umfangs und der Zielsetzung dieser Dissertation nicht erbracht werden können.

Die hier im Vergleich zum Stand der Technik zusätzlich gezeigten Defekte müssen für die Herstellung transmissiver, optischer Komponenten grundsätzlich vermieden werden. Die Herstellung transmissiver Komponenten erfordert eine Bearbeitung beider optischer Oberflächen. Hierbei können die eingebrachten Strukturen jedoch nicht bei der Laserpolitur der Rückseite vollständig entfernt werden bzw. führen im schlimmsten Fall zu Folgeeffekten (siehe auch Kapitel 7.2). Zudem wird im Fall der Bearbeitung der Rückseite, die Front mit der Heizplatte in Kontakt gebracht und erfährt die gleichen Defektformung. Aus diesen Gründen ist die Erarbeitung einer Vorheiztechnik mit entweder möglichst optischer Oberflächenqualität oder einer reduzierten Kontaktfläche erforderlich. Idealerweise wird bereits beim Aufheizen der Substrate ein Kontakt späterer optischer Flächen zur Substrataufnahme vermieden und die Substrate rein am Umfang aufgenommen und gehalten (vgl. Kapitel 6.4.1). Aufgrund der geringen Ausdehnung dieser Defekte im Vergleich zum gemessenen Formverzug, werden die in dieser Dissertation diskutierten Ergebnisse des Kapitels 6 durch diese Defekte nicht signifikant beeinflusst. Die Untersuchungen der weiteren Kapitel erfolgen an Quarzglas (keine Vorheizung notwendig) bzw. an einseitig laserpolierten Substraten, weshalb auch diese Ergebnisse hiervon nicht beeinflusst werden.

7.2 Residuale Welligkeit

Neben der induzierten Welligkeit bei der Laserpolitur von Glas wird im Stand der Technik eine residuale Welligkeit dokumentiert. Als residuale Welligkeit werden Strukturen auf den laserpolierten Oberflächen im Bereich der Ortswellenlänge 80 µm bis 2500 µm und darüber hinaus bezeichnet, die auf Strukturen zurückzuführen sind, die bereits vor der Laserpolitur vorhanden sind. Mit der residualen Welligkeit wird folglich, abgegrenzt zur Restrauheit und dem Formverzug, jene Strukturen bezeichnet, die durch die Laserpolitur nicht vollständig geglättet werden.

7.2.1 Einfluss des Schleifzustandes

Für die Untersuchung der residualen Welligkeit werden von der Technischen Hochschule Deggendorf (THD) Quarzglassphären mit einem Durchmesser von 30 mm und einem Krümmungsradius von 100 mm im Punktkontakt geschliffen (Asphärenmodus). Das Schleifen der Form erfolgt an einer „Satisloh SPM140“. Die Schleifparameter sind in Tabelle 24 aufgeführt.

Tabelle 24 – Schleifparameter nach THD der Substrate zur Untersuchung der residualen Welligkeit

Schleifwerkzeug	36-D15-BZM-C15
Schnittgeschwindigkeit [m/s]	8,63
Drehzahl des Werkzeugs [min^{-1}]	4593
Anstellwinkel [°]	15
Eintauchvorschub [mm/min]	2
Spiralabstand [mm]	0,05
Bahngeschwindigkeit [mm/min]	3000

Die Welligkeit der so geschliffenen Quarzglassphären wird an der Technischen Hochschule Deggendorf mit einem Diamanttaster taktil an einem „Marform MFU 200“ (Mahr-Gruppe, Göttlingen, Deutschland) vermessen. Die Rauheit wird mittels Weißlichtinterferometrie bestimmt. In Abbildung 78 ist die Oberflächentopographie im Zentrum der sphärischen Oberfläche im geschliffenen Zustand als Falschfarbendarstellung nach Abzug der Best-Fit-Sphäre dargestellt.

Abbildung 78 Falschfarbendarstellung der Oberflächentopographie im Zentrum eines geschliffenen Substrats aus Quarzglas. Best-Fit-Sphäre abgezogen.

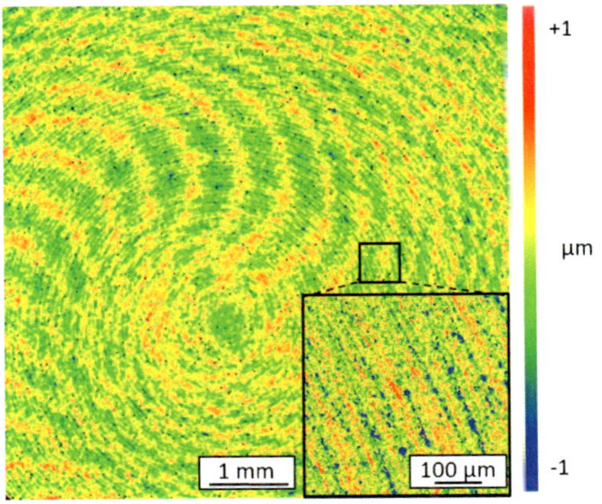

Die Oberflächenstrukturen nach dem Schleifen sind makroskopisch durch eine spiralförmige Masseverteilung ausgehend vom Schleifzentrum geprägt. Zusätzlich sind die einzelnen Schleifriefen im Abstand von ca. 50 µm bei höherer Vergrößerung erkennbar. Diese werden von zufällig verteilten Ausbrüchen durchzogen. Die Ausbrüche haben eine laterale Ausdehnung von ein bis niedrig zweistelligen µm-Werten und eine Tiefe von wenigen µm.

Die geschliffenen Quarzglassphären werden anschließend laserpoliert. Die verwendeten Prozessparameter sind in Tabelle 25 aufgeführt.

Tabelle 25 – Prozessparameter zur Untersuchung der Laserpolitur hinsichtlich residualer Welligkeit an Quarzglassphären

Laserleistung P_L [W]	geregelt	**Vorschubgeschwindigkeit v_{feed} [mm/s]**	0,5; 1; 2
Strahldurchmesser d_L [mm]	8	**Scanlinienlänge l_{Linie} [mm]**	45
Bearbeitungsstrategie	Quasi-Linie	**Vorheiztemperatur $T_{Vorheiz}$ [°C]**	RT
Scangeschwindigkeit v_{scan} [m/s]	10	**Prozesstemperatur $T_{Prozess}$ [°C]**	2100

Die Regelung der Prozesstemperatur erfolgt mittels Pyrometrie. Der Versatz des Messflecks wird an die Vorschubgeschwindigkeit angepasst. Die laserpolierten Oberflächen werden an der THD hinsichtlich der Oberflächenstrukturen vermessen. Die Amplitude der Strukturen ist in Abbildung 79 über der Ortswellenlänge aufgetragen.

Abbildung 79 Amplitudenspektrum der geschliffenen Quarzglassphären und der laserpolierten Quarzglassphären über der Ortswellenlänge λ. Messungen taktil.

Prozessparameter der Laserpolitur entsprechend Tabelle 25.

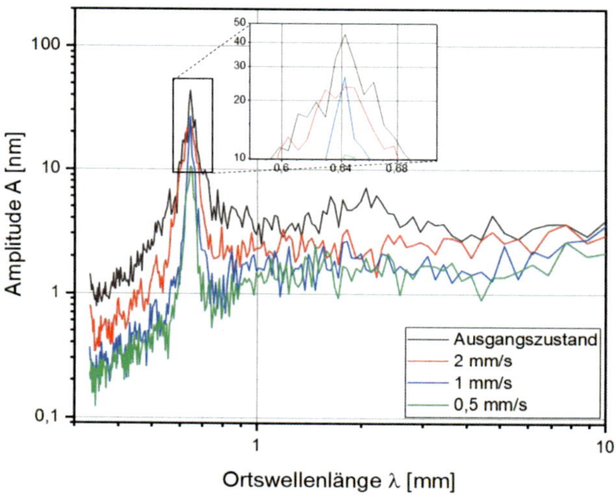

In der über der Ortswellenlänge aufgetragenen Amplitude ist ein charakteristischer Peak bei ca. 0,64 mm erkennbar. Diese Ortswellenlänge entspricht ca. dem Abstand der in Abbildung 78 sichtbaren Spiralstruktur in Umfangsrichtung. Für die untersuchten Vorschubgeschwindigkeiten von v_{feed} = 0,5 mm/s bis v_{feed} = 2 mm/s wird die Welligkeit nur begrenzt reduziert. Für den charakteristischen Peak bei ~0,64 mm Ortswellenlänge wird die Amplitude bei einer Vorschubgeschwindigkeit v_{feed} = 1 mm/s und v_{feed} = 2 mm/s um einen Faktor von ca. 2 reduziert. Für eine Vorschubgeschwindigkeit v_{feed} = 0,5 mm/s und folglich einer Verdoppelung der Interaktionszeit im Vergleich zu v_{feed} = 1 mm/s kann die Amplitude um einen Faktor 4 reduziert werden. Im Vergleich zu den weiteren Ortswellenlängen ist ersichtlich, dass auch eine Reduktion um den Faktor 4 nicht ausreichend ist, um die charakteristische Struktur zu entfernen. Die Amplitude dieser ist weiterhin um einen Faktor 10 im Vergleich zu umliegenden Amplituden überhöht.

Um den Einfluss der Schleifparameter auf die Strukturhöhe und Ortswellenlänge zu identifizieren wird von der THD ein zweiter Satz Quarzglassphären mit angepassten Schleifparametern angefertigt. Für diesen zweiten Satz wird die Bahngeschwindigkeit von 3000 mm/min auf 4000 mm/min und die Schnittgeschwindigkeit von 8,63 m/s auf 17,8 m/s (Werkzeugdrehzahl 9497 min^{-1}) angepasst. Die weiteren Schleifparameter bleiben unverändert. Die Amplitude der neuen Strukturen ist in Abbildung 80 über der Ortswellenlänge aufgetragen.

Abbildung 80
Amplitudenspektrum der geschliffenen Quarzglassphären mit höherer Schnittgeschwindigkeit und der laserpolierten Quarzglassphären über der Ortswellenlänge λ. Messungen taktil.

Prozessparameter der Laserpolitur entsprechend Tabelle 25.

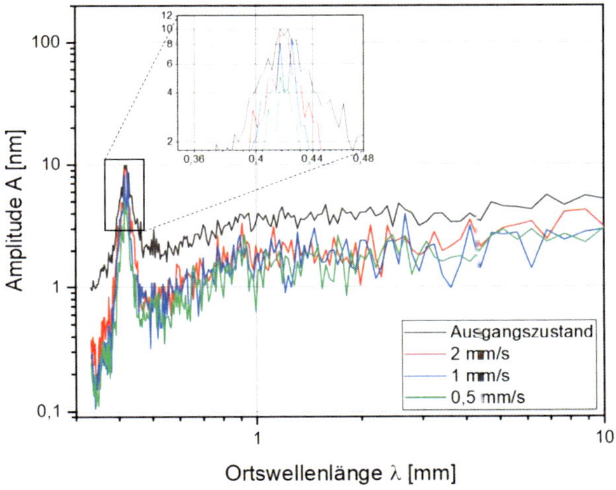

Durch die Änderung der Schleifparameter wird die charakteristische Struktur der geschliffenen Oberfläche hin zu einer kürzeren Ortswellenlänge und einer geringeren Amplitude verschoben. Trotz kürzerer Ortswellenlänge von ca. 0,42 mm ist die Glättung der Struktur mit den untersuchten Laserpoliturparametern nicht möglich. Die Struktur ist nach der Laserpolitur maximal um einen Faktor 2 reduziert. Die Amplitude ist damit weiterhin um einen Faktor 10 größer als die umliegenden Amplituden. In Abbildung 81 ist die am Weißlichtinterferometer bestimmte Rauheit Sa der verschiedenen Zustände der Quarzglassphären über der Ortswellenlänge für den ersten Schleifzustand aufgetragen.

Abbildung 81
Rauheit Sa der geschliffenen Quarzglassphären und der laserpolierten Quarzglassphären über der Ortswellenlänge λ. Messungen am Weißlichtinterferometer.

Weitere Prozessparameter entsprechend Tabelle 25.

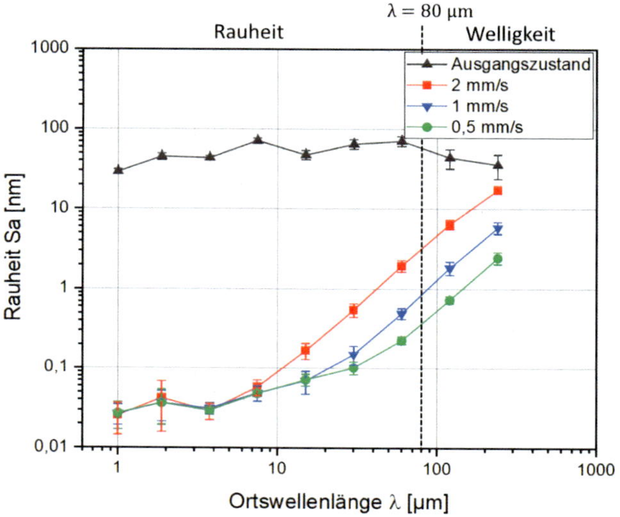

Für die Rauheit Sa kann am Weißlichtinterferometer für Ortswellenlängen um λ = 8 µm und zwischen λ = 20 µm und λ = 100 µm eine Erhöhung der Messwerte um einen Faktor von ca. 2 im Ausgangszustand festgestellt werden. Die entsprechenden Ortswellenlängen entsprechen den Schleifriefen und Ausbrüchen aus Abbildung 78. Darüber hinaus ist ersichtlich, dass für die drei untersuchten Vorschubgeschwindigkeiten die Cut-Off-Wellenlänge der Glättung verschoben wird. Für eine Vorschubgeschwindigkeit v_{feed} = 2 mm/s (entspricht Interaktionszeit t_i = 4 s) wird ein Anstieg der Rauheit bereits ab einer Ortswellenlänge von λ = ~10 µm verzeichnet. Für eine Vorschubgeschwindigkeit v_{feed} = 1 mm/s (t_i = 8 s) wird dieser Cut-Off zu einer Ortswellenlänge von λ = ~20 µm verschoben. Die weitere Halbierung der Vorschubgeschwindigkeit auf v_{feed} = 0,5 mm/s (t_i = 16 s) führt zu einem Knick der Messkurve bei einer Ortswellenlänge λ = ~30 µm. Der weitere Anstieg der Messkurven aller Parametersätze ist nahezu parallel.

Verglichen mit den Ergebnissen von Richmann zum Einfluss der Interaktionszeit (über Vorschubgeschwindigkeit eingestellt) ist der hier dokumentierte Unterschied in der Rauheit Sa über der Ortswellenlänge trotz größerer Variationsbreite der Interaktionszeit (4 s bis 16 s statt 6,5 s bis 8,5 s) und rauerem Ausgangszustand geringer. Dies ist darauf zurückzuführen, dass Richmann die Untersuchung ihrerzeit bei konstant gehaltener Intensität durchgeführt hat, folglich variiert mit der Interaktionszeit auch die Prozesstemperatur. Gleich ist jedoch in beiden Untersuchungen, dass für Ortwellenlängen > 320 µm (Richmann) bzw. 420 µm (hier) keine signifikante Reduktion erreicht werden kann. [3]

7.2.2 Einfluss der Viskosität

Aus dem Stand der Technik ist bekannt, dass die Viskosität einen direkten Einfluss auf die Reduktion der Rauheit hat. Ein vergleichbarer Einfluss kann ebenfalls für die Welligkeit angenommen werden. Da in Kapitel 7.2.1 für Quarzglas bereits ein Prozessfenster nahe Verdampfungstemperatur verwendet wird und folglich die Viskosität nicht signifikant weiter reduziert werden kann, werden für diese Versuchsreihe Substrate aus N-BK7 verwendet. Die Substrate werden von der THD mit den gleichen Schleifparametern aufbereitet und in der gleichen Größe gefertigt wie die zuvor verwendeten Quarzglassubstrate mit höherer Schnittgeschwindigkeit (17,8 m/s). Die Laserpolitur der N-BK7 Sphären erfolgt mit Quasi-Tophat-Strategie (siehe Kapitel 5.6.2) und den in Tabelle 26 aufgeführten Prozessparametern.

Tabelle 26 – Prozessparameter zur Untersuchung der residualen Welligkeit bei der Laserpolitur mit Quasi-Tophat

Laserleistung P_L [W]	1000	**Scanfeldgröße [mm²]**	50 x 50
Strahldurchmesser d_L [mm]	20	**Spurversatz d_y [mm]**	2,5
Bearbeitungsstrategie	Quasi-Tophat	**Vorheiztemperatur $T_{Vorheiz}$ [°C]**	550
Scangeschwindigkeit v_{scan} [m/s]	10	**Aufheizzeit t_{hu} [h]**	1
Prozesstemperatur $T_{Prozess}$ [°C]	900; 1000	**Abkühlzeit t_{cd} [h]**	10
Schichtrotation β [°]	37	**Pausenzeit t_P [min]**	30
Startrotation α [°]	45		

Die Variation der Viskosität erfolgt über die Prozesstemperatur. Die Prozesstemperatur wird hierzu zu $T_{Prozess} = 900$ °C und $T_{Prozess} = 1000$ °C gewählt. Dies entspricht rechnerisch einer Viskosität von $\eta = 10^{4,69}$ dPas bzw. $10^{3,67}$ dPas (Quarzglas bei $T_{Prozess} = 2100$ °C entspricht $10^{4,92}$ dPas). In Abbildung 82 ist die Amplitude der taktil gemessenen Oberflächenstrukturen nach dem Schleifen und nach der Laserpolitur über der Ortswellenlänge abgebildet.

Abbildung 82
Amplitudenspektrum der geschliffenen N-BK7 Sphären mit höherer Schnittgeschwindigkeit und der laserpolierten N-BK7 Sphären über der Ortswellenlänge λ. Messungen taktil.

Prozessparameter der Laserpolitur entsprechend Tabelle 25

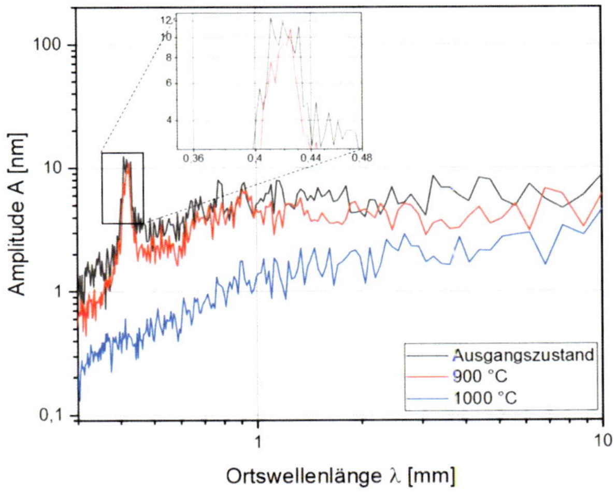

Der Peak der Oberflächenstrukturen der N-BK7 Sphären ist vergleichbar zum Peak der Quarzglassphären mit gleichem Schleifparameter. Für eine Prozesstemperatur $T_{Prozess} = 900$ °C ist das Ergebnis der Laserpolitur ebenfalls vergleichbar. Die durch das Schleifen eingebrachten Strukturen können nicht reduziert werden und bleiben in unveränderter Amplitude nach der Laserpolitur bestehen. Für die erhöhte Prozesstemperatur und damit reduzierte Viskosität wird jedoch eine vollständige Reduktion des Peaks auf das Amplitudenniveau umgebender Ortswellenlängen erreicht. In Abbildung 83 ist beispielhaft der Temperatur-Zeit-Verlauf des

Pyrometermesssignals im Mittelpunkt der Substrate für beide Prozesstemperaturen aufgetragen.

Abbildung 83
Mittels Pyrometrie gemessene Prozesstemperatur während der Laserpolitur der N-BK7 Sphären mittels Quasi-Tophat-Strategie.
Pyrometer auf feste Position auf der Substratoberfläche ausgerichtet.

Prozessparameter entsprechend Tabelle 26.

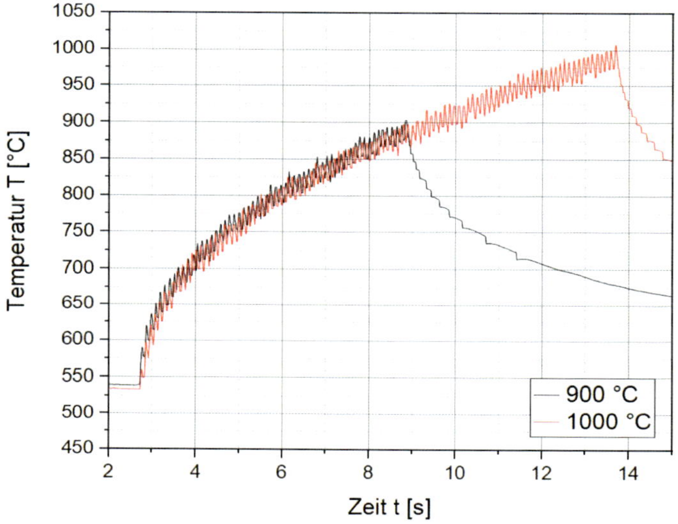

Da die Bearbeitung für beide Prozesstemperaturen mit einer Laserleistung P_L = 1000 W erfolgt, ist die Aufheizgeschwindigkeit für beide Parametersätze bis zum Erreichen einer Oberflächentemperatur von 900 °C näherungsweise identisch. Bei einer Prozesstemperatur von 900 °C wird an dieser Stelle die Laserstrahlquelle ausgeschaltet und die Oberfläche wird wieder durch Wärmeleitung und -strahlung abgekühlt. Für Substrate mit einer Prozesstemperatur von $T_{Prozess}$ = 1000 °C wird noch ca. 4,5 Sekunden länger die Oberfläche aufgeheizt. Neben der reduzierten Viskosität wird also auch eine längere Interaktionszeit angewendet. Dieser Unterschied wird insbesondere in der Mikrorauheit der Substrate sichtbar. Diese ist in Abbildung 84 über der Ortswellenlänge aufgetragen.

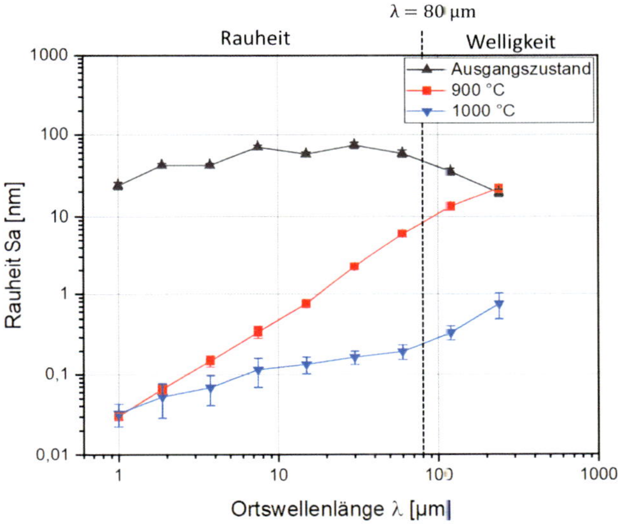

Abbildung 84
Rauheit Sa der geschliffenen N-Bk7 und der laserpolierten N-BK7 über der Ortswellenlänge λ. Messungen am Weißlichtinterferometer.

Prozessparameter entsprechend Tabelle 26.

Durch die unterschiedliche Viskosität und Interaktionszeit wird bereits bei Ortswellenlängen ab λ = 2 µm ein Unterschied in der Rauheit gemessen. Bei Bearbeitung mit Quasi-Tophat und $T_{Prozess}$ = 900 °C ist die Rauheit ab einer Ortswellenlänge von λ = 20 µm bereits um einen Faktor 10 höher als mit einer Prozesstemperatur von $T_{Prozess}$ = 1000 °C. Über die Prozesstemperatur und damit über die Viskosität des Glases kann somit die Glättung hin zu höheren Ortswellenlängen verschoben werden, gleichzeitig wird durch die höhere Prozesstemperatur ein größerer Temperaturgradient und folglich eine größere thermische Spannung induziert. Gemäß Kapitel 7.1 wird durch die höhere Prozesstemperatur auch die induzierte Welligkeit begünstigt. Folglich besteht ein Trade-Off zwischen Glättung langwelliger Oberflächenstrukturen und induziertem Formverzug sowie induzierter Welligkeit.

7.2.3 Beispiel des Strukturerhalts

Für die Überprüfung der Ausbildung der residualen Welligkeit werden Zylinderspiegel der Größe 230 x 35 mm² mit Freiformanteil durch die Firma Jenoptik Optical Systems GmbH bereitgestellt. Die Zylinderspiegel sind aus Quarzglas angefertigt und im Punktkontakt geschliffen. In Abbildung 85 sind die Zylinderspiegel im laserpolierten Zustand abgebildet.

Abbildung 85
Bild der Zylinderspiegel mit Freiformanteil aus Quarzglas. Das Bild zeigt die Oberfläche im laserpolierten Zustand.

Die Laserpolitur der Zylinderspiegel erfolgt mit Quasi-Linie mit Scanrichtung in Richtung der kurzen Seite und Vorschubrichtung in Krümmungsrichtung. Die Prozessparameter sind in Tabelle 27 aufgetragen.

Tabelle 27 – Prozessparameter zur Untersuchung der Laserpolitur hinsichtlich residualer Welligkeit an Freiformflächen

Laserleistung P_L [W]	geregelt	**Vorschubgeschwindigkeit v_{feed} [mm/s]**	1
Strahldurchmesser d_L [mm]	8	**Scanlinienlänge l_{Linie} [mm]**	50
Bearbeitungsstrategie	Quasi-Linie	**Vorheiztemperatur $T_{Vorheiz}$ [°C]**	RT
Scangeschwindigkeit v_{scan} [m/s]	10	**Prozesstemperatur $T_{Prozess}$ [°C]**	2100

Die Laserpolitur erfolgt bei einer Prozesstemperatur von $T_{Prozess}$ = 2100 °C. Diese wird mittels Pyrometrieregelung durch Variation der Laserleistung konstant gehalten. Die Vorschubgeschwindigkeit beträgt v_{feed} = 1 mm/s. Die Interaktionszeit liegt bei t_i = 8 s. In Abbildung 86 ist die Oberflächentopographie des Ausgangszustands und der laserpolierten Oberfläche anhand eines 10 x 10 mm² großen Messausschnitts dargestellt.

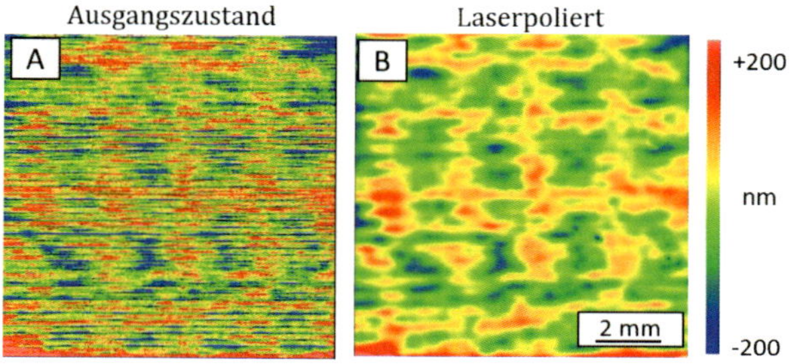

Abbildung 86
Falschfarbendarstellung der Oberflächentopographie der Freiformfläche im geschliffenen Zustand (links) und im laserpolierten Zustand (rechts).

Prozessparameter entsprechend Tabelle 27.

Im geschliffenen Zustand sind deutlich die einzelnen Schleifbahnen des Diamantwerkzeugs zu erkennen. Diese werden im laserpolierten Zustand vollständig geglättet. Zusätzlich ist vergleichbar den Quarzglassphären aus Kapitel 7.2.1 eine langwellige Struktur zu erkennen, welche bei der Laserpolitur nicht vollständig entfernt wird. Der dargestellte Ausschnitt ist so gewählt, dass dieser für den Ausgangszustand und den laserpolierten Zustand ungefähr übereinstimmt. In Abbildung 87 ist der Ausgangszustand mit einem Tiefpassfilter mit einer Cutoff-Wellenlänge von $\lambda_{Cutoff} = 400$ µm, $\lambda_{Cutoff} = 500$ µm und $\lambda_{Cutoff} = 600$ µm im Vergleich zur laserpolierten Oberfläche aufgetragen.

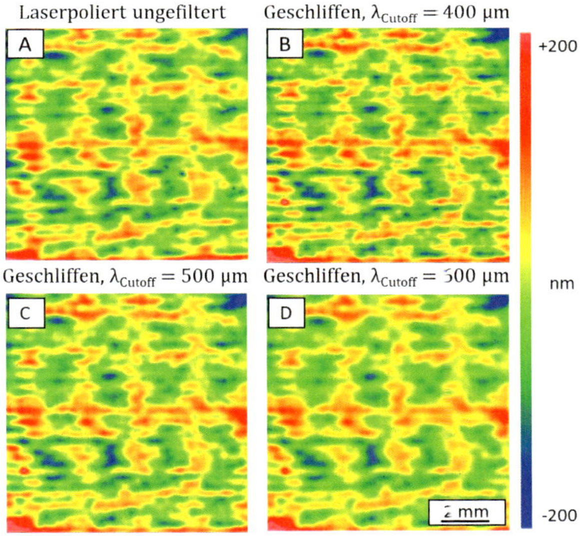

Abbildung 87 Falschfarbendarstellung der Oberflächentopographie der Freiformfläche im laserpolierten Zustand (A). Und Ausgangszustand mit Tiefpassfilter mit Cutoff-Wellenlänge
B: $\lambda_{Cutoff} = 400$ µm
C: $\lambda_{Cutoff} = 500$ µm
D: $\lambda_{Cutoff} = 500$ µm

Prozessparameter des laserpolierten Zustandes entsprechend Tabelle 27.

Durch die Verwendung des Tiefpassfilters kann eine Oberflächenstruktur im Ausgangszustand hervorgehoben werden, die mit der Struktur im laserpolierten Zustand näherungsweise übereinstimmt. Insbesondere die langwellige Struktur wird im gefilterten Zustand ähnlich ausgebildet wie im laserpolierten Zustand. Die Laserpolitur wirkt folglich hinsichtlich der mittel- und langwelligen Oberflächenstrukturen vergleichbar eines Tiefpassfilters.

Für die gewählten Prozessparameter liegt die Cuttoff-Wellenlänge hierbei bei $\lambda_{Cutoff} = \sim 500$ µm. Für die Bearbeitung weiterer Ausgangszustände kann folglich durch Verwendung eines Tiefpassfilters eine Vorabschätzung der verbleibenden Oberflächenstrukturen getroffen werden. Erfüllen diese noch nicht die Spezifikationen, muss der Schleifprozess angepasst oder die Laserpolierparameter, sofern möglich, hin zu höheren Prozesstemperaturen (verringerte Viskosität) und/oder längere Interaktionszeiten angepasst werden.

7.3 Welligkeit kontrolliert induzieren

Bei der Laserpolitur von Glas verbleibt durch die Wechselwirkung zwischen Ausgangszustand und Laserpolitur eine residuale Welligkeit (siehe Kapitel 7.2). Gleichzeitig kann, z. B. durch Schwankungen der Prozessparameter bei der Laserpolitur von Glas ein Abtrag induziert werden. Ein Ansatz zur Reduktion der residualen Welligkeit könnte darin bestehen, die Ergebnisse der Kapitel 7.1.1 und 7.1.4 zu verwenden, um durch Variation der Prozessparameter die residuale Welligkeit durch Abtrag gezielt zu reduzieren.

Im Folgenden soll daher in einem ersten Schritt die Hypothese untersucht werden, ob durch gezielte Variation der Prozessparameter eine Struktur definiert in die Oberfläche eingebracht werden kann. Hierbei soll eine Sinusstruktur mit variabler Wellenlänge und Amplitude als Beispiel dienen. Hierzu werden Quarzglassubstrate 45 x 25 x 5 mm³ mit den in Tabelle 28 genannten Prozessparametern laserpoliert.

Tabelle 28 – Prozessparameter zur Untersuchung der Induktion von Strukturen in eine Quarzglasoberfläche

Laserleistung P_L [W]	geregelt	**Vorschubgeschwindigkeit v_{feed} [mm/s]**	1
Strahldurchmesser d_L [mm]	8	**Scanlinienlänge l_{Linie} [mm]**	45
Bearbeitungsstrategie	Quasi-Linie	**Vorheiztemperatur $T_{Vorheiz}$ [°C]**	RT
Scangeschwindigkeit v_{scan} [m/s]	11,25	**Prozesstemperatur $T_{Prozess}$ [°C]**	2100
Versuchsstand	KOALA		

Zusätzlich zu diesen Standardparametern wird die Prozesstemperatur $T_{Prozess}$ mit einer Offsetkurve beaufschlagt. Die Kurve wird hierbei diskret einer Sinuswellenfunktion angenähert. Als zeitliche Auflösung der Diskretisierung der Sinuswellenfunktion wird hierfür ein Updateintervall von 0,05 s gewählt (Entspricht 50 µm Verfahrweg). In Abbildung 88 ist die resultierende Oberflächenstruktur nach der Laserpolitur mit einer Sinuswellenfunktion mit Amplitude 10 K und einer Wellenlänge der Sinuswellenfunktion von 1 mm bis 8 mm dargestellt. Die obere Filtergrenze der Ortswellenlänge ist für Sinuswellenlängen λ_{Sinus} > 2 mm auf die doppelte Sinuswellenlänge erhöht, um ein Filtern der erzeugten Wellenstruktur zu vermeiden.

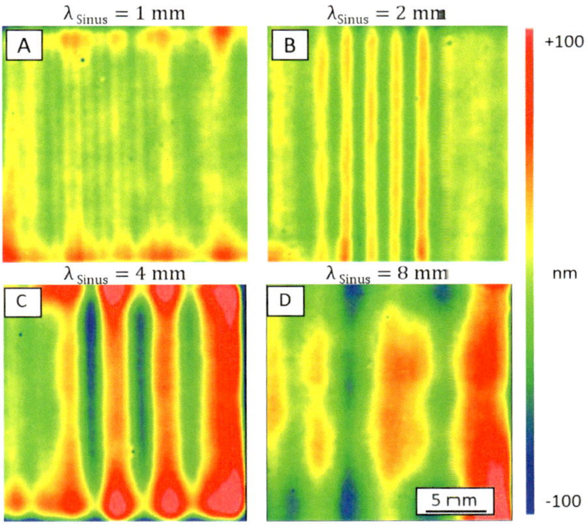

Abbildung 88
Falschfarbendarstellung der Oberflächentopographie eines Quarzglassubstrats. Laserpoliert bei $T_{Prozess} = 2100$ °C mit Sinuswellenoffset ±10 K mit Wellenlänge
A: $\lambda_{Sinus} = 1$ mm
B: $\lambda_{Sinus} = 2$ mm
C: $\lambda_{Sinus} = 4$ mm
D: $\lambda_{Sinus} = 8$ mm
Gefiltert auf Ortswellenlängen
A und B:
80 µm ≤ λ ≤ 5000 µm
C:
80 µm ≤ λ ≤ 8000 µm
D:
80 µm ≤ λ ≤ 16 mm

Weitere Prozessparameter entsprechend Tabelle 28.

Um einen stetigen Temperaturverlauf sicherzustellen, wird der Wellenzug für die Sinuswellenlängen $\lambda_{Sinus} = 1$ mm und $\lambda_{Sinus} = 2$ mm für 10 Sekunden (10 mm), für $\lambda_{Sinus} = 4$ mm für 12 Sekunden (12 mm) und für $\lambda_{Sinus} = 8$ mm für 16 Sekunden (16 mm) auf die Temperaturregelung beaufschlagt. Entsprechend werden 10, 5, 3 bzw. 2 Wellenzüge vollständig abgebildet. In Tabelle 29 ist die gemessene Wellenlänge und Peak-Valley-Höhe der induzierten Sinusstrukturen aufgetragen.

Tabelle 29 – Auswertung der induzierten Sinusstrukturen

Sinuswellenlänge $\lambda_{Sinus,soll}$	**1 mm**	**2 mm**	**4 mm**	**8 mm**
gemessene Wellenlänge $\lambda_{Sinus,ist}$ [mm]	1,01 ± 0,05	2,01 ± 0,03	3,99 ± 0,08	7,68 ± 0,1
Peak-Valley-Höhe [nm]	6,65 ± 1,49	39,91 ± 4,77	102,11 ± 3,5	74,58 ± 3,08

Für die Sinusstrukturen mit Wellenlängen 1 mm, 2 mm und 4 mm entspricht die gemessene Wellenlänge im Rahmen der Messgenauigkeit der beaufschlagten Wellenlänge. Für die beaufschlagte Wellenlänge von 8 mm ist die gemessene Wellenlänge jedoch geringer als die beaufschlagte Wellenlänge. Dies könnte durch eine Überlagerung der Welligkeit mit dem Formverzug bei Filterung bis 16 mm sowie mit der Abbildung von nur zwei Wellenzügen zusammenhängen.

Die Peak-Valley-Höhe der Sinusstrukturen wird mit zunehmender Wellenlänge bis $\lambda_{Sinus} = 4$ mm vergrößert. Bei der Wellenlänge 8 mm ist ein Rückgang der Strukturhöhe messbar. Die Bearbeitung der Oberflächen erfolgt mit einem Strahldurchmesser von 8 mm. Die vergleichsweise niedrige Strukturhöhe bei $\lambda_{Sinus} = 1$ mm und $\lambda_{Sinus} = 2$ mm kann daher auf eine Überlagerung der Wellenberge und -Täler zurückgeführt werden. Dahingehend können auch die Messwerte der Prozesstemperatur und des Laserleistungssignals interpretiert werden. Diese Messwerte sind in Abbildung 89 dargestellt.

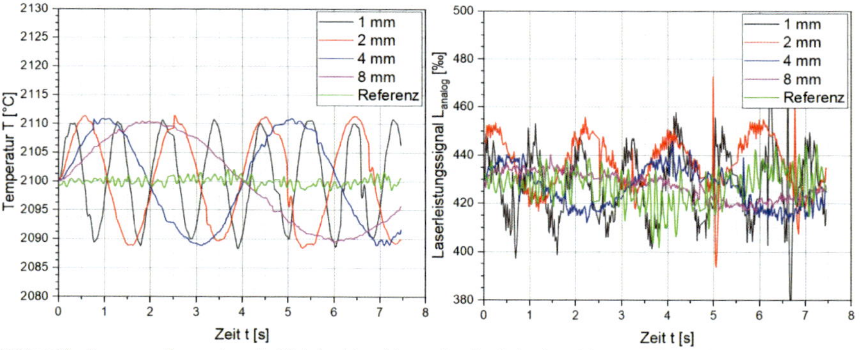

Abbildung 89 – Gemessener Temperaturverlauf (links) und Laserleistungssignal (rechts) während der Sinuswellenbearbeitung. Prozessparameter entsprechend Tabelle 28.

Die Variation $L_{analog,max}$ zu $L_{analog,min}$ des Laserleistungssignals ist für die kurzen Wellenlängen am höchsten, dennoch wird die geringste Höhe der Wellenzüge hier gemessen. Dies ist dann möglich, wenn die Höhe der Wellenzüge nicht rein durch die Maximaltemperatur an der entsprechenden Position der Substratoberfläche, sondern durch den individuellen Temperatur-Zeit-Verlauf bestimmt wird. Durch die flächige Ausdehnung der Interaktionszone in Form des Strahldurchmessers (d_L = 8 mm) wird an jeder Position der Oberfläche eine Überlagerung mehrerer Temperaturwellenzüge bewirkt. In der Folge werden für die Sinuswellenstruktur der Länge 1 mm nur geringfügige Unterschiede im lokalen Temperatur-Zeit-Verlauf erzielt.

Die Höhe der induzierten Struktur kann neben der Wellenlänge ebenfalls über die Amplitude der Temperaturschwankung beeinflusst werden. In Abbildung 90 ist die Peak-Valley-Höhe der Sinusstrukturen für die Wellenlängen von 2 mm und 4 mm und Temperaturamplituden von 10 K und 20 K in Abhängigkeit der Grundtemperatur aufgetragen.

Abbildung 90
Peak-Valley-Höhe der Sinusstruktur für verschiedene Wellenlängen und Amplituden bei variierter Grundprozess-temperatur

Weitere Prozess-parameter entsprechend Tabelle 28.

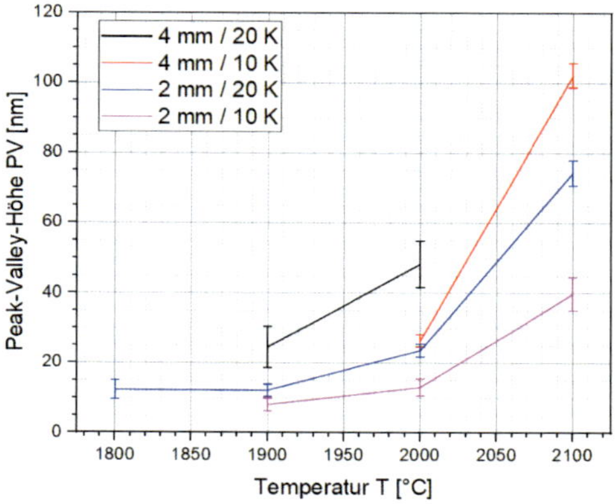

Für die Grundprozesstemperatur von $T_{Prozess}$ = 1800 °C ist die Sinusstruktur nur für eine Wellenlänge von 2 mm bei einer Amplitude von 20 K von der Grundstruktur der Oberfläche zu unterscheiden. Für die Amplitude von 10 K kann die Sinusstruktur bei dieser Grundprozesstemperatur nicht eindeutig von der Grundstruktur unterschieden werden, weshalb keine belastbare Messung der Peak-Valley-Höhe möglich ist. Eine vergleichbare Situation ist bei $T_{Prozess}$ = 1900 °C für die Sinusstruktur der Wellenlänge 4 mm und Amplitude 10 K gegeben. Die Kombination $T_{Prozess}$ = 2100 °C mit Wellenlänge 4 mm und 20 K Amplitude wird nicht untersucht.

Für die untersuchten und messbaren Sinusstrukturen kann festgehalten werden, dass bei den verwendeten Prozessparametern eine Steigerung der Amplitude von ±10 K auf ±20 K zu einer ungefähren Verdoppelung der Höhe der Struktur führt. Die Halbierung der Wellenlänge von 4 mm auf 2 mm führt bei einer Grundprozesstemperatur von $T_{Prozess}$ = 1900 °C und $T_{Prozess}$ = 2000 °C zu einer ungefähren Halbierung der Strukturhöhe. Bei einer Grundprozesstemperatur von $T_{Prozess}$ = 2100 °C hingegen beträgt die Reduktion der Strukturhöhe ca. zwei Drittel. Zudem kann festgehalten werden, dass bei einer Reduktion der Grundtemperatur des Laserpolierprozesses ebenfalls die Höhe der Sinusstrukturen unabhängig der Wellenlänge und Temperaturamplitude reduziert wird. Dies entspricht den bereits in Kapitel 7.1.1, 7.1.4 und 7.1.5 beschriebenen Abhängigkeit der Strukturhöhen bzw. induzierten Welligkeit von der Prozesstemperatur.

Werden die in diesem Kapitel bearbeiteten Substrate getempert, kann jedoch ein von Kapitel 7.1.1 abweichendes Verhalten beobachtet werden, denn die hier erzeugten Strukturhöhen sind nach dem Temperschritt im Rahmen der Messgenauigkeit unverändert. Dies ist insbesondere für die Grundprozesstemperatur $T_{Prozess}$ = 1800 °C und $T_{Prozess}$ = 1900 °C eine signifikante Abweichung von den bisherigen Ergebnissen. Gemäß Abbildung 57 sollte bei diesen Prozesstemperaturen und Amplituden der Temperaturschwankung << 100 K kein Abtrag auftreten. Bisherige Änderungen bei diesen Prozesstemperaturen nach der Laserpolitur konnten in Kapitel 7.1.1 auf eine Kompaktierung der Oberfläche durch Änderung der fiktiven Temperatur und damit der Glasdichte zurückgeführt werden. Da die nun erzeugten Strukturen jedoch nach dem Temperschritt unverändert verbleiben, ist dieser Wirkmechanismus hier ausgeschlossen.

Jedoch gilt zu beachten, dass die Variationen in Kapitel 7.1.1 deutlich größer als der Strahldurchmesser sind. Dies bedeutet, dass die Bereiche innerhalb der Zone der abweichenden Prozesstemperatur nur mit dieser Prozesstemperatur bearbeitet werden. Im Fall der Sinusstrukturen sind die Wellenlängen hingegen kleiner bzw. maximal vergleichbar dem Strahldurchmesser. Dies bedeutet, dass die Variation der Prozesstemperatur nur lokal begrenzt erfolgt. Insbesondere ist davon auszugehen, dass die Temperaturverteilung in die Tiefe im Bereich der Sinusstruktur und im Bereich konstanter Prozesstemperatur vergleichbar ist, auch da die mittlere Prozesstemperatur im Bereich der Sinusstrukturen stets der Nennprozesstemperatur entspricht. Hierdurch kann in die Tiefe keine signifikante Variation der fiktiven Temperatur beim Abkühlen induziert werden. Folglich kann durch den Temperprozess keine vorhandene inhomogene fiktive Temperatur und damit verbunden keine inhomogene Dichte ausgeglichen werden.

Da somit eine Bildung der Sinusstrukturen bei Prozesstemperaturen $T_{Prozess}$ = 1800 °C und $T_{Prozess}$ = 1900 °C durch Abtrag und durch Kompaktierung als unwahrscheinlich anzusehen ist, verbleibt als Bildungsmechanismus die Umverteilung von Material im erweichten Zustand. In verschiedenen theoretischen Betrachtungen der Laserpolitur von Glas wird bereits auf einen möglichen Marangoni-Effekt bei der Laserpolitur von Glas eingegangen. Hierbei wird durch den Temperaturgradienten ein Gradient in der Oberflächenspannung hervorgerufen. Durch diese Gradienten wiederum wird ein Materialfluss ermöglicht. Durch die hier gemachten

Beobachtungen kann daher ebenfalls auf eine durch den Marangoni-Effekt hervorgerufene Materialumverteilung in Folge des Temperaturgefälles geschlossen werden.

In Kapitel 7.1.5 wird experimentell gezeigt, dass durch Reduktion der Prozesstemperatur die induzierte Welligkeit durch Schwankungen der Prozesszustände reduziert werden kann. Hierbei wird jedoch auch der Glättungseffekt der Laserpolitur signifikant reduziert (vgl. Kapitel 7.2). Durch Kombination dieser Ergebnisse mit den hiesigen Ergebnissen kann ein weiterer Ansatz zur Reduktion der induzierten Welligkeit postuliert werden: Erfolgt die Reduktion der residualen Welligkeit durch Laserpolitur bei möglichst hoher Prozesstemperatur, könnte die verbleibende und die zusätzlich induzierte Welligkeit anschließend vermessen werden und in einem zweiten Polierschritt bei reduzierter Prozesstemperatur über ein berechnetes Amplitudenprofil der Prozesstemperatur und Abtrag bzw. Materialumverteilung wieder reduziert werden. Durch die reduzierte Prozesstemperatur würde hierbei sichergestellt werden, dass keine neue signifikante Welligkeit induziert wird. Dieser Ansatz könnte ebenfalls als Vorbereitung für weitere Korrekturpoliturverfahren wie das Ion Beam Figuring oder das Laser Beam Figuring Anwendung finden.

8 Prozessübertragung auf weitere Glassorten

Für die breite Etablierung der Laserpolitur als Fertigungsverfahren in der Optikindustrie ist eine Erweiterung des bearbeitbaren Glaskatalogs über Quarzglas und N-BK7 hinaus erforderlich. Angesichts der ca. 300 verschiedenen Glassorten [43–45] ist jedoch eine Erprobung des Verfahrens an allen Glassorten mit einem Aufwand verbunden, welcher im Rahmen dieser Arbeit nicht erbracht werden kann. Vielmehr soll in diesem Kapitel anhand von zwei Beispielgläsern eine Vorgehensweise für den Übertrag auf weitere Glassorten erarbeitet werden. Durch die erarbeitete Vorgehensweise soll anschließend auch für weitere Glassorten eine Hilfestellung gegeben sein, um einen Übertrag der Laserpolitur zu ermöglichen. Im Anhang 13.1 ist eine Übersicht der Werkstoffkennwerte und Werkstoffbestandteile der Glassorten im Vergleich zu Quarzglas und N-BK7 in Tabelle 41 und Tabelle 42 aufgeführt.

8.1 N-SF6

Ein Teil der in diesem Kapitel inklusive Unterkapitel vorgestellten Ergebnisse entstammt der Masterarbeit „Laser polishing of S-FPL53 and N-SF6“ von Philipp Beer an der Fakultät Optik und Mechatronik der Universität Aalen in Kooperation mit dem Lehrstuhl für Lasertechnik der RWTH Aachen. Die Abschlussarbeit wurde durch den Autor inhaltlich und fachlich betreut.

Das erste zu untersuchende Glas N-SF6 ist die bleifreie Variante des schweren Flintglases SF6. Eine mögliche Anwendung für Flintgläser sind Achromaten: eine Kombination aus einem Kron- und einem Flintglas bei welcher die Dispersion der Abbildung für zwei Wellenlängen korrigiert wird.

Im direkten Vergleich mit N-BK7 ist N-SF6 ein Glas mit höherer Glasübergangstemperatur ($T_{g,\ N\text{-}SF6}$ = 589 °C zu $T_{g,\ N\text{-}BK7}$ = 557 °C) bei kürzerer Länge. Das heißt, dass bei Temperaturen ab ca. 624 °C die Viskosität von N-SF6 niedriger als die Viskosität von N-BK7 ist. Folglich ist zu erwarten, dass bei vergleichbarer Ausgangsstruktur und gleicher Prozesstemperatur eine verkürzte Interaktionszeit notwendig ist, um eine vergleichbare Glättung zu erzielen. Alternativ sollte bei gleicher Interaktionszeit eine reduzierte Prozesstemperatur ausreichend sein. Trotz dieser und weiterer Unterschiede der thermischen Eigenschaften der Gläser werden die Startparameter für die Prozessentwicklung angelehnt an die Prozessparameter für N-BK7 ausgewählt. Die Ausgangsparameter sind in Tabelle 30 aufgeführt.

Tabelle 30 – Prozessparameter zur Untersuchung der Laserpolitur an N-SF6

Laserleistung P_L [W]	variiert	**Scanlinienlänge l_{Linie} [mm]**	45
Strahldurchmesser d_L [mm]	7	**Vorheiztemperatur $T_{Vorheiz}$ [°C]**	600
Bearbeitungsstrategie	Quasi-Linie	**Aufheizzeit t_{hu} [h]**	0,5
Scangeschwindigkeit v_{scan} [m/s]	8	**Abkühlzeit t_{cd} [h]**	ungeregelt
Vorschubgeschwindigkeit v_{feed} [mm/s]	8	**Pausenzeit t_P [min]**	30

Die verwendeten Substrate haben einen Durchmesser von 30 mm und eine Mittendicke von ca. 12 mm. Die Substrate werden von der Technischen Hochschule Deggendorf geschliffen. In Abbildung 91 ist die Oberflächentopographie des geschliffenen Ausgangszustands der Substrate aus N-SF6 dargestellt.

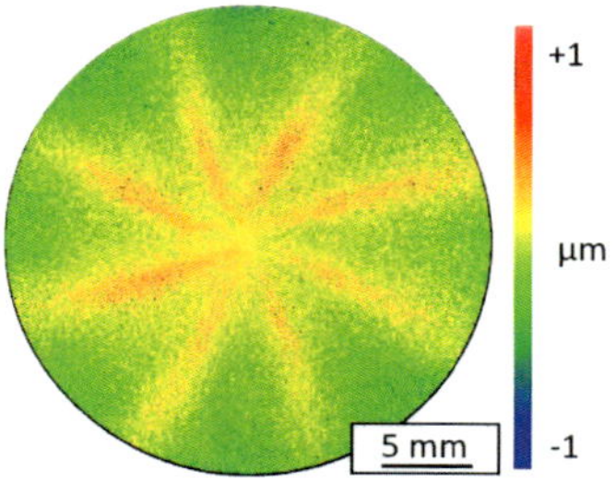

Abbildung 91
Falschfarbendarstellung der Oberflächentopographie eines geschliffenen Substrats aus N-SF6.

Dargestellt sind die zentralen Ø27 mm.

Auf der Oberfläche der Substrate ist eine charakteristische, sternförmige Struktur durch den verwendeten Schleifprozess eingebracht. Der Formfehler beträgt im Ausgangszustand ca. H = 535 nm ± 25,7 nm mit RMSa = 161 nm ± 3,19 nm. Die Rauheit, bestimmt bei 436 x 436 μm^2 Messfeldgröße und 1000 x 1000 px^2 Auflösung beträgt Sa = 345 nm ± 26 nm bzw. Sq = 449 nm ± 34 nm. Der Unterschied zwischen RMSa und Sq (auch RMS genannt) entstammt der unterschiedlichen Messfeldgröße und insbesondere Auflösung bzw. Pixelgröße.

Die Vorheiztemperatur wird in einer ersten Versuchsreihe zu $T_{Vorheiz}$ = 600 °C bestimmt. Bei geringeren Vorheiztemperaturen wird bereits durch das Öffnen des Heizplattendeckels eine Rissbildung induziert. Dies kann möglicherweise in der geringeren Temperaturleitfähigkeit von N-SF6 im Vergleich zu N-BK7 liegen ($4{,}12 * 10^{-7}$ m^2/s vs. $5{,}17 * 10^{-7}$ m^2/s). Dies bedeutet, dass bei Abkühlung der Oberfläche der Substrate ein größerer Temperaturgradient induziert wird. Da für N-SF6 ebenfalls der Ausdehnungskoeffizient mit $\alpha_{20\text{ - }300\,°C} = 10{,}3*10^{-6}\,°C^{-1}$ höher ist als für N-BK7 ($\alpha_{20\text{ - }300\,°C} = 8{,}3*10^{-6}\,°C^{-1}$), ist mit höheren thermischen Spannungen durch den Temperaturunterschied zwischen Substratkern und der Randschicht zu rechnen. Hier sei angemerkt, dass das Vorheizen für die folgenden Versuchsreihen mittels Zwei-Punkt-Regler erfolgt. Die Temperaturverteilung der Substrate könnte folglich nach dem Aufheizen und der halbstündigen Wartezeit entsprechend Kapitel 6.3 noch Inhomogenitäten enthalten, welche durch eine längere Wartezeit weiter ausgeglichen werden könnten.

Laserleistung

Als erster Schritt wird die Laserleistung P_L variiert. Ab einer Laserleistung von P_L = 150 W kann ein Poliereffekt in Form einer einsetzenden Transparenz beobachtet werden. In Abbildung 91 ist die Rauheit Sa über der Ortswellenlänge λ für verschiedene Laserleistungen aufgetragen.

Abbildung 92
Rauheit Sa der laserpolierten Substrate aus N-SF6 aufgetragen über der Ortswellenlänge λ für verschiedene Laserleistungen P_L. Ausgangszustand als AZ.

Weitere Prozessparameter entsprechend Tabelle 30.

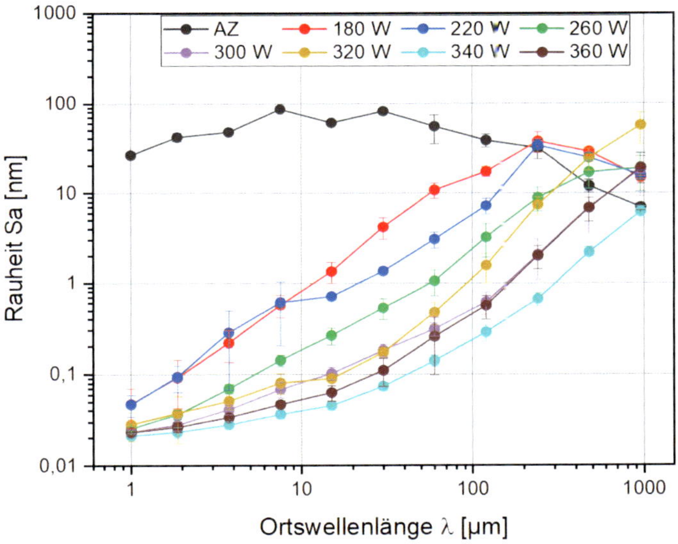

Für Ortswellenlängen bis λ = ~100 µm wird eine Reduktion der Ausgangsrauheit für alle untersuchten Laserleistungen erreicht. Hierbei wird mit zunehmender Laserleistung die Reduktion der Ausgangsrauheit erhöht bis bei einer Laserleistung P_L = 340 W für die untersuchten Laserparameterkombinationen ein Minimum erreicht wird. Ab einer Laserleistung P_L > 220 W wird bereits ein Minimum für die Oberflächenrauheit bei einer Ortswellenlänge λ = 1 µm von ca. Sa = 0,02 nm erreicht. Ab dieser Laserleistung wird zudem eine Reduktion im Vergleich zum Ausgangszustand der Rauheit für Ortswellenlängen λ > 200 µm erzielt.

In Abbildung 93 ist der Formverzug der jeweiligen Substrate als Swedish Height H aufgetragen. Die Messung bezieht sich jeweils auf die zentralen 27 mm Durchmesser der Substratvorderseite.

Abbildung 93
Formverzug der laserpolierten Substrate aus N-SF6 aufgetragen über der Laserleistung

Weitere Prozessparameter entsprechend Tabelle 30.

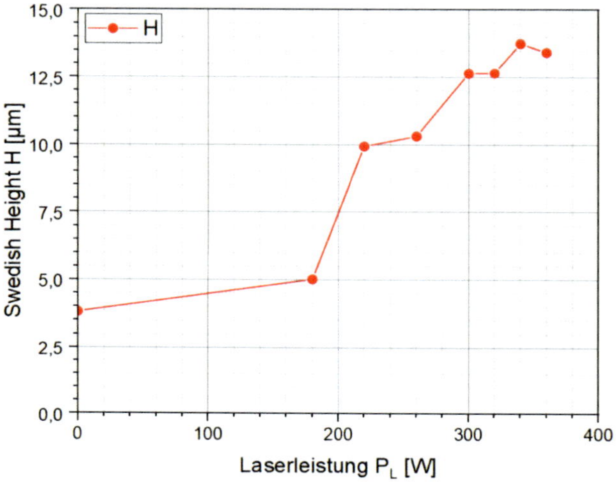

Mit zunehmender Laserleistung ist auch eine Zunahme des Formverzugs zu verzeichnen. Der Datenpunkt bei einer Laserleistung $P_L = 0$ W entspricht einem rein vorgeheizten Substrat ohne Laserbearbeitung. Für Substrate mit Bearbeitung bei Laserleistungen $P_L > 360$ W wird eine Rissbildung induziert, weshalb kein Formverzug gemessen werden kann. Für die untersuchten Prozessparameter kann eine maximale Reduktion der Oberflächenrauheit mit einem maximalen Formverzug korreliert werden. In Abbildung 94 ist die Welligkeit ausgewählter, laserpolierten Substrate für den Ortswellenlängenbereich von 80 µm bis 5000 µm als Falschfarbendarstellung abgebildet.

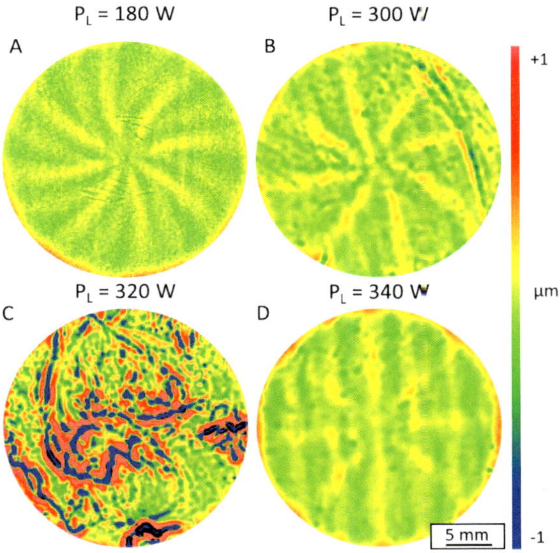

Abbildung 94
Falschfarbendarstellung der Oberflächentopographie der laserpolierten Substrate aus N-SF6.
A: P_L = 180 W
B: P_L = 300 W
C: P_L = 320 W
D: P_L = 340 W

Gefiltert auf einen Wellenlängenbereich 80 µm ≤ λ ≤ 5000 µm.

Dargestellt sind die zentralen Ø27 mm.

Weitere Prozessparameter entsprechend Tabelle 30.

Während bei einer Laserleistung P_L = 180 W die Ausgangsstruktur noch deutlich sichtbar ist, kann bei P_L = 300 W eine Veränderung beobachtet werden. Die Ausgangsstruktur wird durch die Laserpolitur geglättet, jedoch ist die sternförmige Ausprägung weiterhing als Muster in der Oberflächenmessung vorhanden. Bei einer Laserleistung von P_L = 340 W wird auch das sternförmige Muster aufgebrochen. Ansätze sind weiterhin in der Mitte des Substrates durch die Höhen erkennbar, jedoch ist die Oberflächenstruktur durch die induzierte Welligkeit der Laserpolitur dominiert.

Die Oberflächenstruktur bei einer Laserleistung von P_L = 320 W ist deutlich abweichend von den anderen gezeigten Oberflächenstrukturen. Die Struktur ist von wurmförmigen Gräben von mehreren µm Tiefe durchzogen. Die Anordnung dieser Gräben folgt hierbei keiner offensichtlichen Ordnung oder Orientierung. Diese Gräben können auch bei Wiederholung der Versuche beobachtet werden und sind möglicherweise auch für die Struktur bei P_L = 300 W am rechten Rand in Abbildung 94 B ursächlich. Da diese Gräben reproduzierbar auftreten, kann davon ausgegangen werden, dass diese nicht durch eine Verschmutzung einzelner Substrate erzeugt werden, sondern aus dem Prozess resultieren. Dabei bleibt jedoch offen, ob im Bereich der Prozesstemperatur bei einer Laserleistung P_L = 320 W eine chemische Veränderung stattfindet oder Material ausgast. Ebenfalls ist die Oberflächenstruktur der Substrate bei einer Laserleistung P_L = 340 W dahingehend interessant, dass diese keine sichtbaren Spuren der Gräben enthält, jedoch die Ausgangsstruktur noch in Ansätzen der Höhenverteilung erkennbar ist. Möglicherweise wird bei dieser Laserleistung die Grabenstruktur nicht oder nur begrenzt ausgebildet oder die Struktur entsteht bei P_L = 320 W erst während der Abkühlphase.

Interaktionszeit über Vorschubgeschwindigkeit

Als zweiter Schritt wird, ausgehend von den Ergebnissen der Laserleistungsvariation, die Vorschubgeschwindigkeit variiert. Hierfür wird als Ausgangspunkt die Vorschubgeschwindigkeit von v_{feed} = 8 mm/s bei einer Laserleistung von P_L = 340 W angesetzt. Da die Prozessführung ohne Regelung erfolgt, muss für ein vergleichbares Ergebnis die Laserleistung an die Variation der Vorschubgeschwindigkeit angepasst werden, um eine gleichbleibende Prozesstemperatur zu erreichen. Unter Vernachlässigung der Änderung der Wärmeleitung und Wärmestrahlung durch eine geänderte Vorschubgeschwindigkeit kann die Laserleistung linear entsprechend der rechnerischen Fluenz angepasst werden. Für v_{feed} = 8 mm/s, d_L = 7 mm, l_{Linie} = 45 mm und P_L = 340 W kann diese zu

8.1
$$F = \frac{P_L * d_L}{v_{feed} * d_L * l_{Linie}} = \frac{340\,W * 7\,mm}{8\,\frac{mm}{s} * 7\,mm * 45\,mm} = 0{,}94\,\frac{J}{mm^2}$$

bestimmt werden. Durch diese Anpassung entspricht die Variation der Vorschubgeschwindigkeit näherungsweise einer Variation der Interaktionszeit. Für die Auswertung des Einflusses der Interaktionszeit werden die in Tabelle 31 aufgeführten Prozessparameter verwendet.

Tabelle 31 – Prozessparameter zur Untersuchung des Einflusses der Interaktionszeit bei der Laserpolitur an N-SF6

Laserleistung P_L [W]	angepasst	**Scanlinienlänge l_{Linie} [mm]**	45
Strahldurchmesser d_L [mm]	7	**Vorheiztemperatur $T_{Vorheiz}$ [°C]**	600
Bearbeitungsstrategie	Quasi-Linie	**Aufheizzeit t_{hu} [h]**	0,5
Scangeschwindigkeit v_{scan} [m/s]	8	**Abkühlzeit t_{cd} [h]**	ungeregelt
Vorschubgeschwindigkeit v_{feed} [mm/s]	6, 8, 10, 12	**Pausenzeit t_P [min]**	30

Die berechnete Laserleistung P_L entspricht für die untersuchten Vorschubgeschwindigkeiten $P_{L,\,6\,mm/s}$ = 255 W, $P_{L,\,8\,mm/s}$ = 340 W, $P_{L,\,10\,mm/s}$ = 425 W, $P_{L,\,12\,mm/s}$ = 510 W. In Abbildung 95 ist die gemessene Rauheit Sa für die untersuchten Prozessparameter über der Ortswellenlänge λ aufgetragen.

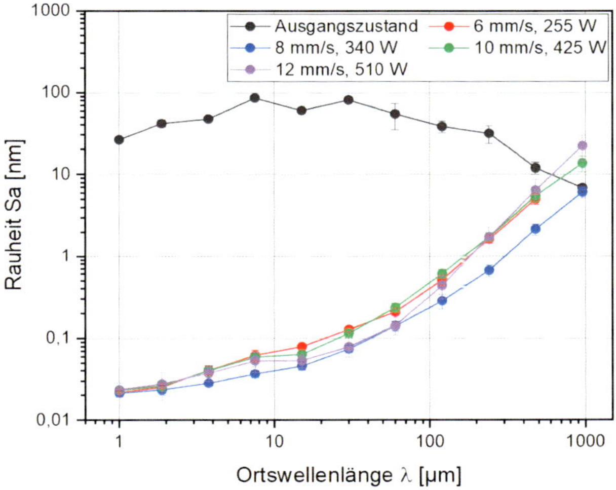

Abbildung 95 Rauheit Sa der laserpolierten Substrate aus N-SF6 aufgetragen über der Ortswellenlänge λ für verschiedene Vorschubgeschwindigkeiten.

Weitere Prozessparameter entsprechend Tabelle 31.

Die Rauheit ist für alle Substrate in einem Bereich Sa < 1 nm mit vergleichbarem Verlauf der Kurve über der Ortswellenlänge. Die leichten Unterschiede könnten auf Partikel auf der Substratoberfläche bzw. den zeitlichen Unterschied zwischen den Messungen und entsprechende Neukalibrierung des Weißlichtinterferometers zurückzuführen sein. Die Rauheit kann folglich im untersuchten Parameterfenster als wahrscheinlich unabhängig von der Interaktionszeit angesehen werden.

Auch der Formverzug der Substrate ist weitestgehend von der Interaktionszeit unbeeinflusst. Für alle untersuchten Substrate wird ein Formverzug zwischen H = 11,5 µm und H = 13,5 µm gemessen. Für die höheren Vorschubgeschwindigkeiten und damit kürzeren Interaktionszeiten ist der Formverzug tendenziell am unteren Ende des Messbereiches angesiedelt. Jedoch ist die Streuung der Messwerte zu groß sowie der Unterschied der Mittelwerte zu gering, um eine Aussage treffen zu können. In Abbildung 96 ist die auf eine Ortswellenlänge von 80 µm bis 5000 µm gefilterte Oberflächentopographie ausgewählter Substrate dargestellt.

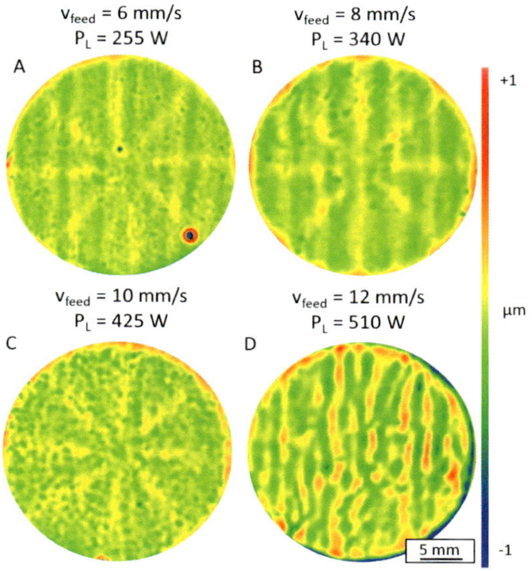

Abbildung 96
Falschfarbendarstellung der Oberflächentopographie der laserpolierten Substrate aus N-SF6.
A: v_{feed} = 6 mm/s, P_L = 255 W
B: v_{feed} = 8 mm/s P_L = 340 W
C: v_{feed} = 10 mm/s P_L = 425 W
D: v_{feed} = 12 mm/s P_L = 510 W

Gefiltert auf einen Wellenlängenbereich 80 µm ≤ λ ≤ 5000 µm.

Dargestellt sind die zentralen Ø27 mm.

Weitere Prozessparameter entsprechend Tabelle 31.

Die induzierte Welligkeit ist zwischen v_{feed} = 6 mm/s und v_{feed} = 8 mm/s vergleichbar und liegt damit im Rahmen der Streuung des Ausgangszustands. Für eine Vorschubgeschwindigkeit von v_{feed} = 10 mm/s ist die induzierte, linienförmige Welligkeit im Vergleich zu vorhergenannten Prozessparametern reduziert, jedoch ist ebenfalls die Glättung der Ausgangsstruktur reduziert. Die Oberflächentopographie bei v_{feed} = 12 mm/s weicht signifikant von den anderen Strukturen ab. Die Höhe der induzierten Welligkeit ist mit einem Peak-Valley-Wert von bis zu PV = 1 µm ca. um einen Faktor 10 größer als für die anderen Vorschubgeschwindigkeiten beobachtet. Die Struktur ähnelt zudem der Grabenstruktur, welche für eine Laserleistung P_L = 320 W und Vorschubgeschwindigkeit v_{feed} = 8 mm/s dokumentiert wird. Im Vergleich hierzu ist die Struktur jedoch im PV-Wert kleiner und hat zudem eine Ordnung der Gräben in Scanrichtung. Möglicherweise ist bei der kurzen Interaktionszeit, die bei einer Vorschubgeschwindigkeit v_{feed} = 12 mm/s und einem Strahldurchmesser d_L = 7 mm gegeben ist, die Grabenstruktur nicht vollständig geglättet. Nach diesem Ansatz könnte die Struktur für eine Vorschubgeschwindigkeit v_{feed} = 10 mm/s ebenfalls aus der gebildeten und wieder verschmolzenen Grabenstruktur resultieren statt aus der Ausgangsstruktur.

Laserstrahldurchmesser

Zusätzlich zur Variation der Laserleistung und der Vorschubgeschwindigkeit kann auch der Strahldurchmesser variiert werden. Hierbei wird die Variation der Prozessparameter ebenfalls ausgehend von einer Laserleistung P_L = 340 W bei einem Strahldurchmesser von d_L = 7 mm und einer Vorschubgeschwindigkeit v_{feed} = 8 mm/s genutzt. Untersucht wird die Bearbeitung mit einem Strahldurchmesser d_L = 6 mm, d_L = 8 mm, d_L = 12 mm und d_L = 18 mm. Um die Vergleichbarkeit der Ergebnisse zu erleichtern, wird die Interaktionszeit konstant gehalten. Hierzu wird die Vorschubgeschwindigkeit entsprechend

8.2
$$t_i = \frac{d_L}{v_{feed}} = \frac{7\ mm}{8\ \frac{mm}{s}} = 0{,}875\ s$$

bzw.

8.3
$$v_{feed} = \frac{d_L}{t_i}$$

angepasst. Entsprechend den vorangestellten Ergebnissen zur Variation der Vorschubgeschwindigkeit wird zusätzlich die Laserleistung entsprechend Formel 8.1 bestimmt. Durch beide Anpassungen wird eine konstante Interaktionszeit und Flächenenergie erzielt. Die verwendeten Prozessparameter sind in Tabelle 32 aufgeführt.

Tabelle 32 – Prozessparameter zur Untersuchung des Einflusses des Strahldurchmessers bei der Laserpolitur an N-SF6

Laserleistung P_L [W]	angepasst	**Scanlinienlänge l_{Linie} [mm]**	45
Strahldurchmesser d_L [mm]	6, 8, 12, 18	**Vorheiztemperatur $T_{Vorheiz}$ [°C]**	600
Bearbeitungsstrategie	Quasi-Linie	**Aufheizzeit t_{hu} [h]**	0,5
Scangeschwindigkeit v_{scan} [m/s]	8	**Abkühlzeit t_{cd} [h]**	ungeregelt
Vorschubgeschwindigkeit v_{feed} [mm/s]	angepasst	**Pausenzeit t_P [min]**	30

Die berechnete Laserleistung wird auf 5 W genau gerundet, die berechnete Vorschubgeschwindigkeit auf eine Nachkommastelle. Die berechneten Parameterkombinationen d_L (P_L, v_{feed}) sind entsprechend 6 mm (290 W, 6,9 mm/s), 8 mm (390 W, 9,1 mm/s), 12 mm (580 W, 13,7 mm/s) und 18 mm (875 W, 20,6 mm/s). In Abbildung 97 ist die gemessene Rauheit Sa in Abhängigkeit der Ortswellenlänge aufgetragen.

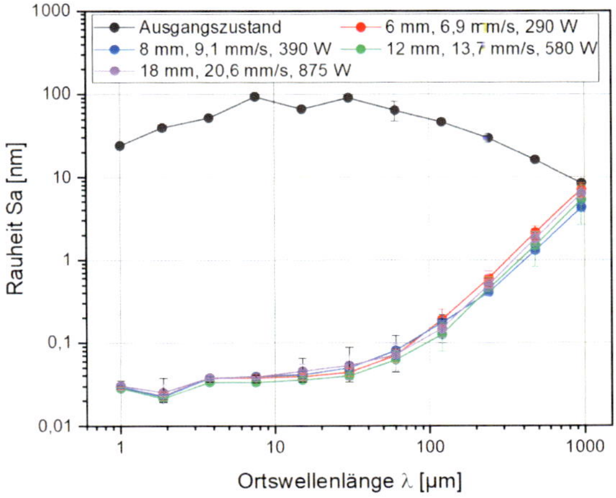

Abbildung 97
Rauheit Sa der laserpolierten Substrate aus N-SF6 aufgetragen über der Ortswellenlänge λ für verschiedene Strahldurchmesser.

Weitere Prozessparameter entsprechend Tabelle 32.

Die Rauheit Sa im untersuchten Bereich ist für alle Strahldurchmesser, im Rahmen der Schwankungen, als identisch anzusehen. Für den untersuchten Parameterbereich kann also festgehalten werden, dass bei identischer Interaktionszeit und identischer Flächenenergie eine vergleichbare Rauheit erzielt wird. Für den Vergleich des Temperatur-Zeit-Verlaufes ist in Abbildung 98 das Messsignal des Pyrometers aufgetragen. Das Pyrometer wird hierzu auf die

Mitte der Substrate ausgerichtet. Die Messkurven sind jeweils so auf der X-Skala verschoben, dass das Temperaturmaximum bei ca. 2 Sekunden positioniert ist, um den Temperatur-Zeit-Verlauf vergleichen zu können. Die ursprünglichen Unterschiede in der zeitlichen Position entsprechen der variierten Vorschubgeschwindigkeit und folglich der Zeit bis die Prozesszone die Mitte des Substrats erreicht. Die Sprünge im Messsignal sind laut Herstelleraussage der Bauweise des Pyrometers geschuldet, da dieses nur bedingt für die Messung großer Temperaturänderungen geeignet ist.

Abbildung 98 Temperaturmesswerte der laserpolierten Substrate aus N-SF6 für verschiedene Strahldurchmesser. Messkurven zeitlich auf ein Maximum bei ca. 2 Sekunden verschoben.

Weitere Prozessparameter entsprechend Tabelle 32.

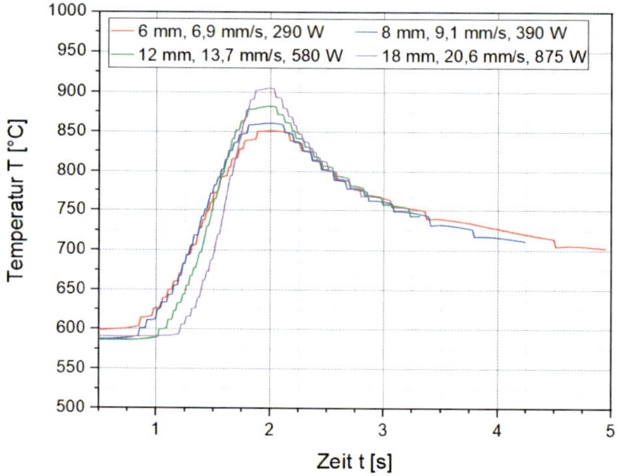

Trotz gleicher Interaktionszeit und Flächenenergie wird für die verschiedenen Strahldurchmesser eine mit zunehmendem Strahldurchmesser steigende maximale Prozesstemperatur erreicht. Die Unterschiede in der Prozesstemperatur von bis zu $\Delta T_{Prozess} = 50$ K liegen über den Hardwareschritten des Pyrometers (ca. 10 K) und können daher nicht mit Messfehlern erklärt werden. Die erhöhte maximale Prozesstemperatur für $d_L = 12$ mm und $d_L = 18$ mm wird von einer kürzeren Aufheizphase begleitet. Die Strahldurchmesser in diesen Größenordnungen können mit dem vorhandenen Equipment nicht direkt vermessen werden. Stattdessen wird, ausgehend von der Messung des Fokusdurchmessers und der gemessenen Rayleighlänge, die Z-Position für die gewünschten Strahldurchmesser berechnet. Da die Fokusposition und Rayleighlänge jedoch an der verwendeten Laserstrahlquelle abhängig von der Laserleistung sind, können Abweichungen im Strahldurchmesser dazu führen, dass die Interaktionszeit variiert und folglich die maximale Prozesstemperatur durch Einbringung der Flächenenergie über einen kürzeren Zeitraum ansteigt. Zusätzlich ist zu berücksichtigen, dass der Messfleck des Pyrometers einen Teilbereich des Strahldurchmessers abdeckt, über welchen integriert wird und deshalb nicht die absolute Maximaltemperatur innerhalb dieses Bereiches gemessen wird. Bei $d_L = 18$ mm beträgt der Messfleck ca. 1/6 des Strahlradius, bei $d_L = 6$ mm hingegen die Hälfte. In Abbildung 99 sind die Oberflächen beispielhaft für je ein Substrat für die untersuchten Parameterkombinationen dargestellt. Die Messdaten sind auf einen Ortswellenlängenbereich von 80 µm bis 5000 µm gefiltert.

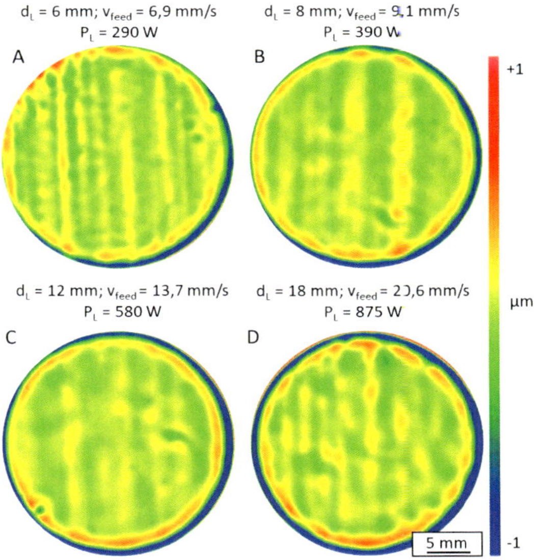

Abbildung 99
Falschfarbendarstellung der Oberflächentopographie der laserpolierten Substrate aus N-SF6.
(d_L v_{feed} P_L)
A: 6 mm 6,9 mm/s 290 W
B: 8 mm 9,1 mm/s 390 W
C: 12 mm 13,7 mm/s 580 W
D: 18 mm 20,6 mm/s 875 W

Gefiltert auf einen Wellenlängenbereich 80 µm ≤ λ ≤ 5000 µm.

Dargestellt sind die zentralen Ø27 mm.

Weitere Prozessparameter entsprechend Tabelle 32.

Im Gegensatz zu den Messungen aus Abbildung 96 sind in den hier gezeigten Messdaten keine sternförmigen Reste der Ausgangsoberfläche zu erkennen. Gleichzeitig wird der Rand der Substrate deutlicher verrundet (erkennbar am blauen Rand in der Falschfarbendarstellung). Beides kann ein Indiz sein, dass die Flächenenergie in der aktuellen Versuchsreihe höher ausfällt als in der vorherigen. Dies könnte in einer abweichenden Laserleistung begründet sein, da das Einstellen der Laserleistung eine Messung dieser vor jedem Versuch erfordert. Zwischen den Versuchsreihen wird der verwendete Messkopf jedoch vom Hersteller gewartet und rekalibriert. Dies kann ggf. zu einer unterschiedlichen Messung führen.

Neben dieser Abweichung kann für alle untersuchten Strahldurchmesser eine induzierte Welligkeit auf der Oberfläche erkannt werden. Diese wird für alle Strahldurchmesser linienförmig in Scanrichtung ausgeprägt. Bei einem Strahldurchmesser von 6 mm wird die Welligkeit im Vergleich zu den anderen Strahldurchmessern mit einer sichtbar kleineren Wellenlänge ausgebildet. Gemessen an der Oberfläche wird diese zu durchschnittlich $\lambda = 2{,}1$ mm ± 0,36 mm bestimmt. Für die anderen Strahldurchmesser liegt die Wellenlänge im Bereich $\lambda = 3{,}2$ mm ± 0,95 mm mit nur geringfügigen Abweichungen. Die geringen Unterschiede für die Strahldurchmesser $d_L > 6$ mm ist wahrscheinlich auf die Filterung auf Ortswellenlängen $\lambda < 5$ mm zurückzuführen. Hierdurch werden die prägnanten Anteile der verschiedenen Strahldurchmesser gefiltert. Aufgrund der Durchmesser der Substrate von 30 mm ist eine Auswertung für größere Ortswellenlängen nur bedingt möglich.

Die Höhe der Strukturen (Peak-Valley) ist bei einem Strahldurchmesser $d_L = 12$ mm mit PV = 85,5 nm ± 46 nm am geringsten. Für die weiteren Parameter liegt die Strukturhöhe bei durchschnittlich PV = 138 nm bis PV = 172 nm, wobei die Standardabweichungen bis zu 80 nm beträgt. Damit kann kein Prozessparameter im Vergleich zu den anderen untersuchten als vorteilhaft im Sinne der Welligkeit angesehen werden. Die Unterschiede in der Strukturhöhe sind zu gering bzw. von einer zu großen Streuung begleitet, um signifikant zu sein. In Hinblick auf die Ortswellenlänge der induzierten Welligkeit kann ein Trend hin zu größeren Ortswellenlängen bei größeren Strahldurchmesser dokumentiert werden. Der Formverzug der zentralen 27 mm Durchmesser beträgt H = 13,6 µm ± 1,7 µm. Die Abweichung innerhalb eines Prozessparameters ist hierbei größer als der Unterschied zwischen den untersuchten Prozessparametern. Für die verwendeten Prozessparameter und Substratgrößen sowie Dicken hat der Strahldurchmesser im untersuchten Parameterbereich bei konstant gehaltener Interaktionszeit und Flächenenergie keinen Einfluss auf den Formverzug.

Zusammengefasst kann für N-SF6 die Möglichkeit einer Laserpolitur mit Reduktion der Rauheit nachgewiesen werden. Lediglich in einem kleinen Bereich des untersuchten Parameterraumes wird eine ausgeprägte „Grabenstruktur" auf der Substratoberfläche verzeichnet. Für den gefunden Parametersatz wird eine Rauheit Sa < 1 nm bis zu einer Ortswellenlänge von ca. 200 µm erreicht. Bis 1000 µm Ortswelllänge bleibt die Rauheit unter 10 nm. Der Formverzug und die Welligkeit sind bei den untersuchten Parametern noch außerhalb der Spezifikationen typischer Optiken, jedoch ist zu erwarten, dass durch weitere Anpassung des Vorgehens hinsichtlich Vorheizens und Prozessregelung diese Werte weiter verbessert werden können (vgl. Kapitel 6 und 7). In Kapitel 8.4 folgt ein direkter Vergleich der jeweils erreichten Kennwerte der untersuchten Glassorten.

8.2 S-FPL53

Ein Teil der in diesem Kapitel inklusive Unterkapitel vorgestellten Ergebnisse entstammt der Masterarbeit „Laser polishing of S-FPL53 and N-SF6" von Philipp Beer an der Fakultät Optik und Mechatronik der Universität Aalen in Kooperation mit dem Lehrstuhl für Lasertechnik der RWTH Aachen. Die Abschlussarbeit wurde durch den Autor inhaltlich und fachlich betreut.

S-FPL53 ist eine Glassorte, die als Gegenstück zu N-SF6 in Achromaten Verwendung finden kann und aufgrund der Abbe Zahl von $v = 94{,}93$ in dieser Funktion vor allem im Bereich der Astronomie Anwendung findet. Erste Versuche dieses Glas zu laserpolieren können in der Abschlussarbeit „Experimentelle Ermittlung eines Prozessfensters zur Laserpolitur der optischen Gläser S-TIH6 und S-FPL53" von Maximilian Paul Brochhaus aus dem Jahr 2016 gefunden werden. Während die Ergebnisse zu S-TIH6 durch Weingarten et. al. [36] veröffentlicht sind, sind die Ergebnisse zu S-FPL53 bisher in der Fachliteratur nicht veröffentlicht. Dies ist darauf zurückzuführen, dass von Brochhaus für S-FPL53 keine erfolgreiche Laserpolitur erzielt wird. Im untersuchten Parameterbereich von Brochhaus wird während der Laserpolitur eine Devitrifikation (Entglasung) an der Oberfläche induziert, wodurch die erzielte Rauheitsreduktion mit einer signifikanten Steigerung der Welligkeit und einer Trübung des Glases einhergeht.

Die thermischen Eigenschaften von S-FPL53 sind signifikant abweichend von denen von N-BK7 und N-SF6. Die Glasübergangstemperatur von S-FPL53 beträgt $T_g = 426$ °C und ist damit über 100 K niedriger als die der anderen genannten Glassorten. Hinzu kommt, dass S-FPL53 die kürzeste Länge der im Rahmen dieser Arbeit untersuchten Gläser hat, d. h. die Viskosität wird mit steigender Temperatur proportional am weitesten reduziert. Bereits bei T = ~530 °C wird eine Viskosität vergleichbar dem Arbeitspunkt der Laserpolitur von Quarzglas bei 2100 °C erreicht ($\eta = \sim 10^{4,9}$ dPas, siehe auch Anhang 13.2).

Anhand dieser Temperaturwerte kann nachvollzogen werden, warum die Kristallisation bei S-FPL53 eine Herausforderung für den Laserpolierprozess darstellt. In Kapitel 3.1.1 ist der Prozess des kristallin- und des gläsern-erstarrenden Werkstoffes beschrieben. Kritisch für die Vermeidung der Kristallisation eines Werkstoffes, der in beiden Formen erstarren kann, ist die

Abkühlgeschwindigkeit. Brochhaus hat seine Versuchsreihen mit einer Vorheiztemperatur von $T_{Vorheiz}$ = 450 °C auf den gleichen Heizplatten durchgeführt, wie sie in dieser Arbeit verwendet werden. Da die Vorheiztemperatur bereits 24 K über der Glasübergangstemperatur liegt und die Temperaturdifferenz zu einem theoretischen Arbeitspunkt nur noch 80 K beträgt, ist eine Bildung von Kristallen an der Oberfläche des Materials ggf. bereits durch diese Rahmenbedingungen gegeben.

In der Arbeit von Brochhaus wird keine Aussage über die Auswahl der Vorheiztemperatur getroffen, daher ist davon auszugehen, dass diese gewählt und nicht experimentell bestimmt wird. Soll die Kristallisation vermieden werden, ist die Reduktion der Vorheiztemperatur daher ein adäquates Mittel, um eine erste Parameteranpassung durchzuführen.

Ausgehend von den Ergebnissen zu N-BK7 (siehe Kapitel 6.2) und N-SF6 (siehe Kapitel 8.1) wird eine geeignete Vorheiztemperatur für eine rissfreie Laserpolitur im Bereich $T_{Vorheiz} = T_g \pm 25$ K vermutet. Für Vorheiztemperaturen $T_{Vorheiz} \leq 420$ °C ist eine Rissbildung der Substrate durch die Luftströmung beim Öffnen des Heizplattendeckels zu beobachten, vergleichbar den Ergebnissen zu N-SF6 bei Vorheiztemperaturen $T_{Vorheiz} < 600$ °C. Für Vorheiztemperaturen von $T_{Vorheiz}$ = 420 °C wird bei ca. 50 % der Substrate eine Rissbildung durch den entsprechenden Temperaturschock induziert. Für die verbliebenen Substrate wird bei der Laserpolitur, unabhängig der Prozessparameter, eine Rissbildung induziert. Im Bereich der Vorheiztemperaturen von $T_{Vorheiz}$ = 430 °C bis $T_{Vorheiz}$ = 450 °C kann wiederum eine Laserpolitur der Substrate durchgeführt werden. In Tabelle 33 sind die hierfür verwendeten Prozessparameter aufgeführt.

Tabelle 33 – Prozessparameter zur Untersuchung der Laserpolitur an S-FPL53

Laserleistung P_L [W]	250	**Scanlinienlänge l_{Linie} [mm]**	45
Strahldurchmesser d_L [mm]	7	**Vorheiztemperatur $T_{Vorheiz}$ [°C]**	430, 440, 450
Bearbeitungsstrategie	Quasi-Linie	**Aufheizzeit t_{hu} [h]**	0,5
Scangeschwindigkeit v_{scan} [m/s]	8	**Abkühlzeit t_{cd} [h]**	ungeregelt
Vorschubgeschwindigkeit v_{feed} [mm/s]	15	**Pausenzeit t_P [min]**	30

Neben der Vorheiztemperatur kann die Kristallisation auch durch die Interaktionszeit und damit den Temperaturgradienten zum Ende der Laserpolitur beeinflusst werden. Aus diesem Grund wird die Vorschubgeschwindigkeit zu v_{feed} = 15 mm/s gewählt. Die verwendeten Substrate haben einen Durchmesser von 30 mm und eine Dicke von 12 mm und werden ebenfalls von der Technischen Hochschule Deggendorf geschliffen. In Abbildung 100 ist die Oberflächentopographie des geschliffenen Ausgangszustands der Substrate aus S-FPL53 dargestellt.

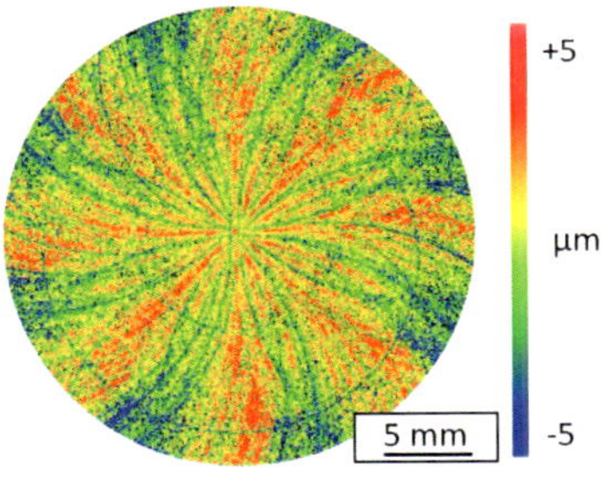

Abbildung 100 Falschfarbendarstellung der Oberflächentopographie eines geschliffenen Substrats aus S-FPL53.

Dargestellt sind die zentralen Ø27 mm.

Auf der Oberfläche der Substrate ist eine charakteristische, sternförmige Struktur durch den verwendeten Schleifprozess eingebracht. Der Formfehler beträgt im Ausgangszustand ca. H = 6090 nm ± 578 nm mit RMSa = 1941 nm ± 283 nm. Die Rauheit, bestimmt bei 436 x 436 µm² Messfeldgröße und 1000 x 1000 px² Auflösung beträgt Sa = 1996 nm ± 437 nm bzw. Sq = 2564 nm ± 584 nm. Der Unterschied zwischen RMSa und Sq (auch RMS genannt) entstammt der unterschiedlichen Messfeldgröße und insbesondere Auflösung bzw. Pixelgröße. In Abbildung 101 ist die Rauheit Sa über der Ortswellenlänge für die Vorheiztemperaturen $T_{Vorheiz}$ = 430 °C, $T_{Vorheiz}$ = 440 °C und $T_{Vorheiz}$ = 450 °C im Vergleich zur Ausgangsrauheit aufgetragen. Die Bearbeitung erfolgt mit den Prozessparametern aus Tabelle 33.

Abbildung 101
Rauheit Sa der laserpolierten Substrate aus S-FPL53 aufgetragen über der Ortswellenlänge λ für verschiedene Vorheiz-temperaturen.

Weitere Prozessparameter entsprechend Tabelle 33.

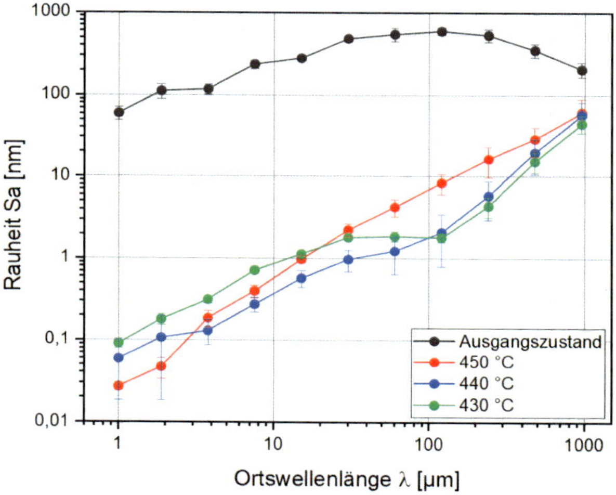

Für alle untersuchten Vorheiztemperaturen wird eine Reduktion der Rauheit erzielt. Da die Laserleistung konstant gehalten wird, wird mit zunehmender Vorheiztemperatur eine höhere Prozesstemperatur erreicht und durch die weitere Reduktion der Viskosität die Mikrorauheit wirksamer geglättet. Auffällig ist die Umkehr dieser Reihenfolge hin zu längeren Ortswellenlängen. Ab einer Ortswellenlänge von λ = ~30 µm ist die Rauheit für eine Vorheiztemperatur $T_{Vorheiz}$ = 450 °C um einen Faktor 2 bis 4 größer als für $T_{Vorheiz}$ = 440 °C und $T_{Vorheiz}$ = 430 °C. Zudem liegen die Werte für $T_{Vorheiz}$ = 440 °C und $T_{Vorheiz}$ = 430 °C ab ca. λ = ~100 µm ungefähr auf einem gleichen Niveau. Unterhalb der Ortswellenlänge von λ = 100 µm wird für eine Vorheiztemperatur $T_{Vorheiz}$ = 440 °C eine bessere Glättung als für $T_{Vorheiz}$ = 430 °C erzielt. In Abbildung 102 ist die Oberflächentopographie je eines Substrates mit Vorheiztemperatur $T_{Vorheiz}$ = 430 °C, $T_{Vorheiz}$ = 440 °C und $T_{Vorheiz}$ = 450 °C dargestellt.

Abbildung 102
Falschfarbendarstellung der Oberflächentopographie der laserpolierten Substrate aus S-FPL53.
A: $T_{Vorheiz}$ = 430 °C
B: $T_{Vorheiz}$ = 440 °C
C: $T_{Vorheiz}$ = 450 °C

Gefiltert auf einen Wellenlängenbereich 80 µm ≤ λ ≤ 5000 µm.

Dargestellt sind die zentralen Ø27 mm.

Weitere Prozessparameter entsprechend Tabelle 33.

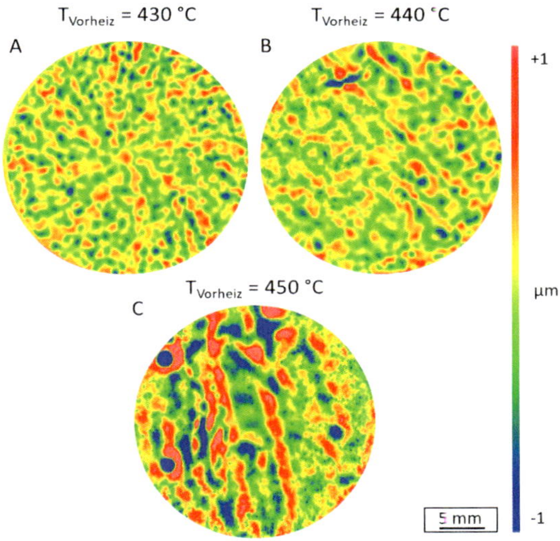

Für den ausgewählten Parametersatz wird bei einer Vorheiztemperatur von $T_{Vorheiz}$ = 430 °C eine Glättung der Ausgangsstruktur erreicht, jedoch ist die sternförmige Grundstruktur weiterhin erkennbar. Für $T_{Vorheiz}$ = 440 °C wird diese bereits aufgebrochen, jedoch sind einzelne Fehlerstellen (z. B. oben links) erkennbar. Für die Substrate bei $T_{Vorheiz}$ = 450 °C wird hingegen eine von Fremdstrukturen übersäte Oberflächenstruktur erkennbar. Unter dem Mikroskop ist sowohl für $T_{Vorheiz}$ = 440 °C als auch für $T_{Vorheiz}$ = 450 °C die Ausbildung von Grenzlinien infolge von Kristallisation erkennbar. Diese können ebenfalls als eine mögliche Ursache für die im Vergleich erhöhten Rauheitsmesswerte, insbesondere der Substrate mit $T_{Vorheiz}$ = 450 °C im Bereich $\lambda > 30$ µm angesehen werden (siehe Abbildung 101). In Abbildung 103 ist eine Mikroskopaufnahme dieser Grenzlinien beispielhaft dargestellt.

Abbildung 103
Mikroskopaufnahme mit erkennbaren Grenzlinien infolge von Kristallisation. Dargestellt für ein laserpoliertes Substrat bei $T_{Vorheiz}$ = 450 °C.

Weitere Prozessparameter entsprechend Tabelle 33.

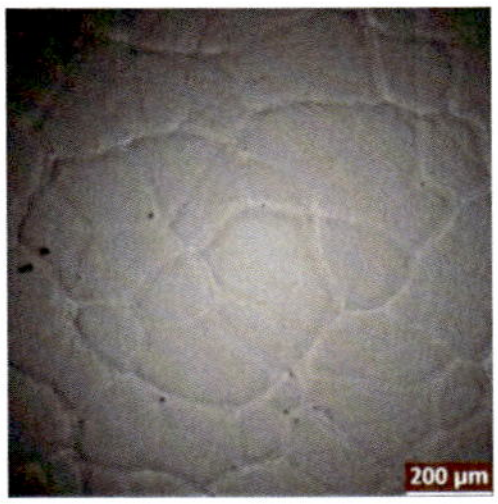

Durch die Bildung der Gitterstruktur wird, wie von Brochhaus bereits beschrieben, eine Zunahme der mittelfrequenten Welligkeit induziert. Da diese Strukturen sowohl für eine Vorheiztemperatur von $T_{Vorheiz}$ = 450 °C als auch für $T_{Vorheiz}$ = 440 °C beobachtet werden können, wird für die weiteren Versuchsreihen eine Vorheiztemperatur von $T_{Vorheiz}$ = 430 °C gewählt.

Laserleistung

Über die Variation der Laserleistung und damit verbunden der Prozesstemperatur kann die Viskosität des Glases während des Prozesses eingestellt werden. Für S-FPL53 ist die Länge des Glases im Vergleich zu N-BK7, N-SF6 und Quarzglas besonders klein. Entsprechend können bereits geringe Änderungen der Prozesstemperatur signifikante Änderungen in der Viskosität bewirken. Die Untersuchung zur Variation der Laserleistung erfolgt entsprechend mit den in Tabelle 34 aufgeführten Prozessparametern.

Tabelle 34 – Prozessparameter zur Untersuchung der Laserleistung bei der Laserpolitur an S-FPL53

Laserleistung P_L [W]	240, 250, 260, 270	**Scanlinienlänge l_{Linie} [mm]**	45
Strahldurchmesser d_L [mm]	7	**Vorheiztemperatur $T_{Vorheiz}$ [°C]**	430
Bearbeitungsstrategie	Quasi-Linie	**Aufheizzeit t_{hu} [h]**	0,5
Scangeschwindigkeit v_{scan} [m/s]	8	**Abkühlzeit t_{cd} [h]**	ungeregelt
Vorschubgeschwindigkeit v_{feed} [mm/s]	15	**Pausenzeit t_P [min]**	30

Die Laserleistung wird in 10 W Schritten zwischen $P_L = 240$ W und $P_L = 270$ W variiert. Die erzielte Rauheit der laserpolierten Substrate ist in Abbildung 104 aufgeführt.

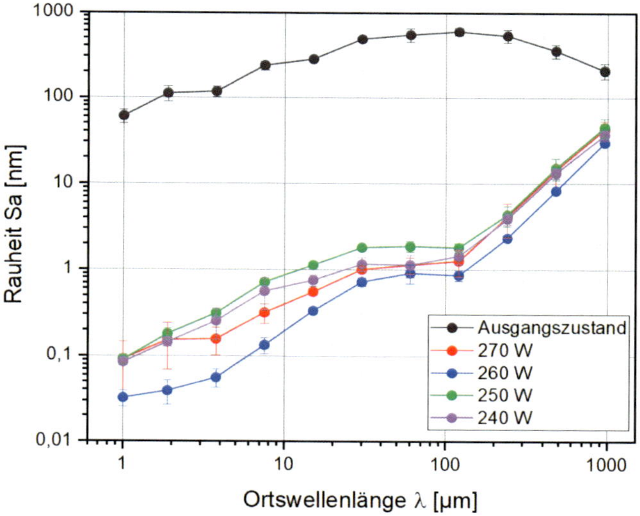

Abbildung 104 Rauheit Sa der laserpolierten Substrate aus S-FPL53 aufgetragen über der Ortswellenlänge λ für verschiedene Laserleistungen.

Weitere Prozessparameter entsprechend Tabelle 34.

Die erzielte Rauheit liegt für alle untersuchten Laserleistungen in einem vergleichbaren Bereich. Lediglich für eine Laserleistung $P_L = 260$ W kann eine ca. um die Hälfte reduzierte Mikrorauheit erzielt werden. In Abbildung 105 ist die Oberflächentopographie der laserpolierten Substrate als Falschfarbendarstellung abgebildet.

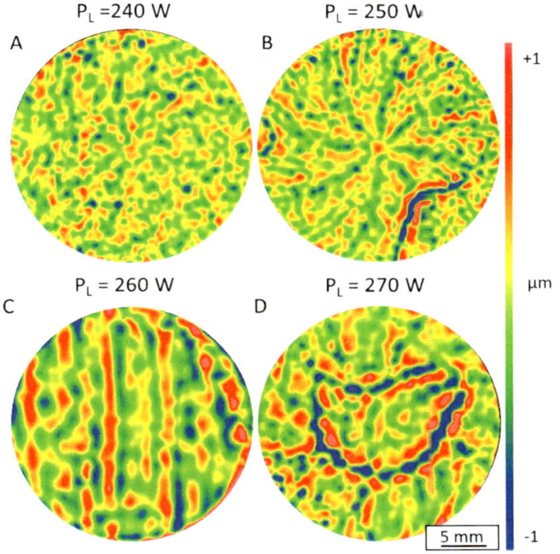

Abbildung 105
Falschfarbendarstellung der Oberflächentopographie der laserpolierten Substrate aus S-FPL53.
A: P_L = 240 W
B: P_L = 250 W
C: P_L = 260 W
D: P_L = 270 W

Gefiltert auf einen Wellenlängenbereich 80 µm ≤ λ ≤ 5000 µm.

Dargestellt sind die zentralen Ø27 mm.

Weitere Prozessparameter entsprechend Tabelle 34.

Für eine Laserleistung P_L = 240 W und P_L = 250 W ist ein Verschmelzen der Ausgangsstruktur erkennbar. Bei einer Laserleistung P_L = 250 W wird zudem partiell eine Struktur induziert, die auf Kristallisation hindeutet. Das Substrat ist jedoch unter dem Mikroskop transparent bzw. sind keine Strukturen vergleichbar Abbildung 103 erkennbar. Bei einer Laserleistung P_L = 260 W wird die bekannte linienförmige Welligkeit in Scanrichtung induziert. Die Strukturhöhe PV der induzierten Welligkeit übertrifft mit PV = ~1 µm jedoch die Strukturhöhe PV der residualen Welligkeit bei einer Laserleistung P_L = 240 W und P_L = 250 W (PV = ~0,7 µm). Bei einer Laserleistung P_L = 270 W wird eine sichtbare Entglasung der Oberfläche erzeugt. In Abbildung 106 ist die Oberflächentopographie der Substrate mit einer Laserpolitur bei einer Laserleistung P_L = 250 W und P_L = 260 W mit 100x optischem Zoom dargestellt.

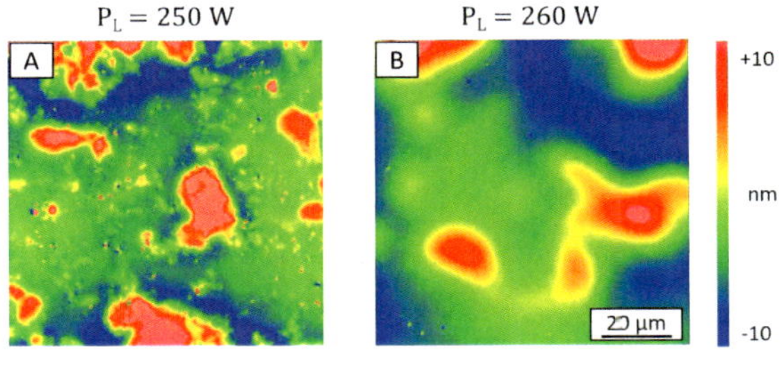

Abbildung 106
Falschfarbendarstellung der Oberflächentopographie der laserpolierten Substrate aus S-FPL53.
P_L = 250 W (A)
P_L = 260 W (B)

Weitere Prozessparameter entsprechend Tabelle 34.

Bei einer Laserleistung P_L = 250 W werden nicht alle Werkstoffbestandteile aufgeschmolzen. Auf der Oberfläche verbleiben nicht aufgeschmolzene Partikel mit steilen Flanken. Bei einer Laserleistung P_L = 260 W werden diese Werkstoffbestandteile hingegen aufgeschmolzen und mit der umliegenden Oberfläche verschmolzen. Aus diesem Grund wird bei einer Laserleistung P_L = 250 W und P_L = 240 W trotz geringerer Welligkeit eine höhere Mikrorauheit als bei einer Laserleistung P_L = 260 W gemessen.

Interaktionszeit über Vorschubgeschwindigkeit

Neben der Prozesstemperatur wird die Laserpolitur maßgeblich durch die Interaktionszeit beeinflusst. Als Ausgangspunkt für die Parametervariation dient die Vorschubgeschwindigkeit v_{feed} = 15 mm/s bei einer Laserleistung P_L = 260 W. Für einen Strahldurchmesser d_L = 7 mm beträgt die Interaktionszeit gemäß Formel 8.2 folglich t_i = 0,47 s. Im Folgenden wird die Interaktionszeit über die Vorschubgeschwindigkeit variiert. Die verwendeten Prozessparameter sind in Tabelle 35 aufgeführt.

Tabelle 35 – Prozessparameter zur Untersuchung des Einflusses der Interaktionszeit bei der Laserpolitur an S-FPL53

Laserleistung P_L [W]	angepasst	**Scanlinienlänge l_{Linie} [mm]**	45
Strahldurchmesser d_L [mm]	7	**Vorheiztemperatur $T_{Vorheiz}$ [°C]**	430
Bearbeitungsstrategie	Quasi-Linie	**Aufheizzeit t_{hu} [h]**	0,5
Scangeschwindigkeit v_{scan} [m/s]	8	**Abkühlzeit t_{cd} [h]**	ungeregelt
Vorschubgeschwindigkeit v_{feed} [mm/s]	8, 12, 16, 20	**Pausenzeit t_P [min]**	30

Die Laserleistung wird in Abhängigkeit der Vorschubgeschwindigkeit nach Formel **8.1** bestimmt und aufgrund der Einstellgenauigkeit auf 5 W-Schritte gerundet. Für die untersuchten Vorschubgeschwindigkeiten beträgt die Laserleistung $P_{L,\,8\,mm/s}$ = 130 W, $P_{L,\,12\,mm/s}$ = 190 W, $P_{L,\,16\,mm/s}$ = 275 W, $P_{L,\,20\,mm/s}$ = 345 W. In Abbildung 107 ist die gemessene Rauheit Sa der mit diesen Prozessparametern bearbeiteten Substrate über der Ortswellenlänge aufgetragen. Zusätzlich ist die Rauheit des Ausgangszustandes als Referenz aufgetragen.

Abbildung 107
Rauheit Sa der laserpolierten Substrate aus S-FPL53 aufgetragen über der Ortswellenlänge λ für verschiedene Vorschubgeschwindigkeiten.

Weitere Prozessparameter entsprechend Tabelle 35.

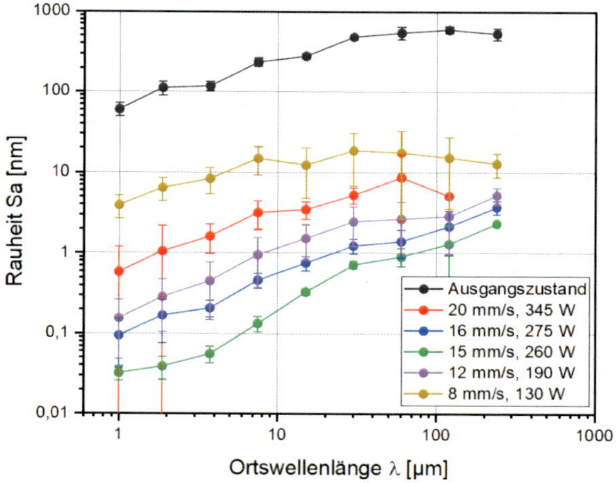

Im Vergleich zur gleich aufgebauten Versuchsreihe an N-SF6 (siehe Abbildung 95) werden für die Variation der Vorschubgeschwindigkeit bei S-FPL53 signifikant abweichende Rauheitswerte für die einzelnen Prozessparametersätze dokumentiert. In Abbildung 108 ist die Oberflächentopographie der laserpolierten Substrate beispielhaft mit 100x optischem Zoom dargestellt.

Abbildung 108
Falschfarbendarstellung der Oberflächentopographie der laserpolierten Substrate aus S-FPL53.
A: v_{feed} = 8 mm/s P_L = 130 W
B: v_{feed} = 12 mm/s P_L = 190 W
C: v_{feed} = 16 mm/s P_L = 275 W
D: v_{feed} = 20 mm/s P_L = 345 W

Zu beachten: Abweichende z-Skala für A

Weitere Prozessparameter entsprechend Tabelle 35.

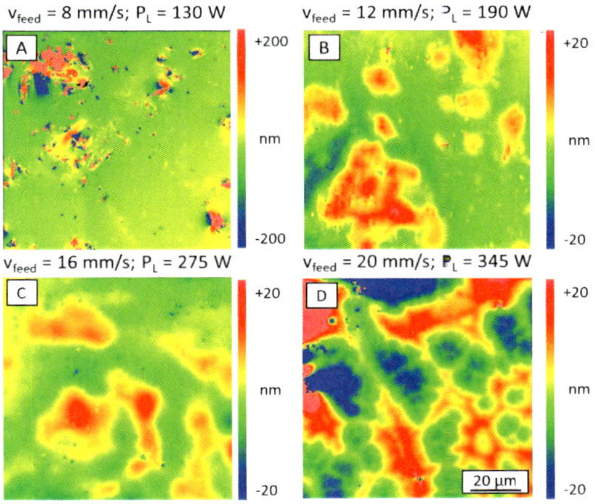

Für eine Vorschubgeschwindigkeit v_{feed} = 16 mm/s und eine Laserleistung P_L = 275 W ist die erzielte Oberflächentopographie noch vergleichbar mit dem Ausgangsparameter (v_{feed} = 15 mm/s und P_L = 260 W, siehe Abbildung 106). Für eine Vorschubgeschwindigkeit v_{feed} = 12 mm/s und eine Laserleistung P_L = 190 W ist ein Effekt vergleichbar Abbildung 106 links erkennbar insofern Teile der Oberflächenstruktur nicht vollständig aufgeschmolzen werden und als Kanten sichtbar bleiben. Im Vergleich zu Abbildung 106 links ist der Aufschmelzgrad der Strukturen fortgeschritten und kann zwischen Abbildung 106 links und rechts eingeordnet werden.

Für eine Vorschubgeschwindigkeit v_{feed} = 8 mm/s und einer Laserleistung P_L = 130 W sind Strukturen von einigen µm Ausdehnung und mehreren 100 nm Höhe sichtbar. Diese sind Randscharf von der umgebenden Oberfläche abgegrenzt. Möglicherweise wird hier die gleiche Materialstruktur zurückgelassen, wie bei v_{feed} = 12 mm/s oder in Abbildung 106 links. Möglicherweise liegt die Erweichungstemperatur dieser Strukturen über den bei v_{feed} = 8 mm/s und v_{feed} = 12 mm/s erreichten Prozesstemperaturen, wodurch diese unverändert zurückbleiben, während die umgebende Glasmatrix aufgeschmolzen und geglättet wird.

Für eine Vorschubgeschwindigkeit v_{feed} = 20 mm/s und einer Laserleistung P_L = 345 W ist eine Ausbildung von Grenzlinien an der Oberfläche erkennbar. Das Material wird entglast und eine Kristallstruktur gebildet.

Für S-FPL53 kann ein signifikanter Einfluss der Interaktionszeit bei konstant gehaltener Flächenenergie identifiziert werden. Bereits bei Anpassungen $\Delta t_i < 10\,\%$ (v_{feed} = 15 mm/s -> v_{feed} = 16 mm/s) wird die Mikrostruktur erkennbar verändert und die Mikrorauheit erhöht. Bei größeren Abweichungen vom identifizierten Arbeitspunkt wird die Oberfläche nicht vollständig aufgeschmolzen bzw. eine Kristallbildung induziert. Entsprechend der nachgewiesenen Empfindlichkeit des Prozessfensters hinsichtlich der Prozesstemperatur (über Laserleistung) und Interaktionszeit (über Vorschubgeschwindigkeit) wäre daher eine weitere Variation in beiden Größen denkbar, um das Prozessfenster weiter aufzuspannen.

Somit kann für S-FPL53 im Gegensatz zu vorangegangenen Untersuchungen ein Prozessfenster für die erfolgreiche Laserpolitur gefunden werden. Hierbei ist insbesondere die Reduktion der Vorheiztemperatur auf $T_{Vorheiz} = 430$ °C kritisch für die Vermeidung einer Entglasung. Im gefundenen Prozessfenster kann die Rauheit bis zu einer Ortswellenlänge von ca. 100 µm auf Werte Sa < 1 nm reduziert werden. In Anbetracht des Ausgangszustands entspricht dies einer Reduktion um einen Faktor ~1000. Die Form wird hierbei nur geringfügig verändert, jedoch wird eine signifikante Welligkeit PV = ~1 µm in die Oberfläche induziert. Darüber hinaus ist das Prozessfenster für S-FPL53 vergleichsweise klein und wird durch auftretende Entglasung in Prozesstemperatur und Interaktionszeit eingegrenzt. In Kapitel 8.4 folgt ein direkter Vergleich der jeweils erreichten Kennwerte der untersuchten Glassorten.

8.3 Vorgehensweise für den Prozessübertrag auf weitere Glassorten

Anhand von N-SF6 und S-FPL53 kann gezeigt werden, dass ein initialer Übertrag der Laserpolitur auf weitere Glassorten mit wenigen Versuchsreihen möglich ist. Hierbei kann durch systematisches Arbeiten ein erster Prozessparameter zur Reduktion der Mikrorauheit identifiziert werden. Hierzu kann folgende Vorgehensweise angewandt werden:

1. Identifikation der Vorheiztemperatur $T_{Vorheiz}$

   Die Vorheiztemperatur $T_{Vorheiz}$ kann als erster Ansatzpunkt anhand der Glasübergangstemperatur T_g zu $T_{Vorheiz} = T_g \pm 25$ K ausgelegt werden. Anschließend sollte in einer ersten Versuchsreihe untersucht werden, ob in der verwendeten Vorheiztechnik das Glas auf die Vorheiztemperatur erwärmt werden kann, ohne dass eine Rissbildung bei Bearbeitung eintritt. Dies ist insbesondere dann zu beachten, wenn eine Gefahr durch Zugluft z. B. bei Nutzung einer Heizplatte besteht.

2. Bestimmung der Prozessgrenzen

   Mit dem Standardparametersatz für N-BK7 ($v_{feed} = 8$ mm/s und $d_L = 7$ mm bis $d_L = 8$ mm) kann durch schrittweises Steigern der Laserleistung der untere Prozesspunkt (einsetzende Transparenz) sowie der obere Prozesspunkt (einsetzender Abtrag) identifiziert werden.

3. Bestimmung der Prozesstemperatur

   Durch Variation der Prozesstemperatur $T_{Prozess}$ durch Variation der Laserleistung P_L zwischen unterem und oberen Prozesspunkt kann die erzielbare Mikrorauheit abgeschätzt werden. Der gefundene Prozessparametersatz kann bereits für eine Laserpolitur für z. B. Beleuchtungsoptiken eingesetzt werden.

4. Weitere Anpassungen zur Reduktion der Welligkeit und des Formverzugs

   Für die Verwendung der Laserpolitur für abbildende Optiken ist normalerweise eine weitere Reduktion der (induzierten) Welligkeit und des Formverzugs notwendig. Hierzu kann eine Variation der Interaktionszeit t_i und des Strahldurchmessers d_L durchgeführt werden. Zusätzlich kann in weiteren Schritten die Anpassung der Prozessparameter der Vorheizung nach Kapitel 6 und der Prozessparameter der Laserpolitur nach Kapitel 7 auch unter Berücksichtigung der gesamten Prozesskette erfolgen.

8.4 Vergleich der Ergebnisse der untersuchten Glassorten

Um die erreichten Ergebnisse der untersuchten vier Glassorten – Quarzglas, N-BK7, S-FPL53 und N-SF6 – zu vergleichen sind in Tabelle 36 die verwendeten Prozessparameter aufgeführt. Die entsprechenden Parameterkombinationen entstammen den Kapiteln 6 (N-BK7), 7 (Quarzglas) und 8 (S-FPL53 und N-SF6).

Tabelle 36 – Prozessparameter der Best-Practice Versuche der untersuchten Glassorten

	Quarzglas	N-BK7	S-FPL53	N-SF6
Laserleistung P_L [W]	geregelt	600	260	580
Prozesstemperatur [°C]	2100	/	/	/
Strahldurchmesser d_L [mm]	8	8	7	12
Bearbeitungsstrategie	Quasi-Linie			
Scangeschwindigkeit v_{scan} [m/s]	11,25	10	8	8
Vorschubgeschwindigkeit v_{feed} [mm/s]	1	8	15	13,7
Scanlinienlänge l_{Linie} [mm]	50	50	45	45
Haltezeit t_h [h]	/	10	1	1
Vorheiztemperatur $T_{Vorheiz}$ [°C]	RT	545	430	600
Aufheizzeit t_{hu} [h]	/	1 (linear)	0,5 (nicht-linear)	0,5 (nicht-linear)
Abkühlzeit t_{cd} [h]	/	10	ungeregelt	ungeregelt
Beidseitige/einseitige Laserpolitur	beidseitig	beidseitig	einseitig	einseitig

Die Bearbeitung von Quarzglas erfolgt mit pyrometriebasierter Regelung bei konstanter Prozesstemperatur. Die Bearbeitung der anderen Glassorten erfolgt aufgrund des bis zu 15-fach schnelleren Vorschubs ungeregelt bei konstanter Laserleistung (im Rahmen der Laserleistungsstabilität der Laserstrahlquellen). Die Bearbeitung der Quarzglas- und N-BK7 Substrate erfolgt beidseitig, die Bearbeitung der S-FPL53 und N-SF6 Substrate einseitig. Abweichend zu den vorhergehenden Kapiteln werden für alle Untersuchungen geschliffene Substrate verwendet. In Abbildung 45 ist die Form und Rauheitsmessung je eines bearbeiteten Substrats der verschiedenen Gläser nach der Laserpolitur dargestellt.

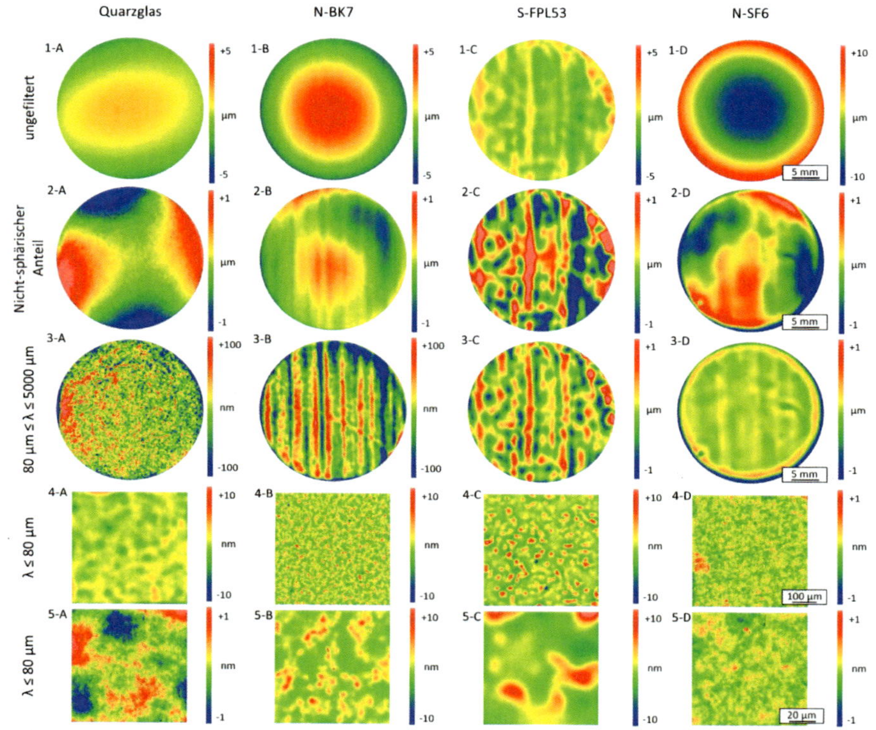

Abbildung 109 - Falschfarbendarstellung der Oberflächentopographie der Best-Practice Substrate der untersuchten Glassorten, jeweils die zentralen Ø27 mm ungefiltert (1), nach Abzug der Best-Fit-Sphäre (2) und gefiltert auf Ortswellenlängen 80 µm ≤ λ ≤ 5000 µm (3). Darunter Rauheitsmessungen nach Norm gefiltert auf λ ≤ 80 µm (4 und 5), dargestellt in zwei Vergrößerungsstufen. Quarzglas und N-Bk7 beidseitig Laserpoliert, S-FPL53 und N-SF6 einseitig. Prozessparameter nach Tabelle 36.

Bei Quarzglas wird im Vergleich zu den anderen Substraten ein signifikant höherer, nicht-sphärischer Formverzug induziert. Ursächlich hierfür ist die signifikant geringere Vorschubgeschwindigkeit. Die Laserpolitur des Quarzglassubstrats (Ø 30 mm) dauert über 30 Sekunden, die von z. B. N-BK7 nur 4 Sekunden. Gleichzeitig ist Quarzglas das einzige Glas, welches ohne Vorheizung bearbeitet wird. Der Formverzug von S-FPL53 wiederum ist insofern besonders, dass dieser, trotz nur einseitiger Laserpolitur primär durch die Welligkeit bestimmt wird. Ein sphärischer Anteil ist nahezu nicht vorhanden. Der Formverzug von N-SF6 ist vergleichbar zu einseitig bearbeitetem N-BK7 konkav ausgeprägt. Der Betrag des Verzuges ist hierbei vergleichbar N-BK7 bei vergleichbarer Substratdicke (~15 mm). In Tabelle 37 sind die Kennwerte H, RMSa, Wq und Rq der dargestellten Substrate im Vergleich zum jeweiligen geschliffenen Ausgangszustand dargestellt.

Tabelle 37 – Erreichte Kennwerte mit den Prozessparametern aus Tabelle 36. Jeweils Mittelwert der bearbeiteten Substrate mit Mittelwert des Ausgangszustandes in Klammern. H und RMSa bestimmt über die zentralen Ø27 mm. Wq bestimmt über die zentralen Ø20 mm, Sq über 436 x 436 µm². Wq mit Ortswellenfilter 80 µm ≤ λ ≤ 5000 µm, Sq mit λ ≤ 80 µm

	Quarzglas	**N-BK7**	**S-FPL53**	**N-SF6**
Formabweichung H [µm]	2,7 (0,37)	6,1 (0,54)	2,3 (6,1)	15 (0,54)
RMSa [nm]	530 (130)	310 (200)	670 (1900)	690 (160)
Welligkeit Wq [nm]	33 (90)	49 (110)	320 (1600)	61 (110)
Rauheit Sq [nm]	0,84 (250)	1,6 (370)	1,8 (1400)	0,29 (450)

Unter Berücksichtigung der grafischen Darstellung und der Messwerte für die Welligkeit kann festgehalten werden, dass auch für vergleichbare Messwerte nach Norm unterschiedliche Strukturen mit unterschiedlichen Ursachen auf den Oberflächen vorhanden sein können. Z. B. ist die Welligkeit bei Quarzglas nach der Laserpolitur geprägt von residualer Welligkeit, während für N-BK7 und N-SF6 die induzierte Welligkeit dominant ist. Dies wird primär durch die unterschiedliche Viskosität der Gläser bei Prozesstemperatur begünstigt. Die Rauheit für N-BK7 und S-FPL53 wird wiederum trotz signifikanter Unterschiede im Ausgangszustand auf ein ähnliches Niveau abgesenkt. In beiden Messbildern sind zudem charakteristische Mikrostrukturen zu erkennen, die nicht vollständig geglättet werden oder bei der Erstarrung der Schmelze entstehen. Für N-BK7 kann jedoch aus den Ergebnissen des Kapitels 6 festgehalten werden, dass bei einem mechanisch polierten Ausgangszustand diese Strukturen weniger deutlich ausgebildet werden. Dahingehend wird für Quarzglas und N-SF6 eine homogene Oberfläche mit entsprechend niedrigerem Rauheitsmesswert erzeugt. Insbesondre für N-SF6 wird trotz hoher Ausgangsrauheit eine besonders niedrige Rauheit nach der Laserpolitur erzielt. Die erzielte Rauheit von Sq = 0,29 nm ist vergleichbar der Rauheit, die auf N-BK7 im Bereich zwischen den Mikrostrukturen erreicht wird.

9 Tiefenschädigungen und Umschmelztiefe bei der Laserpolitur

Die Möglichkeit verschiedene Oberflächendefekte wie Risse durch eine Laserpolitur zu beheben, wird bereits in den frühen Arbeiten von Temple et al. aufgeführt [31]. Auch die Ausheilung von oberflächennahen Defekten, sogenannten Sub-Surface Damage (kurz SSD), wird bereits in früheren Arbeiten vermutet (siehe Kapitel 3.3.2). Nicht untersucht ist jedoch die Quantifizierung dieses Effektes in Hinblick auf die Wirktiefe der Ausheilung solcher Defekte.

9.1 Ausheilung von Tiefenschädigungen

Für ein besseres Verständnis der Ausheilung von SSD durch eine Laserpolitur, werden grobgeschliffene Substrate aus Quarzglas (SK1300) und N-BK7 mit verschiedenen Laserparametern (Interaktionszeit und Prozesstemperatur) laserpoliert. Anschließend werden die Substrate auf verbleibende SSD untersucht. Die Substrate haben einen Durchmesser von 30 mm und eine Dicke von 15 mm. Die Formgebung erfolgt analog zu Kapitel 6.4.3 mit den in Tabelle 17 genannten Schleifparametern. Die entsprechend präparierten Oberflächen weisen eine Rauheit von Sa = 1270 ± 338 nm (N-BK7) respektive Sa = 741 ± 96 nm (Quarzglas) auf. Die nach dem Schleifvorgang vorhandenen SSD werden mittels Kalotest bestimmt. Die Durchführung und Auswertung des Kalotests erfolgt an der Technischen Hochschule Deggendorf. Hierzu wird ein „KaloMAX II" (BAQ GmbH, Braunschweig, Deutschland) mit den in Tabelle 38 aufgeführten Prozessparametern und einer Kugel Ø30 mm betrieben.

Tabelle 38 – Einstellungen des KaloMAX II zur Bestimmung der SSD an der Technischen Hochschule Deggendorf

Glassorte	**Quarzglas (SK1300)**			**N-BK7**		
Suspension	**Kugeltyp**	**rpm [min^{-1}]**	**Zeit t [s]**	**Kugeltyp**	**rpm [min^{-1}]**	**Zeit t [s]**
OPW10/20DP 1,5-3 µm	Chromstahl	1200	120	Chromstahl	1200	180
OPW10/20DP 0,75-1,5 µm	Chromstahl	1200	180	Chromstahl	1000	180
OPE10/12DP 0,25-0,5 µm GAF	Hartmetall	1000	180			

Die SSD werden anschließend durch ein Ätzbad in 10 %-iger Flusssäure geöffnet und sichtbar gemacht. Die Ätzzeit beträgt 30 Sekunden (N-BK7) bzw. 60 Sekunden (Quarzglas). Die Auswertung erfolgt lichtmikroskopisch. Die Tiefe der gemessenen SSD beträgt nach dem Schleifen für Quarzglas 42,6 ± 9,5 µm und für N-BK7 29,9 ± 6,7 µm. Die Tiefe der SSD in Quarzglas ist, unter Berücksichtigung der Literatur ([53]) am oberen Ende der nach einem Schleifprozess zu erwartenden Tiefen anzusehen. Lediglich sandgestrahlte Oberflächen und Oberflächen, welche mit einer Schleifmittelkörnung von 120 bearbeitet werden, weisen in der zitierten Literatur SSD in Tiefen >45 µm auf. Damit kann davon ausgegangen werden, dass das verwendete Probenmaterial den Zustand in einer industriellen Optikfertigung zur sicheren Seite (hohe SSD-Tiefe) abbilden kann.

Das präparierte Probenmaterial wird mit jeweils drei unterschiedlichen Interaktionszeiten laserpoliert. Die verwendeten Prozessparameter sind in Tabelle 39 aufgeführt.

Tabelle 39 – Prozessparameter zur Untersuchung der Ausheilung von Tiefenschädigungen an Quarzglas und N-BK7

	Quarzglas			N-BK7		
Laserleistung P_L [W]	640	geregelt		560	geregelt	
Strahldurchmesser d_L [mm]	4	8		8		
Bearbeitungsstrategie	Quasi-Linie			Quasi-Linie		
Scangeschwindigkeit v_{scan} [m/s]	8			8		
Prozesstemperatur $T_{Prozess}$ [°C]	2100			950		
Vorschubgeschwindigkeit v_{feed} [mm/s]	4	2	0,5	16	4	1
Interaktionszeit t_I [s]	1	4	16	0,5	2	8
Scanlinienlänge l_{Linie} [mm]	45			45		
Vorheiztemperatur $T_{Vorheiz}$ [°C]	RT			600		
Abkühlzeit t_{cd} [s]	/			ungeregelt		

Die unterschiedlichen Interaktionszeiten für Quarzglas und N-BK7 resultieren aus der Abwandlung bereits in Vorarbeiten erarbeiteter Prozessparameter und sind durch die unterschiedlichen Viskositäten der Glassorten bei den gewählten Prozesstemperaturen zu erklären (vgl. Abbildung 115). Um auch für alle gewählten Prozessparameter die erfolgreiche Durchführung der Laserpolitur nachzuweisen, wird die Rauheit nach der Laserpolitur gemessen und ist in Abbildung 110 über der Interaktionszeit für beide untersuchten Glassorten aufgetragen.

Abbildung 110
Rauheit Sa der laserpolierten Proben aus Quarzglas und N-BK7 aufgetragen über der Interaktionszeit t_i. Fehlerbalken entsprechend der Standardabweichung.

Ausgangszustand als gestrichelte Linie mit gepunkteten Linien entsprechend der Standardabweichung.

Prozessparameter entsprechend Tabelle 39.

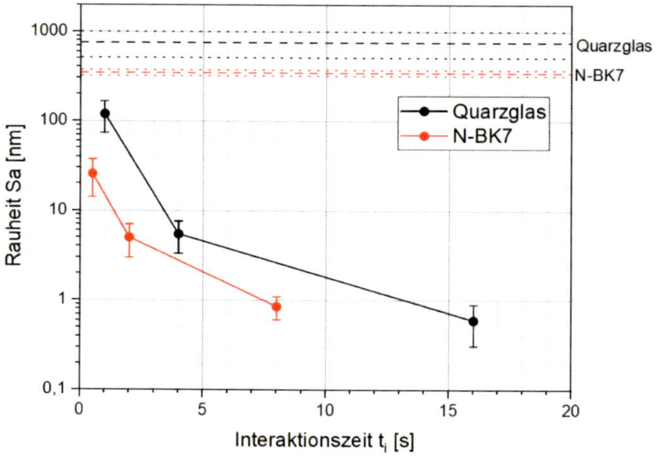

Die Rauheit Sa wird für alle gewählten Prozessparameter signifikant reduziert, ein Laserpolierprozess findet folglich statt. Dabei wird bereits bei der kürzesten untersuchten Interaktionszeit eine Reduktion der Rauheit Sa um einen Faktor 13 (N-BK7) bzw. 7 (Quarzglas) erreicht. Eine Vervierfachung der Interaktionszeit bei ansonsten gleichen Prozessparametern führt zu einer weiteren Reduktion der Rauheit Sa um einen Faktor 6 (N-BK7) bzw. 20 (Quarzglas). Die letzte untersuchte Vervierfachung der Interaktionszeit führt zu einer weiteren Reduktion der Rauheit Sa um einen Faktor 5 (N-BK7) bzw. 9 (Quarzglas). Diese Ergebnisse korrelieren mit den im Stand der Technik enthaltenen Parameterstudien.

Neben der Rauheit werden die laserpolierten Oberflächen nach Tabelle 38 auf SSD untersucht. Da die Laserpolitur mit CO_2-Laserstrahlung durchgeführt wird und folglich die Laserstrahlung oberflächennah absorbiert wird, kann davon ausgegangen werden, dass die höchsten Prozesstemperaturen und folglich niedrigsten Viskositäten an der Substratoberfläche vorliegen. Entsprechend sind die höchsten Triebkräfte für die Ausheilung der SSD an der Oberfläche vorzufinden. Sollten die SSD des Schleifprozesses durch die Laserpolitur nicht vollständig ausgeheilt werden, wäre in der Mikroskopaufnahme des geätzten Kalottenschliffs eine SSD-freie Zone gefolgt von einer Rest-SSD-Zone und einer abschließenden inneren Bulkmaterialzone zu erwarten. Aus diesem Grund ist der Kalotest, entgegen z. B. der Annahme von Richmann [3], geeignet auch die SSD nach einer Laserpolitur zu überprüfen. Die Unsicherheit bzgl. sehr flacher SSD, welche in Mikroskopaufnahmen am Rande des Kalottenschliffs anzutreffen wären, ist für laserpolierte Oberflächen nur dann relevant, wenn sämtliche SSD unterhalb dieser Grenzzone (SSD-Tiefe ca. 3 µm) ebenfalls erhalten blieben.

Für die laserpolierten Oberflächen können im Kalottenschliff sowohl für Quarzglas als auch für N-BK7 für sämtliche untersuchten Prozessparametersätze keine SSD mehr nachgewiesen werden. Das Ausbleiben einer SSD-behafteten Zwischenschicht kann in diesem Fall als ein Übersteigen der maximalen SSD-Tiefe durch die erzielte Ausheiltiefe interpretiert werden. Dies bedeutet, in Anbetracht der erzielten Rauheiten, dass bereits bei einer geringen Reduktion der Rauheit und folglich einem erst einsetzenden Laserpolierprozess die SSD eines typischen Schleifprozesses vollständig entfernt sind. Kann eine Reduktion der Rauheit folglich nach der Laserpolitur nachgewiesen werden, kann ebenfalls von einer Ausheilung der SSD ausgegangen werden.

Die minimale Interaktionszeit, die für eine Ausheilung notwendig ist, kann jedoch mit der vorhandenen Anlagentechnik nicht ermittelt werden. Eine Verkürzung der Interaktionszeit benötigt eine annähernd gleiche Erhöhung der Laserleistung, um die Prozesstemperatur konstant zu halten. Die Laserleistung des verwendeten Systems wird jedoch bereits vollständig genutzt, weshalb bereits für die Laserpolitur von Quarzglas mit einer Interaktionszeit $t_i = 1$ s die Intensität über den Strahldurchmesser erhöht werden muss.

9.2 Erzielte Umschmelztiefe

Um für die Ausheilung der SSD einen Sicherheitsfaktor bestimmen zu können, wird in Anlehnung an die Ergebnisse aus Kapitel 9.1 in einer weiteren Versuchsreihe die Umschmelztiefe der Laserpolitur bestimmt. Hierzu werden Quarzglasstäbe 100 x 20 x 10 mm³, bestehen aus je zwei angesprengten Quarzglasstäben 100 x 10 x 10 mm³ verwendet (Abbildung 111 links). Als Quarzglasvariante wird SK1300 verwendet. Die Verbindungsstelle dient hierbei als künstlicher Riss in der Glasoberfläche. Die Quarzglasstäbe werden senkrecht zum Fügespalt mit der Quasi-Linie beaufschlagt und in Spaltrichtung als Vorschubrichtung laserpoliert. Hierbei werden die Interaktionszeit und die Prozesstemperatur variiert, um den Einfluss auf die Umschmelztiefe zu erfassen. Die verwendeten Laserparameter sind in Tabelle 40 aufgetragen. Die Untersuchung erfolgt nur an Quarzglas, da die angesprengte Verbindungsstelle erfahrungsgemäß nicht temperaturbeständig ist und z. B. für N-BK7 bereits beim Vorheizen eine Separierung erfolgen kann. Dies würde das Messergebnis verfälschen.

Tabelle 40 – Prozessparameter zur Untersuchung der Umschmelztiefe an angesprengten Quarzglasstäben

	Quarzglas								
Laserleistung P_L [W]	400	500	700	geregelt					
Strahldurchmesser d_L [mm]	4			8					
Bearbeitungsstrategie	Quasi-Linie								
Scangeschwindigkeit v_{scan} [m/s]	8								
Prozesstemperatur $T_{Prozess}$ [°C]	1850	1950	2050	1850	1950	2050	1850	1950	2050
Vorschubgeschw. v_{feed} [mm/s]	4			2			0,5		
Interaktionszeit t_i [s]	1			4			16		
Scanlinienlänge l [mm]	45 mm								
Vorheiztemperatur $T_{Vorheiz}$ [°C]	RT								

Die Vorgehensweise zur Analyse der Umschmelztiefe ist schematisch in Abbildung 111 dargestellt.

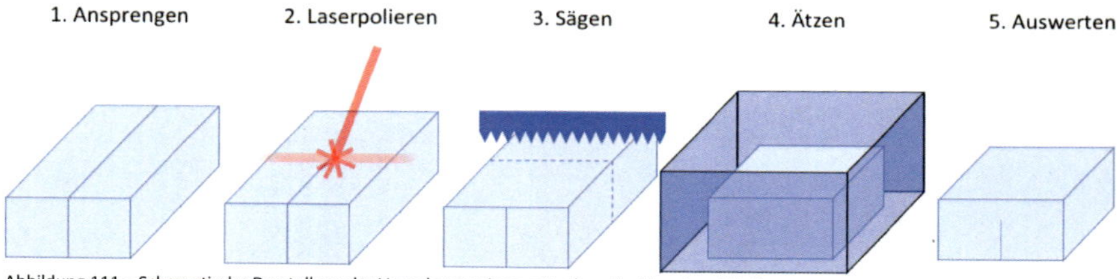

Abbildung 111 – Schematische Darstellung der Vorgehensweise zur Analyse der Umschmelztiefe.

Nach der Laserpolitur werden die Quarzglasstäbe senkrecht zum Fügespalt zersägt, die Endflächen mechanisch poliert und anschließend in einem Ätzbad in 10 %-iger Flusssäure behandelt. Die Ätzzeit beträgt 60 Sekunden. Die Auswertung erfolgt anschließend lichtmikroskopisch. Diese Präparationsschritte werden ähnlich Kapitel 9.1 an der Technischen Hochschule Deggendorf durchgeführt. In Abbildung 112 ist beispielhaft der geätzte Querschliff einer Probe, poliert mit einer Interaktionszeit $t_i = 16$ s bei einer Prozesstemperatur $T_{Prozess} = 1850$ °C, dargestellt.

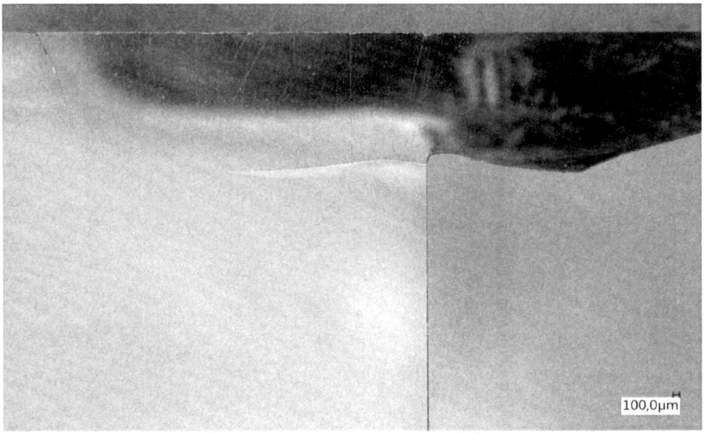

Abbildung 112
Aufbereiteter und angeätzter Querschliff mit ausgeheiltem Fügespalt. Laserpolierte Oberfläche oben, Politur mit t_i = 16 s und $T_{Prozess}$ = 1850 °C.

Weitere Prozessparameter in Tabelle 40.

Am oberen Rand der Aufnahme liegt die laserpolierte Oberfläche. Rechts der Mitte der Abbildung verläuft der ursprüngliche Fügespalt der angesprengten Proben. Im oberen Bereich wird der Fügespalt nicht durch das Ätzbad angegriffen. Die entsprechende Zone wird durch die Laserpolitur verschweißt. Dies entspricht näherungsweise der Tiefe in welcher SSD durch die Laserpolitur ausgeheilt werden könnten. In den darunter liegenden Schichten gelangt die Säure in den Fügespalt. Dieser wird durch die Reaktion aufgeweitet und kann als Kontrast in der Abbildung erkannt werden. Die weiteren sichtbaren Risse mit Verlauf parallel zur Oberfläche sind eine Folge der Probenpräparation, insbesondere des Zersägens der laserpolierten Quarzglasstäbe. Die Risse werden seitlich des alten Fügespaltes ausgebildet und bis zur Oberfläche verlängert. Der Fügespalt ist folglich nach der Laserpolitur nicht nur optisch „ausgeheilt“, sondern komplett verschwunden und daher keine Schwachstelle mehr im Materialgefüge. Die Beseitigung des ursprünglichen Risses durch die Laserpolitur kann daher für die im Querschliff homogen erscheinende Tiefe als gegeben betrachtet werden. In Abbildung 113 ist die Umschmelztiefe für die verschiedenen Interaktionszeiten über der Prozesstemperatur aufgetragen.

Abbildung 113
Umschmelztiefe über der Prozesstemperatur $T_{Prozess}$ für die untersuchten Interaktionszeiten t_i = 4 s und t_i = 16 s.

Weitere Prozessparameter in Tabelle 40.

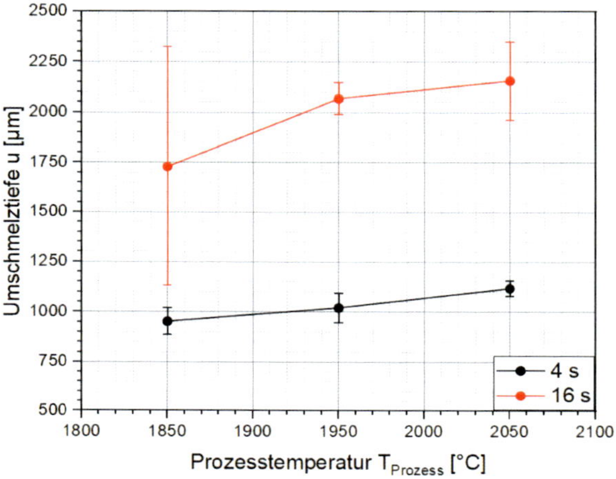

Für die Interaktionszeit t_i = 1 s können keine Werte mit der angewendeten Auswertemethode erhoben werden, da die Rissbildung beim Trennen der Querschliffe zu nah an der Oberfläche einsetzt und die beiden angesprengten Quarzstäbe separiert werden. Der Rissverlauf erfolgt dabei ähnlich Abbildung 112 oberflächennah neben dem ursprünglichen Fügespalt. Die Dicke der oberen Schicht kann jedoch nicht genau bestimmt werden, da eine mechanische Politur und ein Ätzen nicht mehr möglich sind. Die Schichtdicke liegt jedoch weiterhin im Bereich einiger 100 µm.

Für die in Abbildung 113 aufgetragenen Umschmelztiefen gilt, dass zwischen der Umschmelztiefe und der Oberflächentemperatur (diese entspricht der Prozesstemperatur $T_{Prozess}$) für den untersuchten Bereich ein positiver Zusammenhang dokumentiert werden kann. Während für die Laserpolitur eine Steigerung der Prozesstemperatur exponentiell in die Viskosität eingeht (siehe Kapitel 3.1.2) wird die Umschmelztiefe im untersuchten Bereich nur linear erhöht. Die Ergebnisse aus Kapitel 9.1 hinsichtlich des vollständigen Ausheilens der SSD auch bei minimaler Politur stimmen mit dieser Beobachtung überein. Die Tiefe der nach einem Schleifprozess zu erwartenden SSD (≤ 45 µm [53]) wird dabei bereits bei einer Interaktionszeit t_i = 4 s und einer Prozesstemperatur $T_{Prozess}$ = 1850 °C um einen Faktor 20 überschritten.

Für die Interaktionszeit kann ein positiver Zusammenhang mit der Umschmelztiefe dokumentiert werden. Die Vervierfachung der Interaktionszeit t_i = 4 s auf t_i = 16 s führt bei gleicher Prozesstemperatur zu ca. einer Verdoppelung der Umschmelztiefe. Aufgrund der fehlenden Messwerte für t_i = 1 s kann der genaue Zusammenhang nicht näher bestimmt werden.

Zusätzlich zur durch die Prozesstemperatur bestimmten Viskosität und der Interaktionszeit wird die Ausheilung der SSD auch durch die thermisch induzierten Druckeigenspannungen infolge der thermischen Ausdehnung des Glases begünstigt. Hierbei werden die Defekte nicht nur verschmolzen, sondern im erweichten Zustand „zusammengedrückt“.

10 Zusammenfassung und Ausblick

Für die Fertigung optischer Komponenten aus Glas werden höchste Ansprüche an Genauigkeit und Reproduzierbarkeit der Oberflächenbeschaffenheit gestellt. Rauheiten im Bereich von unter 1 nm und auch Ebenheiten kleiner λ/20 sind keine Seltenheit. Die konventionelle, abtragende Fertigung dieser Komponenten basiert auf mehreren hundert Jahren an Erfahrung und technologischer Entwicklung. Durch den Wandel des Designs optischer Komponenten weg von der sphärischen Grundform hin zu asphärischen und freigeformten Oberflächen wird die konventionelle Fertigung an die Grenzen des technisch machbaren gebracht. Insbesondere steigen Fertigungszeit und -kosten mit der Komplexität des Optikdesigns Hierbei ist die Politur der Oberfläche ein maßgeblicher Kostentreiber.

Die Laserpolitur von Glas als alternatives Fertigungsverfahren wird bereits seit den 1980-er Jahren untersucht. Bereits im Stand der Technik werden zahlreiche Forschungsergebnisse mit Rauheitswerten dokumentiert, die mit denen konventioneller Verfahren vergleichbar sind. Die Formtreue und die Welligkeit (MSFE, 80 µm ≤ λ ≤ 2500 µm) sind jedoch zumeist nicht ausreichend für eine optische Abbildungsqualität. Gleichzeitig ist die bisherige Forschungsarbeit weitestgehend auf Quarzglas und N-BK7 als Glassorten beschränkt. Für die Gestaltung optischer Systeme wird jedoch eine Vielzahl an Gläsern mit unterschiedlichen Brechungsindizes und Abbe-Zahlen eingesetzt. Im Rahmen der hier vorliegenden Arbeit werden daher die Einflussfaktoren auf die Formtreue und Welligkeit sowie der Übertrag der Laserpolitur auf weitere Glassorten untersucht.

In Untersuchungen anhand von N-BK7 kann im Rahmen dieser Arbeit gezeigt werden, dass bereits durch die Vorheiztechnik und den gewählten Temperatur-Zeit-Verlauf des Vorheizens ein primär nicht-rotationssymmetrischer Formverzug in das Substrat induziert wird (Kapitel 6.2). Dieser beträgt für 15 mm Dicke Substrate zwischen H = 1 µm und H = 2 µm und wird durch einen anschließenden Temperschritt kaum reduziert. Für dünnere Substrate (5 mm Dicke) werden H = 2 µm bis H = 3 µm Verzug durch das Vorheizen bestimmt. Im Rahmen der Untersuchungen wird die Vorheiztemperatur $T_{Vorheiz}$ = 545 °C für N-BK7 bei einer Aufheizzeit von t_{hu} = 1 h und einer Abkühlzeit von t_{cd} = 10 h als geeigneter Parameter identifiziert, um den durch das Vorheizen induzierten Formfehler sowohl im sphärischen als auch im nicht-rotationssymmetrischen Anteil gering zu halten. Höhere Vorheiztemperaturen führen zu größeren Formfehlern, während niedrigere Vorheiztemperaturen zu einer Rissbildung nach der Laserpolitur führen.

Durch die Laserpolitur der N-BK7 Substrate wird der Formfehler weiter verstärkt (Kapitel 6.3). Hierbei sind die Dicke der Substrate, die Interaktionszeit und die Prozesstemperatur maßgebliche Einflussfaktoren. Für den Formverzug nach der Laserpolitur der Substrate (5 mm Dicke, Ø30 mm) werden Werte H von 40 µm bis 50 µm nach der Laserpolitur bestimmt.

Die beidseitige Messung der Substrate offenbart, dass der Formverzug nicht durch Materialumverteilung, sondern durch Verformung des gesamten Substrats induziert wird (Kapitel 6.3). Durch die Bearbeitung der Rückseite der Substrate mit gleichem Prozessparametersatz kann daher der Formverzug fast vollständig korrigiert werden. Werte von H < 5 µm werden gemessen, wobei der nicht-rotationssymmetrische Anteil RMSa bei ca. 1200 nm liegt. Hierbei ist für N-BK7 die Bearbeitungsrichtung der Rückseite bezogen auf die Bearbeitungsrichtung der Vorderseite für die untersuchten Prozessparameter und Substratgrößen ohne messbaren Einfluss auf den verbleibenden Formfehler.

Zusätzlich wird identifiziert, dass die verwendete Vorheiztechnik einen signifikanten Einfluss auf den Formfehler der N-BK7 Substrate hat (Kapitel 6.3). Für die verwendete Heizplattentechnik kann ein positionsabhängiger, nicht-rotationssymmetrischer Anteil identifiziert werden, welcher reproduzierbar in die Oberfläche der Substrate eingebracht wird. Wird dieser aus dem Gesamtformverzug nach der Laserpolitur herausgerechnet, werden bereits die ersten Qualitätsstufen industriel gefertigter Asphären und Freiformflächen erreicht (RMSi ≈ 450 nm, RMSa ≈ 420 nm, H ≈ 1,3 µm). Gleichzeitig wird gezeigt, dass durch die Beschaffenheit der Oberfläche der verwendeten Heizplatte Defektstellen in die Oberfläche der N-BK7 Substrate eingearbeitet werden. Dies verdeutlicht, dass die Substrataufnahme zukünftig so gestaltet werden muss, dass ein Kontakt optischer Oberflächen zu anderen Materialen vermieden wird.

Wird die Auflagefläche der Substrate z. B. durch eine Quarzglasfläche ersetzt, kann der nicht-rotationssymmetrische Formverzug für beidseitig laserpolierte N-BK7 Substrate auf RMSa = 250 nm reduziert werden (Kapitel 6.4.1). Der verbleibende Freiformfehler wird maßgeblich durch die induzierte Welligkeit und verbleibende Inhomogenitäten der Vorheiztechnik bestimmt. Gleichzeitig wird durch weitere Versuche mit nicht-vollflächiger Auflagefläche nachgewiesen, dass der Formverzug maßgeblich durch die Kontaktfläche und Wärmeleitung über jene bestimmt wird und nicht durch einen signifikanten Materialfluss im erweichten Zustand unter Einwirken der Gravitation.

Abbildung 114
Einordnung der Ergebnisse der Dissertation zum Formfehler der N-BK7 Substrate im Vergleich zum SdT und kommerziellen Asphären.

1: Richmann [3]
2: Hecht [6]
3: Laguarta et al. [38]

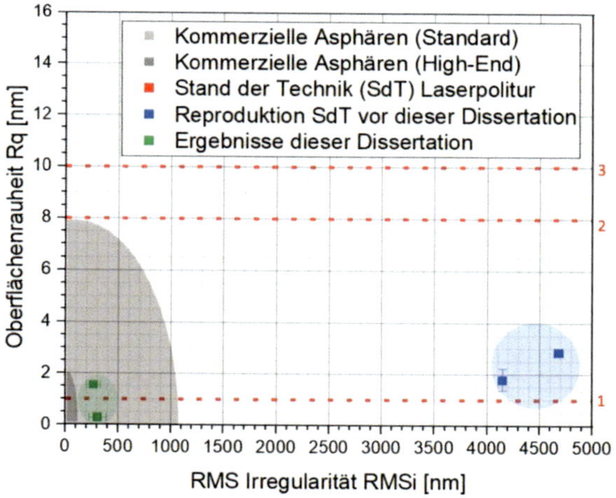

In weiteren Untersuchungen kann gezeigt werden, dass durch die Verwendung einer mehrfachen Überfahrt auf einer der Substratoberflächen gezielt der sphärische Formfehler beeinflusst werden kann, ohne die Qualität der Politur zu verändern (Kapitel 6.4.2). Hierbei wird eine erste Überfahrt für die eigentliche Politur verwendet, um gleiche Rauheitswerte auf beiden Oberflächen einzustellen und eine zweite Überfahrt mit signifikant reduzierter Prozess-temperatur, um die Formfehler weiter auszugleichen.

Neben der beidseitigen Laserpolitur als Möglichkeit der Reduktion des Formfehlers wird erstmals gezeigt, dass alternativ durch das Vorhalten des Formverzugs in der Formgebung dieser ausgeglichen werden kann (Kapitel 6.4.3). Hierbei werden plan-konvexe Linsen mit Krümmungsradius R_{soll} = 100 mm ausgelegt. Nach Durchführung einer einzigen Versuchsreihe mit diesem Krümmungsradius kann die Anpassung des Krümmungsradius im Schleifschritt zu $R_{Schleifen}$ = 98 mm bestimmt werden. Nach der Laserpolitur der angepassten Linsen wird der Krümmungsradius R_{LP} = 99,6 mm gemessen. Eine weitere Steigerung der Genauigkeit der Anpassung erscheint in Anbetracht der weiteren Ergebnisse möglich, jedoch wird hierbei die Rückseite der Substrate ebenfalls verformt. Daher ist die beidseitige Laserpolitur für die industrielle Anwendung als sinnvollerer Ansatz zu betrachten und sollte weiterverfolgt werden.

Bei der Untersuchung der Ursache der Welligkeit nach der Laserpolitur wird gezeigt, dass durch eine Pyrometrieregelung der Prozesstemperatur die induzierte Welligkeit signifikant reduziert werden kann (Kapitel 7.1.2). Hierbei ist insbesondere ein hohes Signal-to-Noise-Verhältnis entscheidend, da bei hohen Prozesstemperaturen ($T_{Prozess}$ = 2100 °C) kleine Temperaturschwankungen (ΔT << 10 K) erkannt und korrigiert werden müssen. Im Rahmen der durchgeführten Untersuchungen konnte die induzierte Welligkeit auf Substraten mit mechanisch poliertem Ausgangszustand auf Werte PV < 5 nm reduziert werden ($T_{Prozess}$ = 2050 °C).

Im Rahmen dieser Arbeit wird zudem erstmals eine Prozessregelung mittels Thermographie für die Laserpolitur von Glas aufgebaut (Kapitel 7.1.3). Die Wiederholbarkeit der Prozessregelung kann hierbei durch die Bildverarbeitung und die damit verbesserte Positionierung der Messzone im Vergleich zur pyrometriebasierten Prozessregelung gesteigert werden. Bei Prozesstemperaturen nahe der Verdampfungstemperatur von Quarzglas kann die induzierte Welligkeit hierdurch um einen Faktor 2 reduziert werden.

Zusätzlich zur Umsetzung der Regelkreise wird die Auswirkung von Schwankungen der Prozessparameter Prozesstemperatur (z. B. über Laserleistung) und Interaktionszeit (z. B. über Vorschubgeschwindigkeit) auf die induzierte Welligkeit untersucht (Kapitel 7.1). Hierdurch kann für die Laserpolitur von Quarzglas erstmals ein Zusammenhang zwischen Materialabtrag und Prozesstemperatur(-schwankungen) aufgestellt werden. Durch lokal begrenzte Anpassung der Prozesstemperatur kann auf diese Weise ein lokaler Höhenunterschied von wenigen 10 nm bis einigen 100 nm induziert werden (Kapitel 7.1.1). Hierbei ist der Verlauf der Abtrags-Temperatur-Kurve vergleichbar dem Laser Beam Figuring zur Verdampfungstemperatur hin quadratisch zunehmend. Bei Prozesstemperaturen $T_{Prozess}$ ≤ 1900 °C wird bei der Laserpolitur ebenfalls ein reversibler Höhenunterschied (Kompaktierung) dokumentiert.

Neben der induzierten Welligkeit wird ebenfalls die residuale Welligkeit untersucht (Kapitel 7.2). Hierbei kann nachgewiesen werden, dass durch die Laserpolitur von Glas eine Oberflächenstruktur vergleichbar der Filtrierung der Ausgangsoberfläche mittels Tiefpassfilter erzeugt wird. Für die typische Prozesstemperatur $T_{Prozess}$ = 2100 °C und Interaktionszeit t_i = 8 s für Quarzglas kann die Cutoff-Wellenlänge des Filters zu ca. 500 µm bestimmt werden. Dieses Wissen kann in weiteren Forschungsarbeiten verwendet werden, um die vorangegangenen Prozessschritte an die Laserpolitur anzupassen sowie eine Vorabschätzung der resultierenden Oberfläche nach der Laserpolitur zu generieren.

Durch Übertrag der erarbeiteten Abtrags-Temperatur-Kurve von großflächigen Anpassungen hin zu lokalen Strukturen, konnten durch gezielte Variation der lokalen Prozesstemperatur Sinuswellenzüge von wenigen nm Höhe mit Wellenlängen ab 1 mm erzeugt werden (Kapitel 7.3). Diese Strukturen werden nach den gesammelten Erkenntnissen durch Materialumverteilung erzeugt und haben daher ebenfalls bei Prozesstemperaturen $T_{Prozess}$ < 1900 °C bestand und könnten zukünftig als Möglichkeit der Reduktion der residualen Welligkeit Anwendung finden.

Zusätzlich zu diesen grundlegenden Untersuchungen zur Formtreue und zur Welligkeit wird der Übertrag der Laserpolitur auf N-SF6 (Kapitel 8.1) und auf S-FPL53 (Kapitel 8.2) untersucht.

Hierbei kann für beide Glassorten ein erstes Prozessfenster identifiziert werden, in welchem eine Reduktion der Rauheit aus dem geschliffenen Zustand auf Werte Sa < 1 nm möglich ist.

Die Laserpolitur von S-FPL53 ist besonders herausfordernd, da bei diesem Glas Entglasung auftreten kann. Um dies zu verhindern wird eine genaue Abstimmung der Vorheiztemperatur und der Interaktionszeit durchgeführt. Wird die Entglasung vermieden, ist eine Laserpolitur möglich, jedoch ist die Welligkeit auf den S-FPL53-Oberflächen im Vergleich zu N-BK7 und Quarzglas besonders hoch (PV > 0,7 µm). Im untersuchten Parameterraum ist nur ein Trade-Off zwischen induzierter und residualer Welligkeit möglich, ohne signifikanten Einfluss auf die Strukturhöhen.

Für den weiteren Übertrag des Prozesses auf weitere Glassorten wird aufbauend auf den bisherigen Ergebnissen ein Vorgehen für das Finden eines ersten Parametersatzes erarbeitet. Mit diesem Parametersatz wird bereits eine deutliche Reduktion der Mikrorauheit erreicht und dieser kann anschließend bereits für Beleuchtungsoptiken verwendet werden. Für abbildende Optiken kann ausgehend von diesem Parametersatz die weitere Optimierung der Prozessparameter erfolgen. Hierbei ist insbesondere die Welligkeit und Formtreue weiter zu optimieren. Ansätze für das Vorgehen können die Ergebnisse der Kapitel 6 und 7 liefern.

Ergänzt werden die Untersuchungen durch die experimentelle Überprüfung der Ausheilung von SSD durch die Laserpolitur (Kapitel 9). Hierbei wird experimentell nachgewiesen, dass die SSD eines groben Schleifprozesses (SSD-Tiefe bis zu 50 µm) bereits bei einsetzendem Poliereffekt vollständig ausgeheilt werden. In einem zweiten Schritt wird die Umschmelztiefe anhand von Quarzglassubstraten zu 1 mm bis 2 mm bestimmt. Dies bedeutet, dass die SSD in einer geschliffenen Oberfläche nach der Laserpolitur mit einem Sicherheitsfaktor von über 20 beseitigt werden.

Für die weitere Forschungsarbeit im Bereich der Laserpolitur von Glas ist ausgehend von diesen Ergebnissen die Entwicklung einer angepassten Vorheiztechnik notwendig. Diese muss sowohl die optischen Oberflächen vor einer Beschädigung schützen als auch eine homogene Vorheiztemperatur (Abweichung << 10 K) bei hoher Reproduzierbarkeit ermöglichen. Bezüglich der Welligkeit werden bereits für Quarzglas durch die dargestellte Pyrometrieregelung die Grenzen der Regelgenauigkeit ausgeschöpft. Für weitere Reduktionen der induzierten Welligkeit sind vor allem Überprüfungen der Stabilität der Substratzustellung notwendig. Daneben ist die Untersuchung der gezeigten Wirkzusammenhänge der Abtragtiefe-Prozesstemperatur-Kurve zur Korrektur der induzierten Welligkeit bei reduzierter Prozesstemperatur ein möglicher Umgang mit der weiterhin vorhandenen induzierten Welligkeit. Ggf. kann dieser Ansatz ebenfalls verwendet werden, um die residuale Welligkeit zu reduzieren. Hierbei könnte bereits die Vermessung der Ausgangsoberfläche und Filterung mit dem gefundenen Tiefpassfilter als Datengrundlage für eine lokale Variation der Abtragtiefe genutzt werden.

Zusätzlich ist neben der weiteren Forschungsarbeit zur Welligkeit und der Formtreue für die industrielle Anwendung der Laserpolitur auch der Übertrag auf weitere Glassorten sinnvoll. Die in dieser Arbeit erarbeiteten Vorgehensweisen können hierbei als Ansatzpunkt dienen.

Abschließend sollte auch die mögliche Bauteilgröße der laserpolierbaren Optiken weiter untersucht werden. Die aktuell angewandten Quasi-Linien- bzw. Quasi-Tophat-Strategien bedürfen mit steigenden Bauteildimensionen auch steigender Laserleistung. Aufgrund technischer Limitierungen der Scansysteme hinsichtlich zulässiger Laserleistung erfordert die Laserpolitur großflächiger Optiken daher die Entwicklung neuer Scan-Strategien für partielle Laserpolituren. Hierbei muss insbesondere der Übergangsbereich zwischen den

Teilbearbeitungsflächen auf eine Oberflächenqualität und Abtragtiefe vergleichbar der restlichen Politurfläche bearbeitet werden, um in der fertigen Optik keine Stitching-Grenzen als Oberflächendefekte zu hinterlassen. Durch das Wechselspiel aus Beschleunigungsverhalten der Scanner, Einschaltverhalten der Laserstrahlquellen, Wärmeleitungsbedingungen der Gläser und Temperatur-Zeit-Abhängigkeit des Materialabtrags ist die Lösung dieser Problemstellung jedoch nicht trivial und erfordert eine tiefergehende wissenschaftliche Untersuchung.

11 Literaturverzeichnis

[1] Fähnle, O.; Kim, D. W.; Williamson, R.: *Special Section Guest Editorial: Freeform Optics*. In: Optical Engineering 55 (2016), Heft 7, S. 71201.

[2] Aleksi Leinonen: *Benefits of aspherical optics for spherical optics devices with optical resolution,* 2018.

[3] Richmann, A.: *Polieren von Gläsern und Kunststoffen mit CO2-Laserstrahlung*. Dissertation, RWTH Aachen University, 2013. Berichte aus der Lasertechnik. Shaker, Aachen, 2013.

[4] Maschmeyer, R. O.; Andrysick, C. A.; Geyer, T. W. et al.: *Precision molded-glass optics*. In: Applied Optics 22 (1983), Heft 16, S. 2410–2412.

[5] Cogburn, G.; Mertus, L.; Symmons, A.: *Molding aspheric lenses for low-cost production versus diamond turned lenses*. In: Andresen, B. F.; Fulop, G. F.; Norton, P. R. (Hrsg.): Infrared Technology and Applications XXXVI. SPIE Defense, Security, and Sensing, Orlando, Florida, Monday 5 April 2010. SPIE Proceedings, S. 766020. SPIE (2010).

[6] Hecht, K.: *Entwicklung eines Laserstrahlpolierverfahrens für Quarzglasoberflächen*, Techn. Univ. Ilmenau, Dissertation. Univ.-Verl. Ilmenau, 2012.

[7] Jebsen-Marwedel, H.; Brückner, R.: *Glastechnische Fabrikationsfehler* Springer Berlin Heidelberg, Berlin, Heidelberg, 2011.

[8] McLachlan, A. D.; Meyer, F. P.: *Temperature dependence of the extinction coefficient of fused silica for CO2 laser wavelengths*. In: Applied Optics 9 (1987), Heft 26, S. 1728–1731.

[9] Schwarz, S.; Rung, S.; Esen, C. et al.: *Rapid fabrication of precise glass axicon arrays by an all laser-based manufacturing technology*. In: Journal of Laser Applications 32 (2020), Heft 1, S. 12001.

[10] Hasanuzzaman, M.; Rafferty, A.; Sajjia, M. et al.: *Properties of Glass Materials*. In: Hashmi, S. (Hrsg.): Reference Module in Materials Science and Materials Engineering (2016). Elsevier, Amsterdam.

[11] McMillan, P. W.: *Glass-ceramics*. Academic Press, London, New York, 1964.

[12] ASTM C162-05(2015) - *Standard Terminology of Glass and Glass Products*.

[13] Zarzycki, J.: *Glasses and the vitreous state*. Cambridge solid state science series, Heft 9. Cambridge Univ. Press, Cambridge, 1991.

[14] Brückner, R.: *Properties and structure of vitreous silica. I*. In: Journal of Non-Crystalline Solids 5 (1970), Heft 2, S. 123–175.

[15] Scholze, H.; Lakin, M. J.: *Glass. Nature, structure, and properties*. Springer, New York, 1991.

[16] Badrinarayanan, P.; Zheng, W.; Li, Q. et al.: *The glass transition temperature versus the fictive temperature*. In: Journal of Non-Crystalline Solids 353 (2007), Heft 26, S. 2603–2612.

[17] Bliedtner, J.; Gräfe, G.: *Optiktechnologie. Grundlagen - Verfahren - Anwendungen - Beispiele*. Hanser, München, 2010.

[18] DIN ISO 7884-1:1998-02, *Glas - Viskosität und viskosimetrische Festpunkte – Teil 1: Grundlagen für die Bestimmung der Viskosität und der viskosimetrischen Festpunkte (ISO 7884-1:1987)*.

[19] Salmang, H.; Scholze, H.; Telle, R.: *Keramik (German Edition)*. Springer, Dordrecht, 2007.

[20] Shartsis, L.; Spinner, S.: *Surface tension of molten alkali silicates*. In: Journal of Research of the National Bureau of Standards 46 (1951), Heft 5, S. 385.

[21] KINGERY, W. D.: *Surface Tension of Some Liquid Oxides and Their Temperature Coefficients*. In: Journal of the American Ceramic Society 42 (1959), Heft 1, S. 6–10.

[22] Parmelee, C. W.; Lyon, K. C.; Harman, C. G.: *The Surface tensions of molten glass. Part I : surface tensions of molten glasses*. In: University of Illinois bulletin 36 (1939), Heft 81.

[23] DIN ISO 10110: *Optik und Photonik - Erstellung von Zeichnungen für optische Elemente und Systeme*.

[24] Aikens, D. M.: *Origin and evolution of the optics specifications for the National Ignition Facility* (1995).

[25] Lawson, J. K.; Auerbach, J. M.; English, J. E. et al.: *NIF optical specifications: the importance of the RMS gradient*. In: Lowdermilk, W. H. (Hrsg.): Third International Conference on Solid State Lasers for Application to Inertial Confinement Fusion. Third International Conference on Solid State Lasers for Application to Inertial Confinement Fusion, Monterey, CA, Sunday 7 June 1998. SPIE Proceedings, S. 336. SPIE (1998).

[26] Lawson, J. K.; Aikens, D. M.; English, J. E. et al.: *Surface figure and roughness tolerances for NIF optics and the interpretation of the gradient, P-V wavefront, and RMS specifications* (1999), S. 510–517.

[27] Lawson, J.; Aikens, D. M.; Wang, D. Y. et al.: *Optical specifications—their role in the National Ignition Facility*, OMC2 (2000).

[28] JUN, S.; HONG, S. Y.: *Transit Scratchitti Removal and Glass Resurfacing by Controlled Fire Polishing*. In: JSME International Journal Series A 49 (2006), Heft 3, S. 468–477.

[29] Mahrenholtz, H.: *Fire Polishing with Premixing Technology*, S. 141–152.

[30] Xiao, Y. M.; Bass, M.: *Thermal stress limitations to laser fire polishing of glasses*. In: Applied Optics 22 (1983), Heft 18, S. 2933.

[31] Temple, P. A.; Lowdermilk, W. H.; Milam, D.: *Carbon dioxide laser polishing of fused silica surfaces for increased laser-damage resistance at 1064 nm*. In: Applied Optics 21 (1982), Heft 18, S. 3249–3255.

[32] Buerhop, C.; Blumenthal, B.; Weissmann, R. et al.: *Glass surface treatment with excimer and CO2 lasers*. In: Applied Surface Science 46 (1990), 1-4, S. 430–434.

[33] Laguarta, F.; Lupon, N.; Armengol, J.: *Optical glass polishing by controlled laser surface-heat treatment*. In: Applied Optics 33 (1994), Heft 27, S. 6508–6513.

[34] Stute, U.; Wiechell, P.-O.: *InProGlas - Innovatives Produktionsverfahren zur Politur von Glasoberflächen. Abschlussbericht*. Hannover (2005).

[35] Heidrich, S.: *Abtragprozesse und Prozesskette zur laserbasierten Fertigung optischer Elemente aus Quarzglas*. Dissertation, RWTH Aachen University, 2014.

[36] Weingarten, C.; Schmickler, A.; Willenborg, E. et al.: *Laser polishing and laser shape correction of optical glass*. In: Journal of Laser Applications 29 (2017), Heft 1, S. 11702.

[37] Schwarz, S.; Rung, S.; Esen, C. et al.: *Fabrication of a high-quality axicon by femtosecond laser ablation and CO2 laser polishing for quasi-Bessel beam generation*. In: Optics express 26 (2018), Heft 18, S. 23287–23294.

[38] Laguarta, F.; Lupon, N. B.; Vega, F. et al.: *Laser application for optical glass polishing*. In: Gee, A. E.; Houee, J.-F. (Hrsg.): Specification, Production, and Testing of Optical Components and Systems. Optical Instrumentation & Systems Design, Glasgow, United Kingdom, Sunday 12 May 1996. SPIE Proceedings, S. 603–610. SPIE (1996).

[39] Vega, F.; Armengol Cebrian, J.; Lupon, N. B. et al.: *Surface dynamics during laser polishing of glass*. In: Veiko, V. P.; Szoerenyi, T. (Hrsg.): Computer-Controlled Microshaping. Industrial Lasers and Inspection (EUROPTO Series), Munich, Germany, Monday 14 June 1999. SPIE Proceedings, S. 92–102. SPIE (1999).

[40] Vega, F.: *Laser application for optical glass polishing*. In: Optical Engineering 37 (1998), Heft 1, S. 272.

[41] Weingarten, C.; Heidrich, S.; Wu, Y. et al.: *Laser polishing of glass*. In: Bentley, J. L.; Stoebenau, S. (Hrsg.): Optifab 2015. SPIE Optifab, Rochester, New York, United States, Monday 12 October 2015. SPIE Proceedings, S. 963303. SPIE (2015).

[42] Weingarten, C.: *Laserbasierte Formkorrektur von optischen Gläsern* Dissertation, RWTH Aachen University, 2017.

[43] Schott AG: *Optisches Glas | SCHOTT Advanced Optics*. URL: https://www.schott.com/shop/advanced-optics/de/Optisches-Glas/c/optical-materials; Abrufdatum: 24.03.2024.

[44] Ohara Corporation: *Optical Glass - Ohara Corporation*. URL: https://oharacorp.com/optical-glass/; Abrufdatum: 24.03.2024.

[45] CDGM GLASS: *About CDGM Glass Company*. URL: http://cdgmglass.com/About-Us; Abrufdatum: 24.03.2024.

[46] Harry Gestigkeit GmbH - Detlef Gestigkeit: *Harry Gestigkeit GmbH - Fabrik für Labor-Apparate*. URL: https://www.gestigkeit.de/40/deutsch/Produkte/Pr%C3%A4zisions-Heizplatten/Titan_Hochtemperatur.html; Abrufdatum: 30.05.2021.

[47] Braun, K.: *Laserpolieren von additiv gefertigten Kunststoffbauteilen*. Dissertation, RWTH Aachen University, 2023.

[48] Ohara Corporation: *S-FPL53 Datenblatt*. URL: https://www.ohara-gmbh.com/fileadmin/user_upload/export-data/pdf/product_datasheets/S-FPL53_Deutsch_.pdf; Abrufdatum: 13.01.2021.

[49] Schott AG: *N-SF6 Datenblatt*. URL: https://shop.schott.com/medias/SCHOTT-Datenblatt-N-SF6.pdf; Abrufdatum: 13.01.2021.

[50] Schott AG: *N-BK7 Datenblatt*. URL: https://www.schott.com/d/advanced_optics/0add2747-f516-47c4-ae81-2ac8fb65c26d/20190701102424/schott-datasheet-n-bk7-german.pdf; Abrufdatum: 13.01.2021.

[51] Ohara Corporation: *SK1300 Datenblatt*. URL: https://www.ohara-gmbh.com/fileadmin/user_upload/pdfs/SK-1300.pdf; Abrufdatum: 13.01.2021.

[52] Teschner, R.: *Glasviskosität*. In: Teschner, R. (Hrsg.): Glasfasern (2019), S. 17–28. Springer, Heidelberg, 2019.

[53] Suratwala, T.; Wong, L.; Miller, P. et al.: Sub-surface mechanical damage distributions during grinding of fused silica. In: Journal of Non-Crystalline Solids 352 (2006), S. 5601–5617.

[54] Ohara Corporation: *S-FPL53 safety data sheet*. URL: https://www.ohara-gmbh.com/fileadmin/user_upload/export-data/pdf/security_datasheets/S-FPL53_English_.pdf; Abrufdatum: 13.01.2021.

[55] Schott AG: *N-SF6 technische Sicherheitsinformation*. URL: https://www.schott.com/d/advanced_optics/ad669975-859f-41e5-812d-a39a953b33f5/N-SF6_SDS_DE_V5_201505.pdf?tenant=ao-cert; Abrufdatum: 13.01.2021.

[56] Schott AG: *N-BK7 technische Sicherheitsinformation*. URL: https://www.schott.com/d/advanced_optics/cab7f18f-274a-4f3c-8cc7-d034fcc19095/N-BK7_SDS_DE_V5_201505.pdf?tenant=ao-cert; Abrufdatum: 13.01.2021.

[57] Asphericon GmbH: *Custom spheres*. URL: https://www.asphericon.com/fileadmin/user_upload/asphericon_CUSTOM_SPHERES_2020.pdf; Abrufdatum: 03.02.2021.

[58] Asphericon GmbH: *Custom aspheres*. URL: https://www.asphericon.com/fileadmin/user_upload/asphericon_CUSTOM_ASPHERES_2020.pdf; Abrufdatum: 03.02.2021.

[59] Asphericon GmbH: *Freeforms*. URL: https://www.asphericon.com/fileadmin/user_upload/asphericon_FREEFORMS_2020.pdf; Abrufdatum: 02.02.2021.

[60] SPO Smart Precision Optics: *Spheres*. URL: https://www.spo.tech/spheres/; Abrufdatum: 23.01.2023.

[61] SPO Smart Precision Optics: *Aspheres*. URL: https://www.spo.tech/aspheres/; Abrufdatum: 23.01.2023.

[62] SPO Smart Precision Optics: *Freeform Optics*. URL: https://www.spo.tech/product/; Abrufdatum: 23.01.2023.

[63] Thorlabs Inc.: *N-BK7 Plano-Convex Lenses (Uncoated)*. URL: https://www.thorlabs.com/newgrouppage9.cfm?objectgroup_id=112; Abrufdatum: 03.02.2021.

[64] Thorlabs Inc.: *UV Fused Silica Plano-Convex Lenses, Uncoated*. URL: https://www.thorlabs.com/newgrouppage9.cfm?objectgroup_id=123; Abrufdatum: 03.02.2021.

[65] Thorlabs Inc.: *High-Precision Aspheres: CNC Polished, N-BK7 or S-LAH64 Substrate*. URL: https://www.thorlabs.com/newgrouppage9.cfm?objectgroup_id=7176; Abrufdatum: 03.02.2021.

[66] Thorlabs Inc.: *High-Precision Aspheres: CNC Polished, UV Fused Silica Substrate*. URL: https://www.thorlabs.com/newgrouppage9.cfm?objectgroup_id=1069; Abrufdatum: 03.02.2021.

12 Abkürzungsverzeichnis

Abkürzung / Formelzeichen	Begriff	Erklärung in Kapitel
A	Amplitude	
b_{Linie}	Scanlinienbreite	5.6.1 (ab Seite 33)
d_L	Strahldurchmesser	5.6.1 (ab Seite 33)
f	Brennweite	
F	Vorschub der Z-Achse	
FFU	Fan-Filter-Unit	
H	Swedish Height	5.3.3 (ab Seite 29)
L_{analog}	Laserleistungssignal	7.1.1 (ab Seite 81)
l_{Linie}	Scanlinienlänge	5.6.1 (ab Seite 33)
M^2	Beugungsmaßzahl	
MSFE	Mid-spatial frequency error	7 (ab Seite 81)
n_{unten}	Drehzahl Werkstück	
P_L	Laserleistung	5.6.1 (ab Seite 33)
PV	Peak-Valley-Höhe	5.3.3 (ab Seite 29)
R	Sphärischer Krümmungsradius	
Ra	Mittenrauwert (linienförmig)	5.3.3 (ab Seite 29)
RMS	Quadratischer Mittenrauwert (Literaturwerte ohne Angabe zu 2D oder 3D Messung)	5.3.3 (ab Seite 29)
RMSa	Rotationsvariante RMS Irregularität	5.3.3 (ab Seite 29)
RMSi	RMS Irregularität	5.3.3 (ab Seite 29)
RMSt	Gesamtoberflächenformabweichung RMS	5.3.3 (ab Seite 29)
Rq / RMS	Quadratischer Mittenrauwert (linienförmig)	5.3.3 (ab Seite 29)
Sa	Mittenrauwert (flächig)	5.3.3 (ab Seite 29)
SAG	Pfeilhöhe	
SDK	Software Development Kit	
Sq / RMS	Quadratischer Mittenrauwert (flächig)	5.3.3 (ab Seite 29)
SSD	Sub-Surface Damage	9 (ab Seite 143)
T_{13}	Obere Kühltemperatur	3.1.2 (ab Seite 7)
$T_{14,5}$	Untere Entspannungstemperatur/Kühltemperatur	3.1.2 (ab Seite 7)
T_4	Einsinktemperatur	3.1.2 (ab Seite 7)
$T_{7,6}$	Littleton Erweichungstemperatur	3.1.2 (ab Seite 7)
t_{95}	Integrationszeit	
t_{cd}	Abkühlzeit	
T_f	Fiktive Temperatur	3.1.1 (ab Seite 5)
T_g	Glasübergangstemperatur	3.1.1 (ab Seite 5)
t_h	Haltezeit	
t_{hu}	Aufheizzeit	
t_i	Interaktionszeit	
t_p	Pausenzeit	
$T_{Prozess}$	Prozesstemperatur	5.6.1 (ab Seite 33)
T_{Start}	Temperaturschwelle für Regelungsstart	5.4 (ab Seite 31)
$T_{Vorheiz}$	Vorheiztemperatur	5.6.1 (ab Seite 33)
v	Abbe Zahl	
vc_{oben}	Schnittgeschwindigkeit Fräser	

Abkürzung / Formelzeichen	Begriff	Erklärung in Kapitel
v_{feed}	Vorschubgeschwindigkeit	5.6.1 (ab Seite 33)
v_{scan}	Scangeschwindigkeit	5.6.1 (ab Seite 33)
λ	Ortswellenlänge	
λ_{opt}	Optische Wellenlänge	
λ_{Sinus}	(Soll-)Wellenlänge der Sinusstruktur	

13 Anhang

13.1 Gesamtübersicht Werkstoffkennwerte

Tabelle 41 – Werkstoffbestandteile in gew.-% nach Herstellerangaben [54–56]

Glassorte	Quarzglas (SK1300)	N-BK7	S-FPL53	N-SF6
Chlor Cl		< 1		
Siliziumdioxid SiO_2	> 99	60 – 70		20 – 30
Aluminiumoxid Al_2O_3			0 – 2	
Antimonoxid Sb_2O_3		< 1		< 0.01
Bariumoxid BaO		1 – 10		10 – 20
Boroxid B_2O_3		10 – 20		
Kalziumoxid CaO		< 1		< 1
Natriumoxid Na_2O		10 – 20		1 – 10
Kaliumoxid K_2O		1 – 10		1 – 10
Niobpentoxid Nb_2O_5				10 – 20
Phosphorpentoxid P_2O_5			2 – 10	
Titan(IV)-oxid TiO_2		< 1		20 – 30
Fluorid F_2			0 – 2	
Aluminiumfluorid AlF_3			20 – 30	
Strontiumfluorid SrF_2			20 – 30	
Kalziumfluorid CaF_2			20 – 30	
Bariumfluorid BaF_2			10 – 20	
Yttriumfluorid YF_3			2 – 10	
Magnesiumfluorid MgF_2			2 – 10	

Tabelle 42 – Werkstoffkennwerte [48–51]

Glassorte		Quarzglas (SK1300)	N-BK7	S-FPL53	N-SF6
Brechzahl n_d		1,45863	1,51680	1,43875	1,80518
Abbe Zahl v_d		67,8	64,17	94,93	25,36
Dispersion n_F-n_C		0,00676	0,008054	0,004622	0,031750
Dichte d [g/cm³]		2,2	2,51	3,62	3,37
Untere Kühltemperatur $T_{10^{14,5}}$ [°C]		1060			
Glasübergangstemperatur T_g [°C]			557	426	589
Obere Kühltemperatur $T_{10^{13}}$ [°C]		1160	557		593
Erweichungstemperatur $T_{10^{7,6}}$ [°C]		1700	719		669
Ausdehnungsgrenze A_t [°C]			609	456	
Spezifische Wärmekapazität c_P [J/(g*K)]		0,734	0,858		0,69
Wärmeleitfähigkeit k [W/(m*K)]		1,1	1,114	0,857	0,96
Ausdehnungskoeffizient α [10^{-7}/°C]	**-30 – 70 °C**		71	145	90
	100 – 300 °C			169	
	0 – 200 °C	5.5			
	20 – 300 °C		83		103
OH Anteil (ppm)		< 200			

13.2 Beispielrechnung Viskosität N-SF6

Aus dem Datenblatt von N-SF6 sind die Temperatur-Viskositätsstützpunkte T_1 = 593 °C und T_2 = 669 °C mit den entsprechenden Viskositäten $\eta_1 = 10^{13}$ dPas und $\eta_2 = 10^{7,6}$ dPas bekannt [49]. Als weiterer Stützpunkt kann T_3 = 793 °C und $\eta_1 = 10^4$ dPas verwendet werden (Auskunft Schott AG). Nach Formel 3.2 bis 3.4 (siehe Kapitel 3.1.2) können die Hilfsvariablen A, B und C damit zu

13.1

$$C = 593 + \frac{(669-593)*(793-593)*\left(\log\left(10^4\right)-\log\left(10^{7,6}\right)\right)}{(669-593)*\left(\log\left(10^4\right)-\log\left(10^{13}\right)\right)-(793-593)*\left(\log\left(10^{7,6}\right)-\log\left(10^{13}\right)\right)}$$
$$= 593 + \frac{76*200*(-3,6)}{76*\ -9-200*-5,4} = 593 + \frac{-54720}{396} = 454,82$$

13.2

$$A = \frac{\log(10^{7,6})*(669-454,82)-\log(10^{13})*(593-454,82)}{669-593} = \frac{7,6*214,18-13*138,18}{76}$$
$$= \frac{-168,572}{76} = -2,2181$$

13.3

$$B = (593-454,82)*(\log(10^{13})-2,2181) = 99,85*10,7819 = 2102,87$$

bestimmt werden. Für die temperaturabhängige Viskosität kann folglich die Formel

13.4

$$log(\eta_{N-SF6}(T)) = 2,2181 + \frac{2102,87}{(T-454,82)}$$

aufgestellt werden. In Abbildung 115 ist der berechnete Verlauf der Temperatur-Viskositäts-kurve von N-SF6 dargestellt. Zusätzlich sind, nach dem gleichen Verfahren berechnete Verläufe für S-FPL53, N-BK7 und Quarzglas dargestellt.

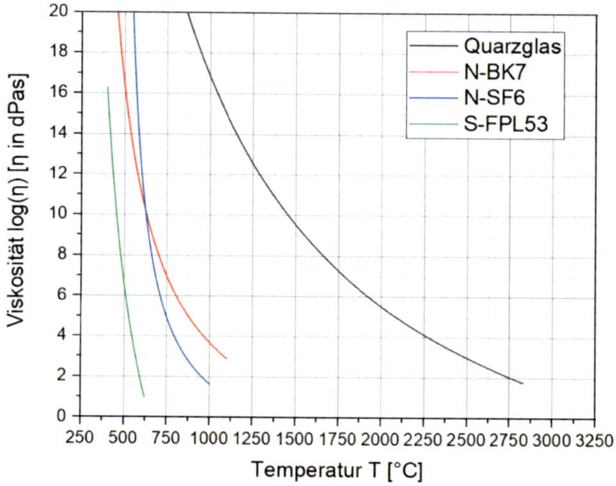

Abbildung 115
Kalkulierte Verläufe der Temperatur-Viskositätskurven der verwendeten Glassorten.

Beispielrechnung in Formel **13.1** bis **13.4**.

13.3 Laserleistungsstabilität El.En. Blade 1500 und Coherent DC020

Die Stabilität der Laserleistung ist ein Einflussfaktor auf die Stabilität der Prozesstemperatur. Um die Laserleistungsstabilität der verwendeten Laserstrahlquellen zu quantifizieren, werden Messungen der Laserleistung mit einem „PowerMax-Pro 3 kW“ Sensor (Coherent Inc., Kalifornien, USA) im Standardmessmodus (Abtastrate 10 Hz) durchgeführt. Dieser Sensortyp verwendet einen patentierten Dünnfilmsensor, wodurch eine Anstiegszeit von 20 µs im kW-Messbereich ermöglicht wird. Dies ermöglicht im Vergleich zu konventionellen kW-Sensoren mit Thermosäule die präzise Erfassung der kurzzeitigen Schwankungen der Laserleistung. Die Messzeit beträgt jeweils 10 Minuten. Zwischen zwei Messungen werden 10 Minuten Pause eingehalten. Die prozentuale Spannweite der Laserleistung bezogen auf die mittlere ausgegebene Laserleistung für eine ausgewertete Messzeit von 60 Sekunden ist in Abbildung 116 aufgetragen.

Abbildung 116
Prozentuale Spannweite der Laserleistung bezogen auf die jeweilige mittlere Laserleistung aufgetragen über der mittleren Laserleistung. Fehlerbalken entspricht Standard-abweichung.

El.En. Blade 1500 als „Glaspol“ mit 7 bzw. 8 aktiven Netzteilen. Coherent DC020 als „KOALA“.

Messung jeweils über 1 Minuten.

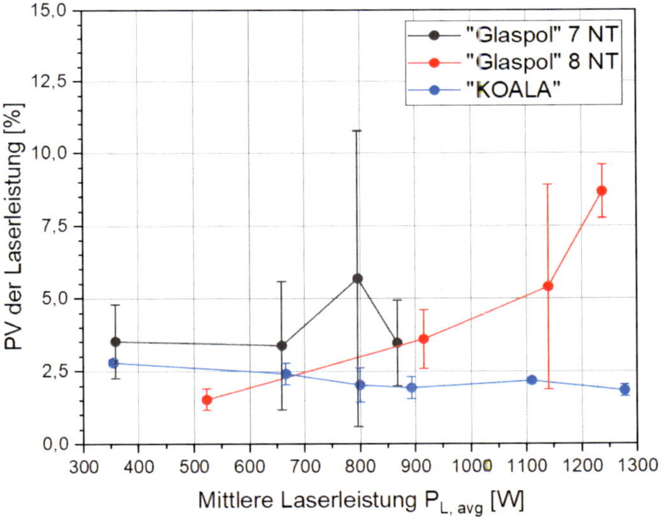

Für die El.En. Blade 1500 Laserstrahlquelle der Anlage „Glaspol“ werden zwei Messkurven aufgenommen. Eine Messung wird mit der maximalen Anzahl an aktiven Netzteilen (8 von 8) durchgeführt, die andere Messung mit 7 aktiven Netzteilen. Die Einstellung mit 8 Netzteilen wird für die Laserpolitur von Quarzglas verwendet, die Einstellung mit 7 Netzteilen für die Laserpolitur von N-BK7. Die jeweils eingetragenen Messpunkte entsprechen einem Ansteuer-signal von 2 V, 5 V, 8 V und 10 V.

Mit Ausnahme der Einstellung von 8 Netzteilen und einem Ansteuersignal von 2 V liegt die mittlere PV-Abweichung der El.En. Blade 1500 Laserstrahlquelle stets über der der Coherent DC020 Laserstrahlquelle. Zudem ist die Streuung der Messpunkte im Vergleich signifikant erhöht.

Für die Einstellung der El.En. Blade 1500 Laserstrahlquelle mit 8 aktiven Netzteilen wird eine mit der Laserleistung zunehmende Streuung der Abweichung dokumentiert. Möglicherweise sind absorbierende optische Elemente im Strahlgang hierfür ursächlich (z. B. durch Verschmutzung). Für die Einstellung mit 7 aktiven Netzteilen sind die Messwerte über der Laserleistung mit Ausnahme des Messpunktes bei $P_{L,avg}$ = ~800 W konstant. Für $P_{L,avg}$ = ~800 W wird sowohl in PV als auch in der Standardabweichung der Messwerte ein signifikanter Anstieg gemessen.

Für die Coherent DC020 Laserstrahlquelle der KOALA-Anlage wird über das gemessene Laserleistungsspektrum eine mittlere Schwankung von ca. 2,5 % der nominellen Laserleistung gemessen, mit tendenziell abnehmender Tendenz hin zu höheren Laserleistungen.

In Abbildung 117 sind die gleichen Messungen mit Auswertung über 5 Minuten dargestellt.

Abbildung 117 Prozentuale Spannweite der Laserleistung bezogen auf die jeweilige mittlere Laserleistung aufgetragen über der mittlere Laserleistung.

El.En. Blade 1500 als „Glaspol" mit 7 bzw. 8 aktiven Netzteilen. Coherent DC020 als „KOALA".

Messung jeweils über 5 Minuten.

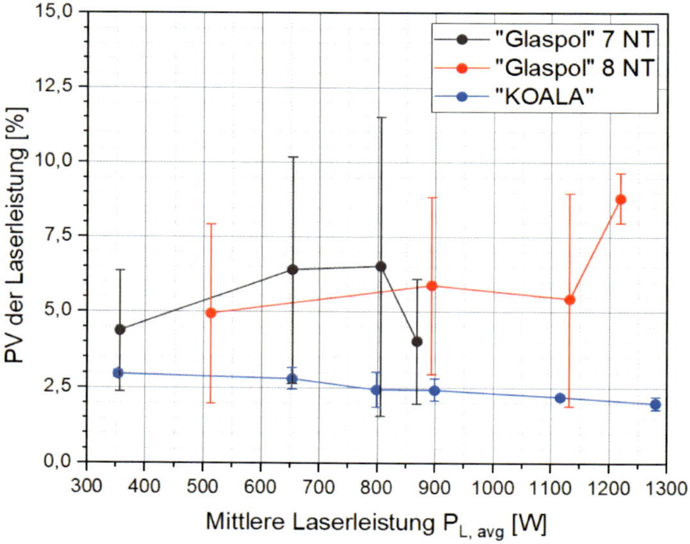

Werden die Messdaten über einen Zeitraum von 5 Minuten ausgewertet, sind die Leistungsschwankungen der El.En. Blade 1500 Laserstrahlquelle deutlich größer. Dies ist auf eine mit fortschreitender Zeit abnehmende mittlere Laserleistung zurückzuführen. Im Vergleich hierzu sind die Messwerte der Coherent DC020 Laserstrahlquelle weitestgehend unverändert. Dies ist darauf zurückzuführen, dass die El.En. Blade 1500 Laserstrahlquelle mit einer fest einprogrammierten Regelkurve angesteuert wird. Im Gegensatz hierzu wird an der Coherent DC020 Laserstrahlquelle ein Teil der Laserstrahlung ausgekoppelt und auf einen intern verbauten Messkopf zur Laserleistungsregelung umgeleitet. Hierdurch kann die Steuerung der Laserstrahlquelle auf Schwankungen in der Laserleistung reagieren.

Neben der Auswirkung auf die Laserleistungsstabilität wird durch die fehlende Laserleistungsmessung im El.En. Blade 1500 ebenfalls eine Streuung der Wiederholbarkeit der Einstellung der Laserleistung induziert. Für die Messpunkte mit 7 aktiven Netzteilen und einem Ansteuersignal von 2 V, 5 V, 8 V und 10 V wird eine Standardabweichung der mittleren Laserleistung von 7,11 %, 6,37 %, 4,8 % bzw. 5,12 % gemessen (bezogen auf die jeweilige mittlere Laserleistung aller Messungen mit gleichem Ansteuersignal). Die Spannweite PV der mittleren Laserleistungen bei gleichem Ansteuersignal beträgt jeweils 22,34 %, 21,01 %, 16,99 % bzw. 17,96 %. Entsprechend ist eine Vermessung der Laserleistung vor jeder Versuchsdurchführung zwingend erforderlich, um die für den Versuch festgelegte Laserleistung möglichst genau einzustellen. Gleichzeitig bedeutet dies, dass z. B. im geregelten Prozess (vgl. Kapitel 7) durch die Regelung sowohl der Langzeittrend als auch kurzfristige Schwankungen korrigiert werden müssen. In Abbildung 118 ist beispielhaft der Mitschrieb je einer Messung an der El.En. Blade 1500 Laserstrahlquelle und der Coherent DC020 Laserstrahlquelle dargestellt.

Abbildung 118
Gemessene Laserleistung in W.

El.En. Blade 1500 als „Glaspol" mit 7 aktiven Netzteilen und 5V Ansteuersignal.
Coherent DC020 als „KOALA" mit 650 W Ziellaserleistung.

Messung jeweils über 5 Minuten.

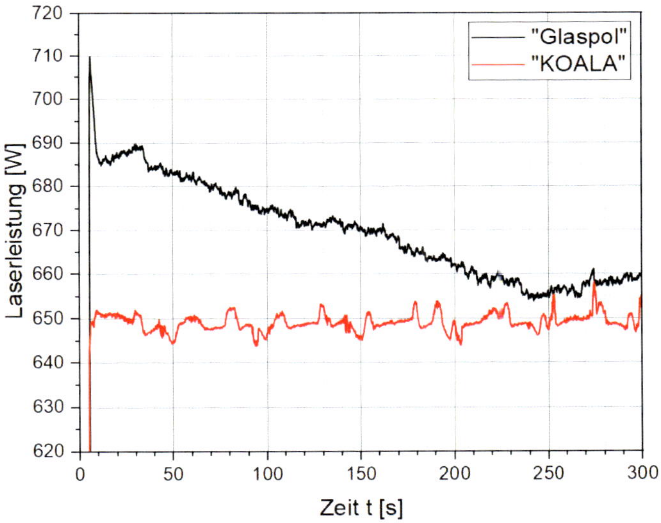

Während an der El.En. Blade 1500 Laserstrahlquelle ein deutliches Überschwingen beim Einschalten erkennbar ist, wird durch die Coherent DC020 Laserstrahlquelle die Zielleistung ohne erkennbares Einschwingen erreicht. An der Coherent DC020 Laserstrahlquelle wird das mittlere Laserleistungsniveau über die gesamte dargestellte Zeit ebenfalls konstant gehalten, während an der El.En. Blade 1500 Laserstrahlquelle eine kontinuierliche Abnahme der Laserleistung bis ca. 230 Sekunden nach Einschalten gemessen wird. Jedoch kann für die Coherent DC020 Laserstrahlquelle am Bearbeitungspunkt wiederholt ein Ausschlag der Laserleistung nach oben bzw. unten von ca. 0,5 % der nominellen Laserleistung gemessen werden.

13.4 Messkurven der Heizplattentemperatur

Um den Temperatur-Zeit-Verlauf des Aufheizprozesses auf der verwendeten Heizplattentechnik zu verstehen, werden Aufheizversuche mit Thermofühlern durchgeführt. Hierzu werden vier baugleiche „DTE 02 Draht-Thermoelemente" verwendet (Typ K, Messbereich -50 °C bis 650 °C, Genauigkeitsklasse 1 nach IEC 584-3, Messspitze < 0,5 mm und fiberglasisoliert). Ausgewertet werden die Messsignale mit einem „TC 319 Datenlogger, 4-kanalig". Die Messungen erfolgen mit einer Messfrequenz von 0,1 Hz.

Für die Messung wird ein N-BK7 Substrat (Durchmesser 30 mm, Dicke 5 mm) mittig auf der Heizplatte positioniert. Messfühler 1 und 2 werden unter dem Substrat positioniert (ca. 5 mm bis 10 mm vom Rand). Auf der Oberseite des Substrats werden Messfühler 3 und 4 ungefähr auf gleicher relativer Position wie Messfühler 1 bzw. 2 positioniert. Messfühler 3 und 4 werden anschließend von einem weiteren Substrat (gleiche Abmaße) in Position gehalten. Das gebildete Stack aus Messfühler 1+2 -> Substrat -> Messfühler 3+4 -> Substrat wird gemeinsam aufgeheizt. In Abbildung 119 ist der gemessene Temperatur-Zeit-Verlauf bei Aufheizen nach Referenzverfahren von Weingarten et al. [36] (siehe Kapitel 6.2) dargestellt.

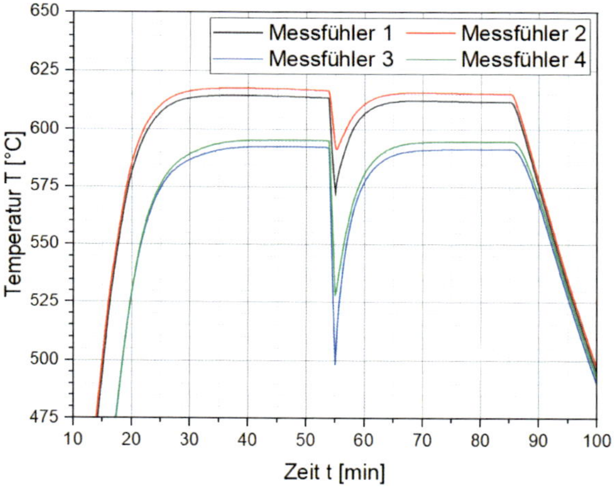

Abbildung 119 Gemessener Temperaturverlauf für den Referenzvorheizschritt nach Kapitel 6.2. Messfühler 1 und 2 zwischen Heizplatte und Substrat. Messfühler 3 und 4 zwischen unterem und oberem Substrat.

Nach ca. 23,5 Minuten zeigt der Zweipunktregler die Zieltemperatur von 600 °C an. Zu diesem Zeitpunkt messen die Messfühler eine Temperatur von $T_1 = 602$ °C, $T_2 = 605$ °C, $T_3 = 565{,}5$ °C und $T_4 = 566{,}9$ °C. Die Temperatur an den Messfühler steigt daraufhin weiter an, bis nach insgesamt ca. 35 Minuten ein Maximum an Messfühler 1 und 2 von $T_1 = 614{,}5$ °C und $T_2 = 617{,}6$ °C gemessen wird. Für Messfühler 3 und 4 wird das Maximum nach insgesamt 43 Minuten erreicht ($T_3 = 592{,}7$ °C und $T_4 = 595{,}6$ °C). Zum Zeitpunkt $t = \sim 54$ min wird die Laserbearbeitung simuliert und der Heizplattendeckel für 1 Minute geöffnet. An den Messfühlern wird dabei eine minimale Temperatur von $T_1 = 571{,}4$ °C, $T_2 = 592{,}3$ °C, $T_3 = 498{,}4$ °C und $T_4 = 528{,}3$ °C gemessen. Ca. 15 Minuten nach Schließen des Heizplattendeckels ist die Temperatur wieder stabilisiert.

Beim Abkühlen der Substrate durch Ausschalten des Reglers bei geschlossenem Deckel wird der Temperaturübergang im Bereich von $T_g = 557$ °C mit durchschnittlich 8,5 K/min durchlaufen (bestimmt als Zeitmessung von $T = \sim 567$ °C bis $T = \sim 547$ °C sowie als Temperaturmessung der Messpunkte im Zeitintervall von 20 Sekunden um T_g).

13.5 Oberflächenqualitätsstufen kommerzieller Optiken

Im Folgenden soll eine beispielhafte Auflistung verschiedener Qualitätsstufen etablierter Hersteller einen Überblick über marktübliche Oberflächenqualitäten und Anforderungen geben. Die Auswahl der hier genannten Hersteller erfolgt dabei rein in Hinblick auf die Verfügbarkeit von Daten und ist nicht als abschließende Auflistung aller Oberflächenqualitätseinteilungen zu sehen. Die Auflistung erfolgt in alphabetischer Reihenfolge.

Asphericon GmbH (im Folgenden als Asphericon bezeichnet) ist ein Optikhersteller aus Jena mit Fokussierung auf die Herstellung von optischen Systemen mit asphärischen Oberflächen. Asphericon unterteilt seine optischen Komponenten qualitativ in 4 Stufen: „Standard-Quality", „Precision-Quality", „High-End-Finish" und „Diamond-Turning". Wobei Sphären („Standard-Quality", „Precision-Quality" und „High-End-Quality"), sowie Freiformoptiken („Standard-Quality", „Precision-Quality", „Diamond-Turning") nur in jeweils 3 Qualitätsstufen angeboten werden. Neben Unterschieden in den fertigbaren Durchmessern und Dicken, sowie deren Toleranzen, sind die Qualitätsstufen nach Angabe von Asphericon primär in den Oberflächenirregularitäten RMSi, der Scratch/Dig Angabe und der Oberflächenrauheit Rq zu unterscheiden. Da Durchmesser- und Dickenangaben und -abweichungen im Rahmen dieser Ausarbeitung nicht von Relevanz sind, beschränkt sich die in Tabelle 43 bis Tabelle 46 aufgeführte Aufzählung auf die weiteren Kennwerte.

Tabelle 43 – Oberflächenkennwerte der Firma Asphericon GmbH für Optiken der Qualitätsstufe „Standard-Quality"

Standard-Quality	**Sphäre [57]**	**Asphäre [58]**	**Freiform [59]**
RMS Irregularität RMSi [nm]	0,8 fr ≙ ~250 nm	300 - 750	300 - 750
Oberflächenrauheit Rq [nm]	2	3	2 – 3
Scratch/Dig [AU]	60-40	60-40	NA

Tabelle 44 – Oberflächenkennwerte der Firma Asphericon GmbH für Optiken der Qualitätsstufe „Precision-Quality"

Precision-Quality	**Sphäre [57]**	**Asphäre [58]**	**Freiform [59]**
RMS Irregularität RMSi [nm]	0,3 fr ≙ ~90 nm	90	90
Oberflächenrauheit Rq [nm]	1,5	1,5	1,5 – 2
Scratch/Dig [AU]	40-20	40-20	NA

Tabelle 45 – Oberflächenkennwerte der Firma Asphericon GmbH für Optiken der Qualitätsstufe „High-End-Finish"

High-End-Finish	**Sphäre [57]**	**Asphäre [58]**	**Freiform [59]**
RMS Irregularität RMSi [nm]	0,3 fr ≙ ~90 nm	<15	/
Oberflächenrauheit Rq [nm]	0,5	0,5	/
Scratch/Dig [AU]	20-10	20-10	/

Tabelle 46 – Oberflächenkennwerte der Firma Asphericon GmbH für Optiken der Qualitätsstufe „Diamond-Turning"

Diamond-Turning	**Sphäre [57]**	**Asphäre [58]**	**Freiform [59]**
RMS Irregularität RMSi [nm]	/	20	100
Oberflächenrauheit Rq [nm]	/	1	1
Scratch/Dig [AU]	/	NA	NA

SPO Smart Precision Optics Ltd. (im Folgenden SPO) ist ein weiterer Hersteller von kundenindividuellen Optiken mit Sitz in Shamir, Israel. SPO bietet seine Optiken unterteilt in Geometrie (Sphären, Asphären und Freiform) sowie in den Qualitätsstufen Standard und Custom an. Ähnlich den Angaben von Asphericon verwendet auch SPO die Kennwerte

Oberflächenirregularität RMSi, Scratch/Dig und Oberflächenrauheit Rq um die Oberflächenqualität zu spezifizieren. In den Tabellen Tabelle 47 und Tabelle 48 sind die Kennwerte für die unterschiedlichen Qualitätsstufen gegeben. Auf die Angabe von Unterschieden in den Durchmessern- und Dickenangaben sowie -abweichungen wird auch hier verzichtet. Auch die weitere Unterteilung in Zylinderlinsen, „Azylinderlinsen“[1], torische Linsen und „atorische“[1] Linsen, welche SPO weiter anbietet, wird an dieser Stelle nicht näher betrachtet.

Tabelle 47 – Oberflächenkennwerte der Firma SPO Smart Precision Optics für Optiken der Qualitätsstufe „Standard“

Standard	**Sphäre [60]**	**Asphäre [61]**	**Freiform [62]**
RMS Irregularität RMSi [nm]	50	50	200
Oberflächenrauheit Rq [nm]	< 5	< 5	NA
Scratch/Dig [AU]	60-40	60-40	60-40

Tabelle 48 – Oberflächenkennwerte der Firma SPO Smart Precision Optics für Optiken der Qualitätsstufe „Custom“

Custom	**Sphäre [60]**	**Asphäre [61]**	**Freiform [62]**
RMS Irregularität RMSi [nm]	20	20	100
Oberflächenrauheit Rq [nm]	< 5	< 5	< 7,5
Scratch/Dig [AU]	20-10	20-10	20-10

Ein weiterer Hersteller optischer Komponenten ist die Firma Thorlabs Inc. (im Folgenden Thorlabs) mit Hauptsitz in Newton (New Jersey, USA) und Spezialisierung auf den allgemeinen Laborbedarf für optische Systeme. Thorlabs weist seine Optiken im Vergleich zu Asphericon nicht in Qualitätsstufen aus. Zudem bietet das ausgewiesene Sortiment von Thorlabs keine Freiformflächen. In Tabelle 49 sind Oberflächenkennwerten einer beispielhaften Auswahl an Sphären und Asphären dargestellt.

Tabelle 49 – Oberflächenkennwerte der Firma Thorlabs Inc. für beispielhafte Sphären und Asphären. Angaben für Messwellenlänge 633 nm.

	N-BK7 Plan-Convex [63]	**Quarzglas Plan-Convex [64]**	**N-BK7 Asphären [65]**	**Quarzglas Asphären [66]**
RMS Irregularität RMSi [nm]	160 (PV)	160 (PV)	< 950	< 320
Scratch/Dig [AU]	40-20	40-20	40-20	20-10
RMS der Wellenfront [µm]			< 0,5	Beugungsbegrenzt
SAG Abweichung [µm]	$3\,\lambda/2$ $\triangleq \sim 0{,}95$ µm	$3\,\lambda/2$ $\triangleq \sim 0{,}95$ µm	±7,5	±2

In Abbildung 120 sind die Oberflächenkennwerte Rq und RMSi der aufgeführten Hersteller grafisch aufgetragen. Für Angaben mit nur je einem der beiden Kennwerte ist dieser als gestrichelte Linie eingezeichnet.

1: SPO bezeichnet mit „acylindric“ und „atorisch“ jeweils zylindrische bzw. torische Oberflächen mit asphärischem Anteil.

Abbildung 120
Zusammenfassung der gefundenen Qualitätsstufen kommerzieller Optiken für Sphären, Asphären und Freiformflächen.

In hellgrau ist der Bereich der Standardqualitätsstufen eingefärbt. In dunkelgrau der Bereich der High-End-Qualitätsstufen.

Anmerkung: Oberflächenrauheit Rq entspricht gemäß Norm einem Ortswellenlängenbereich von 2,5 µm bis 80 µm

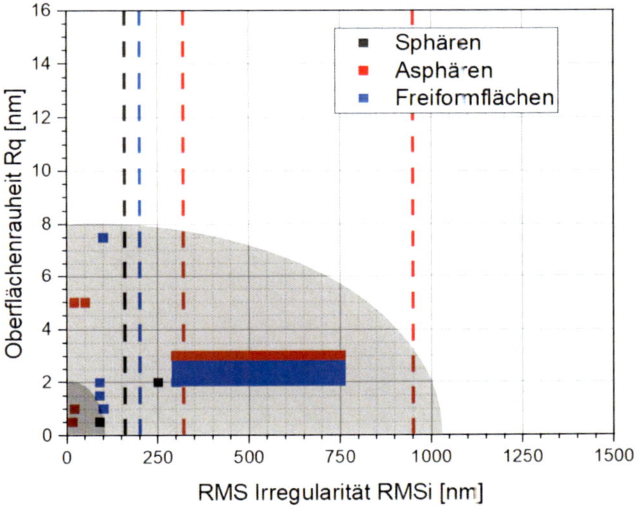

13.6 Weitere Grafiken

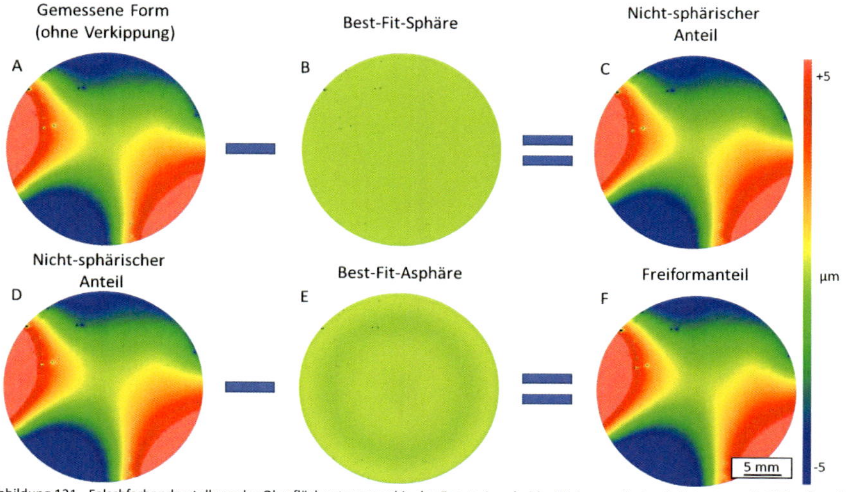

Abbildung 121 - Falschfarbendarstellung der Oberflächentopographie der **Front** eines **beidseitig** laserpolierten Substrats aus N-BK7 aufgeteilt in die betrachteten Formfehlerbilder: Gemessene Form, Best-Fit-Sphäre, nicht-sphärischer Anteil des Formfehlers, Best-Fit-Asphäre und Freiformanteil. Best-Fit-Asphäre und Freiformanteil mittels Zernike-Polynome 8-ter Ordnung angenähert. Dargestellt sind die zentralen Ø27 mm. Prozessparameter entsprechend Stand der Technik [36].

Tabelle 50 – Auswertung des Formverzugs zu Abbildung 121.

	Gemessene Form	**Best-Fit-Sphäre**	**Nicht-sphärischer Anteil**	**Best-Fit-Asphäre**	**Freiform-anteil**
Formverzug H [µm]	12,1	0,01	12,1	0,27	12,1
Rauheit RMS [µm]	4,34 (≙ RMSt)	0	4,34 (≙ RMSi)	0,1	4,34 (≙ RMSa)

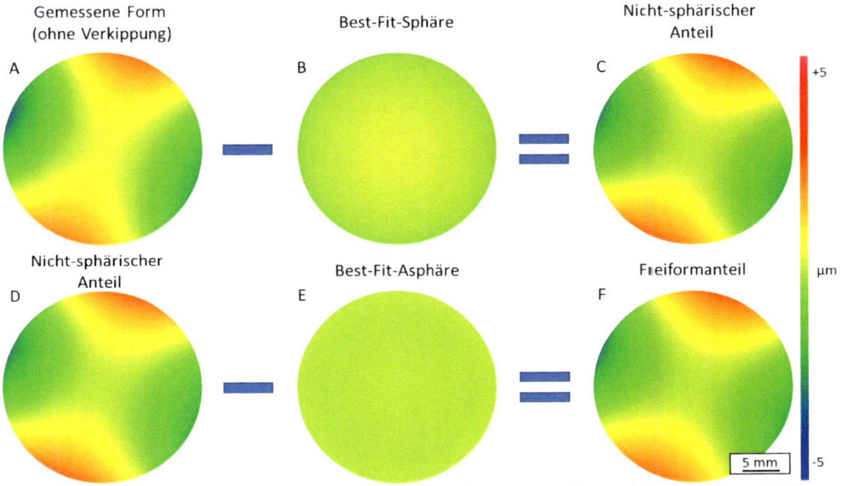

Abbildung 122 - Falschfarbendarstellung der Oberflächentopographie der **Rückseite** eines **einseitig vorgeheizten** Substrats aus N-BK7 aufgeteilt in die betrachteten Formfehlerbilder: Gemessene Form, Best-Fit-Sphäre, nicht-sphärischer Anteil des Formfehlers, Best-Fit-Asphäre und Freiformanteil. Best-Fit-Asphäre und Freiformanteil mittels Zernike-Polynome 8-ter Ordnung angenähert. Dargestellt sind die zentralen Ø27 mm. Prozessparameter entsprechend Tabelle 9 mit t_h = 10 h, t_p = 60 min, Heizplatten Position 3 **ohne Laserpolitur.**

Tabelle 51 – Auswertung des Formverzugs zu Abbildung 122.

	Gemessene Form	**Best-Fit-Sphäre**	**Nicht-sphärischer Anteil**	**Best-Fit-Asphäre**	**Freiform-anteil**
Formverzug H [µm]	3,21	0,52	3,27	0,1	3,25
Rauheit RMS [µm]	1,07 (≙ RMSt)	0,18	1,06 (≙ RMSi)	0,03	1,06 (≙ RMSa)

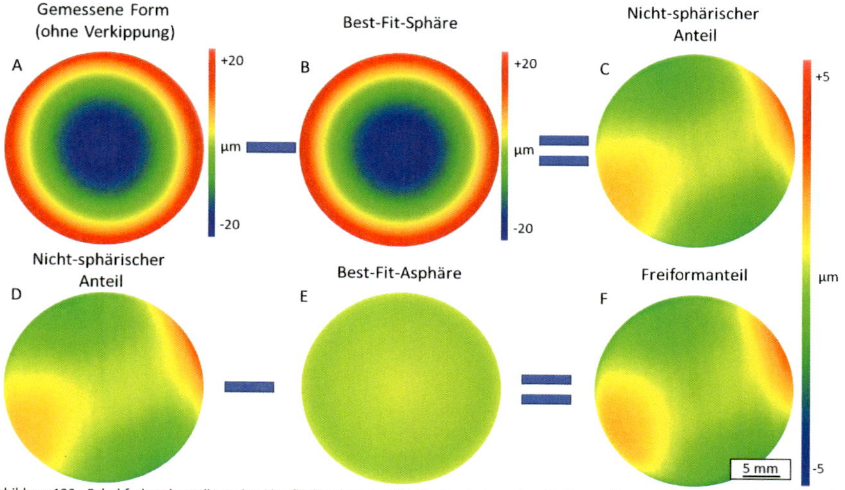

Abbildung 123 - Falschfarbendarstellung der Oberflächentopographie der **Front** eines **einseitig** laserpolierten Substrats aus N-BK7 aufgeteilt in die betrachteten Formfehlerbilder: Gemessene Form, Best-Fit-Sphäre, nicht-sphärischer Anteil des Formfehlers, Best-Fit-Asphäre und Freiformanteil. Best-Fit-Asphäre und Freiformanteil mittels Zernike-Polynome 8-ter Ordnung angenähert. Dargestellt sind die zentralen Ø27 mm. Prozessparameter entsprechend Tabelle 9 mit t_h = 10 h, t_p = 60 min, Heizplatten Position 3.

Tabelle 52 – Auswertung des Formverzugs zu Abbildung 123.

	Gemessene Form	**Best-Fit-Sphäre**	**Nicht-sphärischer Anteil**	**Best-Fit-Asphäre**	**Freiform-anteil**
Formverzug H [µm]	33,2	33,1	2,61	0,52	2,61
Rauheit RMS [µm]	11,2 (≙ RMSt)	11,2	0,93 (≙ RMSi)	0,18	0,91 (≙ RMSa)

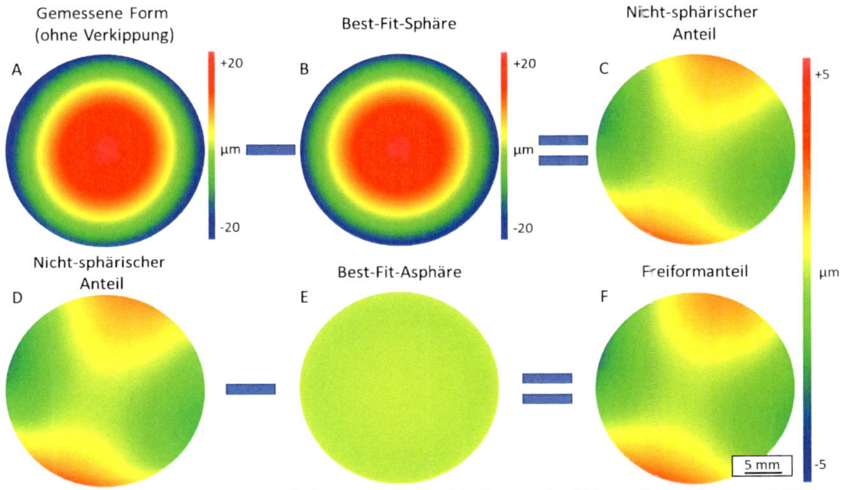

Abbildung 124 - Falschfarbendarstellung der Oberflächentopographie der **Rückseite** eines **einseitig** laserpolierten Substrats aus N-BK7 aufgeteilt in die betrachteten Formfehlerbilder: Gemessene Form, Best-Fit-Sphäre, nicht-sphärischer Anteil des Formfehlers, Best-Fit-Asphäre und Freiformanteil. Best-Fit-Asphäre und Freiformanteil mittels Zernike-Polynome 8-ter Ordnung angenähert. Dargestellt sind die zentralen Ø27 mm. Prozessparameter entsprechend Tabelle 9 mit t_h = 10 h, t_p = 60 min, Heizplatten Position 3.

Tabelle 53 – Auswertung des Formverzugs zu Abbildung 124.

	Gemessene Form	**Best-Fit-Sphäre**	**Nicht-sphärischer Anteil**	**Best-Fit-Asphäre**	**Freiform-anteil**
Formverzug H [µm]	32,4	32,5	3,16	0,25	3,13
Rauheit RMS [µm]	11,1 (≙ RMSt)	11	1,05 (≙ RMSi)	0,08	1,04 (≙ RMSa)

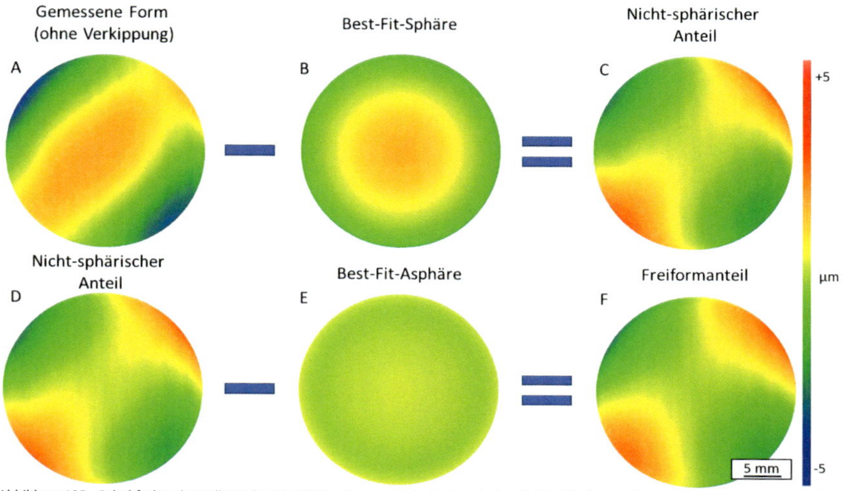

Abbildung 125 - Falschfarbendarstellung der Oberflächentopographie der **Front** eines **beidseitig** laserpolierten Substrats aus N-BK7 aufgeteilt in die betrachteten Formfehlerbilder: Gemessene Form, Best-Fit-Sphäre, nicht-sphärischer Anteil des Formfehlers, Best-Fit-Asphäre und Freiformanteil. Best-Fit-Asphäre und Freiformanteil mittels Zernike-Polynome 8-ter Ordnung angenähert. Dargestellt sind die zentralen Ø27 mm. Prozessparameter entsprechend Tabelle 9 mit t_h = 10 h, t_p = 60 min, Heizplatten Position 3 und 180° Rotation.

Tabelle 54 – Auswertung des Formverzugs zu Abbildung 125.

	Gemessene Form	Best-Fit-Sphäre	Nicht-sphärischer Anteil	Best-Fit-Asphäre	Freiform-anteil
Formverzug H [µm]	3,93	2,54	3,57	0,58	3,49
Rauheit RMS [µm]	1,43 (≙ RMSt)	0,86	1,14 (≙ RMSi)	0,19	1,13 (≙ RMSa)

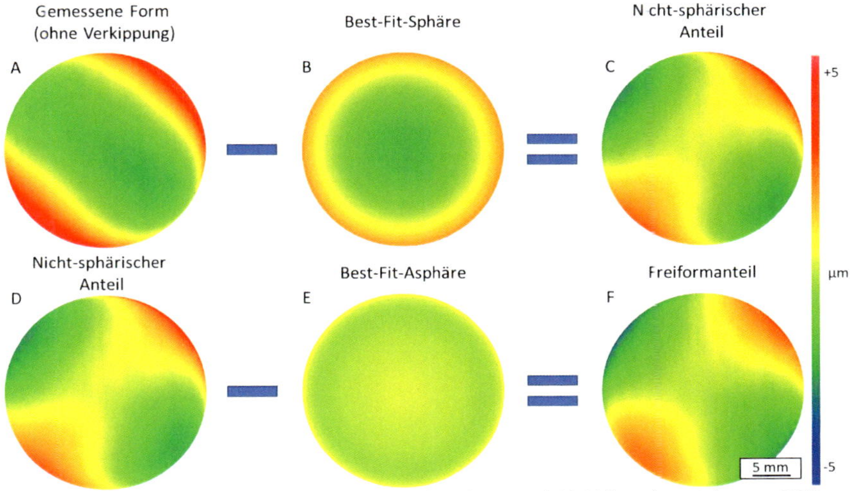

Abbildung 126 - Falschfarbendarstellung der Oberflächentopographie der **Rückseite** eines **beidseitig** laserpolierten Substrats aus N-BK7 aufgeteilt in die betrachteten Formfehlerbilder: Gemessene Form, Best-Fit-Sphäre, nicht-sphärischer Anteil des Formfehlers, Best-Fit-Asphäre und Freiformanteil. Best-Fit-Asphäre und Freiformanteil mittels Zernike-Polynome 8-ter Ordnung angenähert. Dargestellt sind die zentralen Ø27 mm. Prozessparameter entsprechend Tabelle 9 mit t_h = 10 h, t_p = 60 min, Heizplatten Position 3 und 180° Rotation.

Tabelle 55 – Auswertung des Formverzugs zu Abbildung 126.

	Gemessene Form	**Best-Fit-Sphäre**	**Nicht-sphärischer Anteil**	**Best-Fit-Asphäre**	**Freiform-anteil**
Formverzug H [µm]	4,98	3,31	3,65	0,66	3,53
Rauheit RMS [µm]	1,64 (≙ RMSt)	1,12	1,18 (≙ RMSi)	0,21	1,16 (≙ RMSa)

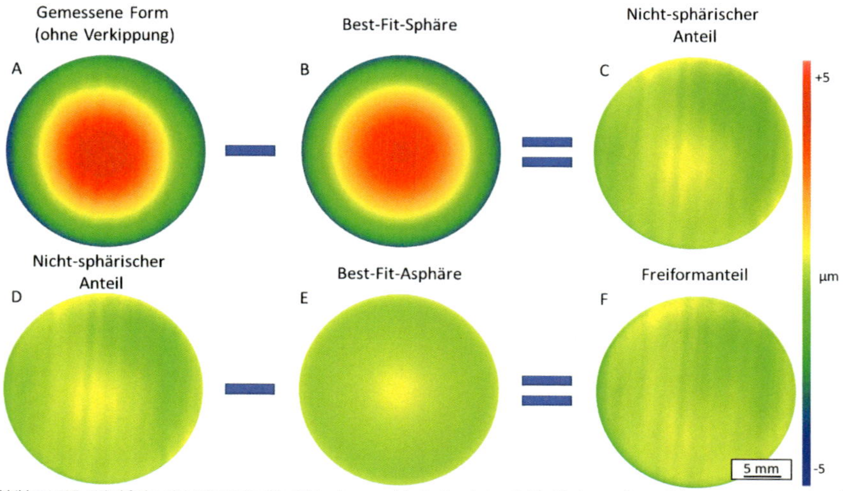

Abbildung 127 - Falschfarbendarstellung der Oberflächentopographie der **Front** eines **beidseitig** laserpolierten Substrats aus N-BK7 aufgeteilt in die betrachteten Formfehlerbilder: Gemessene Form, Best-Fit-Sphäre, nicht-sphärischer Anteil des Formfehlers, Best-Fit-Asphäre und Freiformanteil. Best-Fit-Asphäre und Freiformanteil mittels Zernike-Polynome 8-ter Ordnung angenähert. Dargestellt sind die zentralen Ø27 mm. Prozessparameter entsprechend Tabelle 13 mit Quarzglasunterlage.

Tabelle 56 – Auswertung des Formverzugs zu Abbildung 127.

	Gemessene Form	**Best-Fit-Sphäre**	**Nicht-sphärischer Anteil**	**Best-Fit-Asphäre**	**Freiform-anteil**
Formverzug H [µm]	6,16	6,1	0,92	0,68	0,69
Rauheit RMS [µm]	2,11 (≙ RMSt)	2,07	0,38 (≙ RMSi)	0,22	0,31 (≙ RMSa)

In der Reihe **Ergebnisse aus der Lasertechnik** zuletzt erschienen:

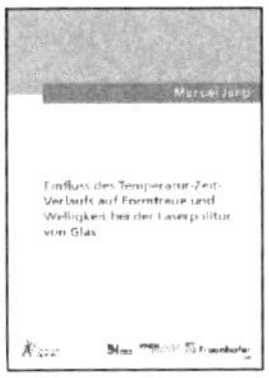

Jung, Manuel:
Einfluss des Temperatur-Zeit-Verlaufs auf Formtreue und Welligkeit bei der Laserpolitur von Glas
ISBN: 978-3-98555-302-0
Erscheinungsdatum: 09.09.2025

Knaak, Christian:
Echtzeitüberwachung und -optimierung der Nahtqualität beim Laserstrahlschweißen mittels bildgebender Sensorik und künstlicher Intelligenz
ISBN: 978-3-98555-277-1
Erscheinungsdatum: 30.04.2025

Hummel, Marc Daniel:
Synchrotron-basierte in situ Analyse wellenlängenabhängiger Prozessphänomene beim Laserstrahlschweißen von Kupfer
ISBN: 978-3-98555-269-6
Erscheinungsdatum: 14.04.2025

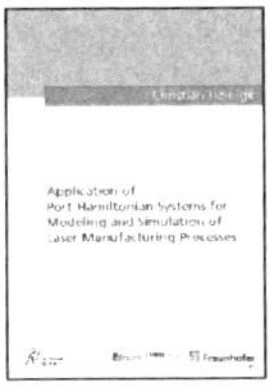

Heinigk, Christian:
Application of Port-Hamiltonian Systems for Modeling and Simulation of Laser Manufacturing Processes
ISBN: 978-3-98555-237-5
Erscheinungsdatum: 07.10 2024

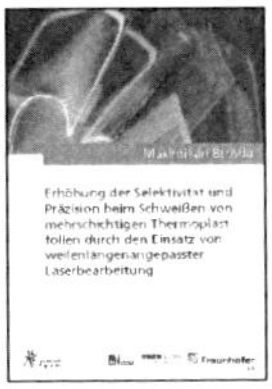

Brosda, Maximilian:
Erhöhung der Selektivität und Präzision beim Schweißen von mehrschichtigen Thermoplastfolien durch den Einsatz von wellenlängenangepasster Laserbearbeitung
ISBN: 978-3-98555-229-0
Erscheinungsdatum: 02.09.2024

Edition Wissenschaft
Apprimus

Fink, Samuel Moritz:

Laserbasierte Kristallisation von nasschemisch applizierten Lanthan-Nickel-Oxid-Schichten

ISBN: 978-3-98555-227-6

Erscheinungsdatum: 19.08.2024

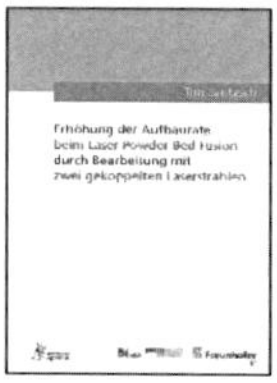

Lantzsch, Tim:

Erhöhung der Aufbaurate beim Laser Powder Bed Fusion durch Bearbeitung mit zwei gekoppelten Laserstrahlen

ISBN: 978-3-98555-222-1

Erscheinungsdatum: 26.06.2024

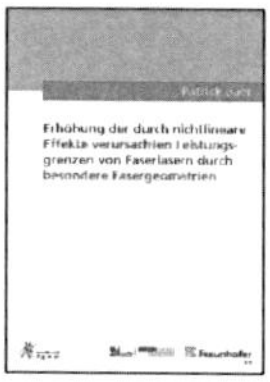

Baer, Patrick:

Erhöhung der durch nichtlineare Effekte verursachten Leistungsgrenzen von Faserlasern durch besondere Fasergeometrien

ISBN: 978-3-98555-207-8

Erscheinungsdatum: 26.03.2024

Dahmen, Marius:

Laserbasierte Funktionalisierung von partikulären Polyetheretherketon-Beschichtungen auf Aluminiumsubstraten mittels Zwei-Strahl-Ansatz

ISBN: 978-3-98555-190-3

Erscheinungsdatum: 12.12.2023

Klein, Sarah:

Faser-Bragg-Gitter für die Frequenzstabilisierung multimodiger Hochleistungslaserdioden und -faserlaser

ISBN: 978-3-98555-183-5

Erscheinungsdatum: 08.12.2023

FSC
www.fsc.org
MIX
Papier | Fördert gute Waldnutzung
FSC® C083411

Kolibri 360 GmbH
Ferdinand-Jühlke-Straße 7
99095 Erfurt, Deutschland
produktsicherheit@kolibri360.de